变革性光科学与技术丛书

国家出版基金项目
NATIONAL PUBLICATION FOUNDATION

"十三五"国家重点
图书出版规划项目

Laser Cleaning and Its Applications

激光清洗技术与应用

宋峰 林学春 著

清华大学出版社

北京

内 容 简 介

　　清洗是一种与人类生产和生活实践关系十分密切的活动。激光清洗是随着激光技术的发展而诞生的,它采用激光作为媒介,通过光与物质(包括基底材料和污染物)的相互作用,达到去除污染物的目的。与传统的喷丸清洗、化学清洗等方式相比,具有绿色环保、可对欲清洗部位准确定位、能实现自动化操作等优点。本书围绕激光清洗技术及其应用,介绍了清洗常用的激光器,激光清洗的物理基础,激光清洗装备,以及激光清洗在电子元器件、油漆、锈蚀、模具、历史建筑和艺术品及其他方面的应用。

　　本书可作为从事相关研究的大专院校教师、研究生和科研人员的参考书。

图书在版编目(CIP)数据

激光清洗技术与应用/宋峰,林学春著.—北京:清华大学出版社,2021.11
(变革性光科学与技术丛书)
ISBN 978-7-302-57922-9

Ⅰ.①激…　Ⅱ.①宋…②林…　Ⅲ.①激光应用－清洗技术　Ⅳ.①TB4

中国版本图书馆 CIP 数据核字(2021)第 063753 号

责任编辑:鲁永芳
封面设计:意匠文化・丁奔亮
责任校对:赵丽敏
责任印制:沈　露

出版发行:清华大学出版社
　　　　　网　　　址:http://www.tup.com.cn,http://www.wqbook.com
　　　　　地　　　址:北京清华大学学研大厦 A 座　　　　邮　　编:100084
　　　　　社 总 机:010-62770175　　　　　　　　　　邮　　购:010-62786544
　　　　　投稿与读者服务:010-62776969,c-service@tup.tsinghua.edu.cn
　　　　　质量反馈:010-62772015,zhiliang@tup.tsinghua.edu.cn
印 装 者:北京雅昌艺术印刷有限公司
经　　销:全国新华书店
开　　本:170mm×240mm　　印　张:18　　　　字　　数:340 千字
版　　次:2021 年 11 月第 1 版　　　　　　　　印　　次:2021 年 11 月第 1 次印刷
定　　价:169.00 元

产品编号:090826-01

作者简介

宋峰，南开大学物理科学学院教授、博士生导师，原副院长。主要从事稀土掺杂光学材料（玻璃、粉末、纳米微晶等）的制备、表征、发光与激光方面的研究工作，研究方向包括固体激光技术及其应用、发光与光谱技术、光纤技术、纳米结构增强发光等，主持科研课题约30项。发表论文100多篇，他引2000余次，授权专利10余项，曾获宝钢优秀教师奖、军队科技进步奖一等奖、天津市自然科学奖二等奖、国家教学成果奖二等奖两次。现（曾）任《大学物理》副主编、《清洗世界》编委、《光电技术应用》编委、《激光杂志》编委、美国光学学会期刊 *Applied Optics* 编委（2010—2016年），以及教育部高等学校物理基础课程教学指导委员会委员（2006年至今）、全国中学生物理竞赛委员会常委（2011—2020年）、物理奥林匹克中国国家队总教练兼领队（2012—2018年）、国际青年物理竞赛（IYPT）独立裁判（2008年至今）、中国大学生物理学术竞赛（CUPT）裁判长（2010年至今）。兼任中国光学学会光电专业委员会常务理事，天津市激光技术学会副理事长（2012—2020年），天津市物理学会常务理事兼秘书长，"固体激光技术"国家级重点实验室学术委员会委员。入选教育部"优秀青年教师资助计划"、教育部"新世纪优秀人才支持计划"、天津市131人才第一层次及创新团队负责人。

林学春，中国科学院半导体研究所全固态光源实验室研究员，主任。多年来致力于高功率全固态激光器及其应用技术的研究，发明了一系列新型激光复合焊接工艺，具有焊接速度高、形变小的优势，应用于汽车CVT自动变速箱关键部件高速、高精度焊接，为奇瑞汽车、北京奔驰汽车等焊接生产了百余万套高性能自动变速箱齿轮、天窗滑轨等产品。其研究成果多次被中国科学院、科技部列为"十一五"重大成果，主持了国家"863"重点项目、主题项目、国家重点研发计划以及中科院重要方向性项目和创新团队项目等。以第一完成人获得2017年度国家技术发明奖二等奖。多次应邀在国内外激光及激光加工领域学术会议上做特邀报告，发表文章160余篇，授权发明专利80余项。

丛书编委会

主　编

罗先刚　中国工程院院士,中国科学院光电技术研究所

编　委

周炳琨　中国科学院院士,清华大学

许祖彦　中国工程院院士,中国科学院理化技术研究所

杨国桢　中国科学院院士,中国科学院物理研究所

吕跃广　中国工程院院士,中国北方电子设备研究所

顾　敏　澳大利亚科学院院士、澳大利亚技术科学与工程院院士、
中国工程院外籍院士,皇家墨尔本理工大学

洪明辉　新加坡工程院院士,新加坡国立大学

谭小地　教授,北京理工大学、福建师范大学

段宣明　研究员,中国科学院重庆绿色智能技术研究院

蒲明博　研究员,中国科学院光电技术研究所

丛 书 序

　　光是生命能量的重要来源,也是现代信息社会的基础。早在几千年前人类便已开始了对光的研究,然而,真正的光学技术直到 400 年前才诞生,斯涅耳、牛顿、费马、惠更斯、菲涅耳、麦克斯韦、爱因斯坦等学者相继从不同角度研究了光的本性。从基础理论的角度看,光学经历了几何光学、波动光学、电磁光学、量子光学等阶段,每一阶段的变革都极大地促进了科学和技术的发展。例如,波动光学的出现使得调制光的手段不再限于折射和反射,利用光栅、菲涅耳波带片等简单的衍射型微结构即可实现分光、聚焦等功能;电磁光学的出现,促进了微波和光波技术的融合,催生了微波光子学等新的学科;量子光学则为新型光源和探测器的出现奠定了基础。

　　伴随着理论突破,20 世纪见证了诸多变革性光学技术的诞生和发展,它们在一定程度上使得过去 100 年成为人类历史长河中发展最为迅速、变革最为剧烈的一个阶段。典型的变革性光学技术包括:激光技术、光纤通信技术、CCD 成像技术、LED 照明技术、全息显示技术等。激光作为美国 20 世纪的四大发明之一(另外三项为原子能、计算机和半导体),是光学技术上的重大里程碑。由于其极高的亮度、相干性和单色性,激光在光通信、先进制造、生物医疗、精密测量、激光武器乃至激光核聚变等技术中均发挥了至关重要的作用。

　　光通信技术是近年来另一项快速发展的光学技术,与微波无线通信一起极大地改变了世界的格局,使"地球村"成为现实。光学通信的变革起源于 20 世纪 60 年代,高琨提出用光代替电流,用玻璃纤维代替金属导线实现信号传输的设想。1970 年,美国康宁公司研制出损耗为 20 dB/km 的光纤,使光纤中的远距离光传输成为可能,高琨也因此获得了 2009 年的诺贝尔物理学奖。

　　除了激光和光纤之外,光学技术还改变了沿用数百年的照明、成像等技术。以最常见的照明技术为例,自 1879 年爱迪生发明白炽灯以来,钨丝的热辐射一直是最常见的照明光源。然而,受制于其极低的能量转化效率,替代性的照明技术一直是人们不断追求的目标。从水银灯的发明到荧光灯的广泛使用,再到获得 2014 年诺贝尔物理学奖的蓝光 LED,新型节能光源已经使得地球上的夜晚不再黑暗。另外,CCD 的出现为便携式相机的推广打通了最后一个障碍,使得信息社会更加丰富多彩。

20 世纪末以来,光学技术虽然仍在快速发展,但其速度已经大幅减慢,以至于很多学者认为光学技术已经发展到瓶颈期。以大口径望远镜为例,虽然早在 1993 年美国就建造出 10 m 口径的"凯克望远镜",但迄今为止望远镜的口径仍然没有得到大幅增加。美国的 30 m 望远镜仍在规划之中,而欧洲的 OWL 百米望远镜则由于经费不足而取消。在光学光刻方面,受到衍射极限的限制,光刻分辨率取决于波长和数值孔径,导致传统 i 线(波长:365 nm)光刻机单次曝光分辨率在 200 nm 以上,而每台高精度的 193 光刻机成本达到数亿元人民币,且单次曝光分辨率也仅为 38 nm。

在上述所有光学技术中,光波调制的物理基础都在于光与物质(包括增益介质、透镜、反射镜、光刻胶等)的相互作用。随着光学技术从宏观走向微观,近年来的研究表明:在小于波长的尺度上(即亚波长尺度),规则排列的微结构可作为人造"原子"和"分子",分别对入射光波的电场和磁场产生响应。在这些微观结构中,光与物质的相互作用变得比传统理论中预言的更强,从而突破了诸多理论上的瓶颈难题,包括折反射定律、衍射极限、吸收厚度-带宽极限等,在大口径望远镜、超分辨成像、太阳能、隐身和反隐身等技术中具有重要应用前景。譬如:基于梯度渐变的表面微结构,人们研制了多种平面的光学透镜,能够将几乎全部入射光波聚集到焦点,且焦斑的尺寸可突破经典的瑞利衍射极限,这一技术为新型大口径、多功能成像透镜的研制奠定了基础。

此外,具有潜在变革性的光学技术还包括:量子保密通信、太赫兹技术、涡旋光束、纳米激光器、单光子和单像元成像技术、超快成像、多维度光学存储、柔性光学、三维彩色显示技术等。它们从时间、空间、量子态等不同维度对光波进行操控,形成了覆盖光源、传输模式、探测器的全链条创新技术格局。

值此技术变革的肇始期,清华大学出版社组织出版"变革性光科学与技术丛书",是本领域的一大幸事。本丛书的作者均为长期活跃在科研第一线,对相关科学和技术的历史、现状和发展趋势具有深刻理解的国内外知名学者。相信通过本丛书的出版,将会更为系统地梳理本领域的技术发展脉络,促进相关技术的更快速发展,为高校教师、学生以及科学爱好者提供沟通和交流平台。

是为序。

罗先刚

2018 年 7 月

序

  激光清洗作为新型表面处理技术,在环保意识渐浓的今天必会受到广泛的关注。在激光清洗领域,美国和欧洲一直领先于其他区域,随着技术的不断积累,他们已经从实验室研究走向了设备制备与开发。应对市场的不同需求,激光清洗用激光器的种类各不相同,原理和机制也互不相同。目前,欧美地区已经走向实用化,并取得了一定的社会效益和经济效益。

  激光清洗技术的发展走过的是一条理论指导实践,实践丰富理论的宽阔道路。宋峰教授及其团队从 2004 年开始与国内激光清洗技术发展举步同行,在激光清洗技术的发展路程中一直深刻地钻研、捕获、梳理、凝聚和创新,是我国激光清洗设备研发与产业重要践行者之一,申请专利、发表论文、研制激光清洗样机,进行激光除锈、除漆、除油等方面的实验研究,在国内外有一定的影响力。

  由宋峰教授主持撰写的这本专著论述全面、条分缕析,内容包括激光清洗过程中光与物质相互作用的基础理论、激光清洗去除微粒和膜层的机制与物理模型、激光清洗装备与激光清洗中的监控、激光清洗的各种应用等。读者可以在自己所关注的那一点上切入认真钻进去,同时找到对应的参考文献,自己再深入解决问题。这种引路作用很重要,有时实验上碰到一个现象,浩瀚文献真不知道怎么下手,从这里可以看到和得到启发,大致应该往哪个方向去找,就因为它讨论得非常具体全面。

  作为从事激光研究几十年的科研工作者,我认为,本书不仅凝练和总结了几十年来国际国内激光清洗技术发展,同时其中也包含了作者的远见卓识与创新成果,因而是一部深具指导性的专著。对正在从事激光清洗研究的科研人员和设备开发研制人员都有很重要的指导意义。

中国科学院院士、天津大学教授 姚建铨

2021 年 5 月

目　录

清洗技术概述

1.1 清洗及其意义

1.1.1 清洗的概念

清洗是一种与人类生产生活实践关系十分密切的劳动,自远古以来人们就开始从事清洗这项劳动。伴随着社会的进步和科技的高速发展,污染物的种类和数量在生产和生活中日益增多,清洗的需求也就越来越多。

对于任何一种材料(基底材料),当暴露在环境中,或者在使用过程中,环境中的物质,或者因为各种物理和化学反应而产生的新物质,会黏附在基底材料上,而黏附在基底上的物质称为污染物,比如衣服上吸附的灰尘、铁板上的铁与空气中的氧发生化学反应而形成的铁锈、铝板上粘上的灰尘油污,等等。此外,在基底材料上人为涂装的油漆、保护层等,因为某种原因(如出现了损坏)而需要去除时,这些物质属于基底材料上的附着层,为统一起见,也将之称为污染物。总之,需要从基底材料表面去除的物质统称为污染物或污垢,从物体表面清除污染物,而使物体恢复原先表面状况的过程,则是清洗过程。

清洗过程,主要通过将污染物溶于水或化学溶剂以去除污染物,或者通过机械力等物理过程将污染物去除。在人类生活中,我们每天都在进行清洗,如洗衣服、洗碗、洗脸、洗手、拖地、擦桌子等。在现代工业生产过程中,清洗的应用非常广泛,有些清洗是生产过程中必需的工序,如印刷电路的制作、半导体和微电子制造业衬底清洁、光学镜片油脂清洁等;有些是设备元件在使用一段时间后需要清洁维护,如汽车轮胎模具的清洁、飞机轮船定期除漆、火车铁轨的除锈操作等;还有一些精细工作中需要运用清洗工艺,如对古代艺术品的维护等。在这些清洗过程中,清洗效果的好坏会在很大程度上影响元器件及产品的使用性能和保存时间。

1.1.2　清洗使用的行业

清洗的主要目的是将污垢从物体表层除去,从而恢复产品的原有性能和设备的生产效率,改善家庭和工业用品的品质。清洗被广泛应用于工业生产的各行各业,各个行业中的很多设备与元器件都需要定时清洗。

衣食住行、能源、制造,乃至各行各业,都要用到清洗。下面列举一些行业中需要清洗的设备和元器件。

(1) 纺织化纤业

化纤企业循环冷却水系统、锅炉、制冷机冷凝器、中央空调、冷却管、离子交换器、印染机、滚筒、染缸、上下水管道、煤气管、煤气柜、冷却器、蒸发器、加湿器喷头、加湿水系统,等等。

(2) 食品与餐饮业

发酵罐、换热管、洗瓶机、冷热水系统、锅炉、冷凝器、冷却器、各类贮罐、结晶器、凉水塔、蒸发罐、冷库水系统、蒸汽蒸锅、开水器、水浴炉、茶水炉、制冰机、上下水系统、生物黏泥剥离清洗、热交换器、油烟机、风道、灶台,等等。

(3) 交通运输业

汽车:发动机积炭、冷却水系统、喷油嘴、润滑系统、散热器、车辆外表,等等。

火车:车体、空调系统、内燃机、冷却系统、润滑系统、铁轨,等等。

船舶:锅炉、油路管线、海水淡化系统、油舱、闪蒸器、贮水箱、空冷器、淡水冷却器、海水冷却器、甲板、维护时脱漆除锈、船坞,等等。

飞机:飞机蒙皮脱漆,等等。

车站、码头、候机楼:中央空调、通风管道、风机盘管、场站清洗,等等。

(4) 建筑与家居行业

循环冷却水系统、换热器、冷凝器、格珊、地板、输送线、料箱、冷却槽、预热器、旋转炉、锅炉、挤压机、冷却器、空调器、热交换器、石材、钢筋、门窗、家具、厨具,等等。

(5) 能源行业

电力:电厂排灰管道、输灰管道、凝汽器、锅炉、冷油器、回水管道、蒸汽管网、冷却塔黏泥、结晶器、除尘器水系统、变压器水冷系统、制冷机组、换热器、油路控制、除氧器、汽轮机、空气预热器,等等。

石油:冷却水管、加热管、换热器、锅炉、输油管、套管、导管、注水管、蒸汽管、常压系统防腐、空气压缩机、各类贮油罐、贮水罐、贮物罐、贮气罐、抽油泵,等等。

煤炭业：地下水管、井下液压系统、铁轨、装煤车、锅炉、空气预热器、空压机、换热器，等等。

核工业：放射性污染设备、空调系统，等等。

（6）各类制造行业

电子电器业：印刷电路板、电子元器件，等等。

机械业：锅炉、中央空调、空气冷却器、空气压缩机、水压机冷却系统、挤压机、模具冷却系统、表冷器，等等。

钢铁业：空压机、冷却系统、过滤机、各种管道、冷却器、冷却塔、各种贮罐、空气压缩机、氮压机、氧压机、氧气管线、氮气管线、热交换器、油系统、炼铁炉、换热器、工艺管线清洗、冶炼炉、锅炉、熔炼炉、贫化炉、中频炉、高频炉、烧结炉，等等。

造纸印刷业：黑液蒸发器、黑液垢、锅炉、纸浆输送管道、输水管、排污管、加热器、印刷机冷却系统、空调系统、蒸煮器，以及纸浆杀菌防腐，等等。

化肥与制药业：凝汽器、管道、反应釜水夹套、混合器、换热器、蒸发器、冷凝器、反应器、过滤器、压缩机、贮罐、锅炉、蒸馏器、中央空调、风管、导热油炉、循环冷却水系统、黏泥剥离、空气压缩机、注塑机、挤出机、混炼机、结晶器、吸收塔、反应塔、再生塔、合成塔、汽提塔、冷却塔、碳化塔，等等。

1.1.3　清洗的意义

无论是在日常生活中还是在工业生产中，清洗都具有重要的意义，主要有下述几方面。

（1）改善设备外观，净化和美化环境。清除建筑物、运输工具、生产设备内外表面的污垢，还其本来面目，可达到改善外观、净化环境的目的。

（2）维持正常生产，延长设备寿命。清除原材料表面污垢可恢复材料的表面性质，保证后续生产工序的实施。定期或不定期清理生产设备上附着的污垢，能够维持设备正常运行，控制设备腐蚀，延长使用寿命与运行周期。

（3）提高生产能力，改善产品质量。清除原材料表面的污染物，对设备定期清洗，可以减少污垢对产品性能的影响，提高产品质量。

（4）减少能源消耗，降低生产成本。原材料表面和设备的污染物会降低生产效率、增加能耗，清洗掉污染物可以减少原材料及能源的消耗，提高生产效率，降低生产成本。

（5）减少生产事故，有利于人身安全。清洗污垢可以减少因生产工艺与设备原因引起的各种事故，保障操作人员的人身安全。

（6）提高卫生标准，有利于身体健康。通过清洗可以杀菌、消毒、清除放射性污染等，减少对人体的伤害，有利于人身健康。

由以上清洗的概念及意义可知,清洗对于人们的生产和生活是不可或缺的。不断发展清洗技术以适应现代的科技和生活的发展,造福于人类,是一个重要的研究课题。

1.2 清洗方法和分类

1.2.1 清洗的四要素

将污染物从需要清洗的基底材料(称为清洗对象,或清洗物)表面清除,需要使用清洗媒介,如化学试剂、铁砂等。利用清洗媒介促使清洗过程发生的作用力称为清洗力。因此一个清洗体系包括的四个要素,即清洗对象、污染物、清洗媒介及清洗力。

基底材料和污染物是多种多样的,如轮船上的油漆和铁锈、模具上的橡胶。污染物与基底之间的结合机制也是多种多样的,有的是物理作用,如因为重力作用在物体表面沉降而堆积的污染物(如很薄的灰尘和油脂),因静电吸引力附着在物体表面的微粒(如线路板上的微小硅粒);有的是各种化学键的作用,如靠分子之间吸附作用结合于物体表面的污染物(如油污),因化学反应而紧密结合的污染物(如铁锈)。

1.2.2 常见清洗方法

针对不同的基底和污染物,以及基底与污染物之间不同的结合机制,人们发展了不同的清洗方法。目前,常用的清洗方法有很多,如喷丸清洗、酸洗、电磁波清洗、干冰清洗、高压水射流清洗,等等。按照清洗中是否有液体或者添加辅助液体来分类,可分为干式清洗和湿式清洗。按照互相作用机理来分,可分为物理清洗法、化学清洗法、生物清洗法等几大类,还有一些清洗方法综合了物理清洗法和化学清洗法。

1. 物理清洗法(physical cleaning method)

根据物理原理,包括力学、热学、声学、光学、电磁学原理,通过机械摩擦、蒸气、超声波、高压、紫外线照射等物理作用,将污染物从清洗对象表面去除的方法称为物理清洗法。

物理清洗法不改变清洗对象的化学组分和性质。常用的物理清洗法包括:

(1)机械清洗法:通过刮刀、钻管、喷丸等方法,利用机械摩擦力将污染物从清洗对象表面剥离。

(2)喷丸清洗法:通过高压真空泵,将细小的铁丸或砂丸喷向清洗物,通过机械力将污染物从清洗对象表面清洗掉。这是目前工业清洗中最常用的方法。

（3）水力清洗法：将常压或高压水喷射到清洗物体上，溶于水的污染物将被去除掉；如果采用高压水，还可以通过压力将污染物从基底表面剥离。

（4）干冰清洗法：用干冰颗粒去撞击待清洗的表面污染物，通过热胀冷缩、机械摩擦的原理，将污染物从清洗对象的表面移走。

（5）蒸气清洗法：将高温高压下的饱和蒸气喷到被清洗物上，使清洗对象表面的污染物溶解，并将其汽化蒸发，实现清洗目的。这种方法中，污染物吸热后有可能发生化学反应，所以不一定是纯粹的物理清洗过程。

（6）超声波清洗法：以超声波推动清洗液，产生微小真空泡，受压爆破时，产生的强大冲击波可以将污染物从清洗对象表面剥离。此外，超声波在液体中还具有加速溶解和乳化的作用。清洗液可以是水或化学溶剂，因此这种方法中也可能发生化学反应，不一定是纯粹的物理清洗过程。

（7）紫外光清洗法：紫外光照射到待清洗物体时，污染物（如碳氢化合物）吸收光子能量后从清洗对象表面剥离，从而达到清洗的目的。这种方法中，污染物吸收光能后也可能通过化学反应分解，所以也不一定是纯粹的物理清洗过程。

（8）电磁清洗法：被清洗物体置于静电场或高频电磁场中，污染物的分子在静电场作用下产生极化，或者吸收电磁场的能量，原先的大分子结构发生断裂，其分子结构发生变化，使得污染物变得松软或碎裂而脱落，达到除垢的效果。这种过程，也可能包含着化学变化。

（9）激光清洗法：采用激光作为清洗媒介，利用激光与污染物和清洗对象的相互作用，通过烧蚀、振动等物理机制，使污染物从基底表面剥离。

从上述方法可见，有些方法中是包含化学反应的。如果清洗过程中以物理过程为主，基本不改变清洗对象的化学组分和物化性质，对清洗物基体基本没有腐蚀破坏作用，就可以归类于物理清洗法。但是对于一些特殊工件物理清洗法难以清洗干净。

2. 化学清洗法（chemical cleaning method）

化学清洗法是使用酸、碱、有机螯合剂、分散剂等化学药品或溶剂，依靠它们与物体表面的污染物发生化学反应，溶解、清除附着在清洗对象表面的污染物的方法。严格来说，清洗基底不能与清洗媒介发生化学反应。

根据化学药剂区分，可以分为：①碱洗，采用碳酸钠、磷酸钠、氢氧化钠等；②酸洗，采用硫酸、盐酸、硝酸、磷酸、氢氟酸、柠檬酸、羟基乙酸、乙二胺四乙酸等；③中和反应，采用亚硝酸钠、苯甲酸钠等；④污垢剥离，采用剥离剂、季铵盐等；⑤溶剂清洗，采用四氯化碳、三氯乙烯等[1]。

电解清洗法也归类于化学清洗，它是利用电解原理，通过化学反应，将附着在清洗对象(金属)表面的污染物除掉。

生物清洗法(microbe cleaning method)也可以归结于化学清洗一类。生物清洗法是利用微生物内细胞产生的具有特殊清洗功能的催化洗涤剂(酶),对基底表面的污染物进行分解,使之转化为无毒、无害的水溶性物质,这种方法称为微生物清洗法,简称生物清洗法。

3. 混合清洗法(mixed cleaning method)

有些方法难以简单地归结为物理清洗法或者化学清洗法,除了前面所说的蒸气清洗法(高温时发生化学反应)、超声波清洗法(清洗液为化学溶剂)等方法,还有等离子体清洗法等,这类清洗法既有物理作用,也有化学反应过程。

(1) 等离子体清洗法

等离子体清洗法是在一定真空状态下,利用等离子体所含的活性粒子与污染物分子发生化学或物理作用,清除材料表面的微尘及其他污染物的方法。等离子体是一种电中性、高能量、全部或部分离子化的气态物质,其中包含离子、电子、自由基等活性粒子。等离子体清洗中涉及等离子体物理、等离子体化学和气固相界面的化学反应等。常用的等离子体按照激发频率可以分为三种:超声等离子体、射频等离子体,以及微波等离子体。超声等离子体发生的反应多为物理反应,射频等离子体发生的反应既有物理反应又有化学反应,而微波等离子体发生的反应多为化学反应。

(2) 其他混合清洗法

其实很多清洗法既包含物理技术,也包含化学技术。这里简要介绍两种:热能清洗法和超声波清洗法。

热能清洗是通过给清洗对象加热,因基底和污染物的热膨胀系数不同产生热应力而使污染物剥离;或者是污染物吸收热量后变成液态而脱离基底。这两种情况本质上属于物理清洗。但是热能清洗技术中,往往加入化学试剂,因为加热可以促进化学反应,包括加快反应速度、提高反应效率,这时候又可以认为是物理与化学清洗共同作用的混合清洗。

在超声波清洗技术中,所采用的试剂往往是化学溶剂而不是水,在清洗过程中除了超声振荡还会发生化学反应,将油污从基底材料中清洗掉。这也属于混合清洗。

也就是说,在实际清洗过程中,有可能是多种作用机理共同作用,最终达到清洗的目的。

从以上可见,清洗方法可以简单地分成物理清洗法和化学(或生化)清洗法,每一类中又包括多种方法,每一种清洗方法都有各自的特点。根据待清洗对象的特点和清洗要求,选择合适的清洗方法,才能取得良好、经济的清洗效果。

1.3　物理清洗法

物理清洗法很多,本节主要介绍几种工业中常用的物理清洗法:喷丸清洗、高压水射流清洗、干冰清洗、电磁感应清洗以及超声波清洗等。

1.3.1　喷丸清洗技术

1. 喷丸清洗技术概述

喷丸清洗,一般可用来清除厚度不小于 2 mm 的或者对尺寸及轮廓的形状精确度要求不高的工件,如设备上的氧化皮、铁锈、型砂及旧漆膜,工件的体积一般较大。喷丸清洗是表面涂(镀)敷前的一种常用清理方法,广泛用于大型造船厂、汽车厂、机车厂、重型机械厂等[2-4]。喷丸强化是一个冷处理过程,通过喷丸清洗可提高长期服役于高应力工况下金属零件(如飞机引擎压缩机叶片、机身结构件、汽车传动系统零件等)的抗疲劳属性。

喷丸清洗中的丸,指的是钢丸、铸铁丸、玻璃丸、陶瓷丸、石英砂等,是目前在工业生产中大量使用的一种机械清洗法,效率较高,成本较低[4]。

工业上,有时将喷丸和抛丸分开,喷丸使用高压风或压缩空气作动力,抛丸一般为高速旋转的飞轮将钢砂高速抛射出去。相比而言,喷丸比较精细,容易控制精度,但动力消耗大,效率不及抛丸高,适合形状复杂的小型工件;而抛丸比较经济实用,容易控制效率和成本,可以通过控制丸料的粒度来控制喷射效果,但会有死角,适合于形面单一的工件批量加工。

在工业清洗中,有时还将喷丸和喷砂分开,喷丸与喷砂都是使用高压风或压缩空气作动力,将其高速地吹出去冲击工件表面达到清洗效果,但选择的介质不同,喷砂用的是砂石。经过喷砂处理的工件表面为金属本色,表面为毛糙面,没有金属光泽,为发暗表面;而喷丸处理后,工件基体的表面会得到强化,工件表面也为金属本色,表面为亚光效果。

喷丸也好、喷砂也好、抛丸也好,虽然喷射动力和方式不同、介质不同,但都是通过高速冲击工件的方式,达到清洗效果。所以在这里都统一写作喷丸清洗法。

2. 喷丸清洗技术原理

喷丸清洗的原理,是通过真空压力泵以很快的速度向清理对象的表面喷射或抛掷研磨材料(如细小的铁丸、砂子),研磨材料以很高的速度冲击物体表面,二者相互摩擦,去除氧化皮、油漆、油污等多种表面污染物,并获得一定粗糙度的表面。影响喷丸清洗效率的因素很多,主要有空气压力、喷嘴直径及形状、被清理材料表面的状况、清理质量等级、喷丸设备、磨料状况、磨料与空气的混合状态、操作人员熟练程度、喷射角度、喷射距离等。要提高喷丸清理效率,就必须协调好上述因素的关系。

喷射方式可分为湿式和干式:湿式喷射时,是将喷丸连同液体(水或其他化学溶剂,如果是后者,则是物理与化学混合清洗)一起喷射出去;干式喷射又分为直压式和空吸式,后者又分为重力式、虹吸式,如图 1.3.1 所示。根据不同清洗物的特点,可以选择不同的喷丸形式和喷射材料的种类。

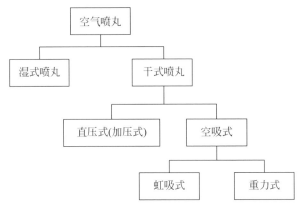

图 1.3.1 喷丸方式的分类

3. 喷丸清洗技术的特点

喷丸清洗技术简单灵活、成本低,是目前清洗彻底、迅速、效率最高的通用清洗技术之一。其主要优点有:

(1) 高效快速,一般一个喷丸机每小时可以清洗 10 m² 以上(具体面积还需要看污染层的厚度和种类)。

(2) 由于利用机械摩擦,只要摩擦力大于污染物与基底的附着力,工件表面无论是锈皮、油污,还是油漆等种类的污染层都可以清除掉。

(3) 喷丸清洗属于物理清洗法,没有化学反应(对于添加化学试剂的湿式喷射,其化学反应相对较弱),因此不会改变清洗对象的物理化学性质。

(4) 可以得到粗糙度合适的表面。通过选择不同种类和大小的喷丸,控制基底表面的粗糙度,在工件表面产生毛面,其他工业清洗方法则很难在清洗的同时形成毛面。毛面可以大大提高工件与涂料、镀料的结合力,使粘接件粘接更牢固,质量更好;机械零件经喷丸后,能在零件表面产生均匀细微的凹凸面,使润滑油可以存留,从而改善润滑条件,减少噪声,提高机械使用寿命。

喷丸清洗也有很大缺点,对于形状和结构复杂的零部件,难以清洗干净;对于一些特殊要求的清洗(材料本身相对脆弱、希望清洗均匀等),也难以使用;不适用于薄板工件,因为容易使工件变形;对带有油污的工件,无法彻底清除;还有重要的一点就是环境污染问题,包括噪声污染和粉尘污染,在清洗过程中即使在相对密封的厂房里也会产生相当大的噪声,而且还有扬起的粉尘,对人的身体健康不利。此外,喷丸清洗对于操作者的经验要求比较高,当参数没有调整到位时,容易导致基底损坏。针对不同的清洗对象,需要对研磨材料的种类、抛掷压力、距离等喷丸加工条件进行合理选择和调整,以尽量减少清洗对象的损伤。

1.3.2 高压水射流清洗技术

1. 高压水射流清洗技术概述

高压水射流清洗技术以水为介质,通过高压泵、阀门、自控系统,利用高压发生装置产生高压水,使水流获得巨大的能量后,再经过管道到达喷嘴,以高速射流的形式将高压水喷射出来[5-6],如图 1.3.2 所示。高压水射流具有很大的冲击动能,当其射向清洗物表面时,利用冲力、磨削作用使在基底表面的污垢和附着物从被清洗物表面脱离[7-8]。对于形状和结构复杂的零部件,以及狭窄空间、复杂环境、恶劣有害场合,高压水射流技术都可以进行作业,自 20 世纪 70 年代以来,很多国家大力发展高压水射流清洗技术,现在该技术已经相当成熟,应用也较广泛[9]。

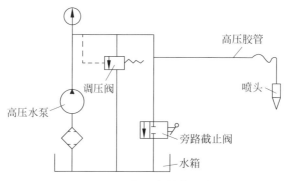

图 1.3.2 高压水射流系统

2. 高压水射流清洗技术原理

高压水射流到达物体表面时,由于射流与物体间的相互作用,使得水射流速度的大小和方向发生改变,其动量也随之改变。根据动量定理,水射流动量的变化量以冲击力的形式作用于物体表面,连续的水射流形成稳定的冲击力,从而将污染物从清洗对象的表面去除。设高压水射流为理想流体,它以一定的速度稳定地射向基底表面,v_1、v_2 分别是喷嘴出口截面内、外流体平均流速。根据动量定理可得[10]

$$F \Delta t = m v_2 - m v_1 \tag{1.3.1}$$

式中,F 为单位时间内作用在单位体积流体上的冲击力,Δt 为 F 作用于单位体积流体上的时间,m 为单位体积流体的质量。

当高压水流以角度 θ 射向基底材料,冲击力又满足

$$F = \rho q v - \rho q v \cos\theta$$

污垢单位面积受力为

$$\sigma_f = \frac{F}{\Delta A} = \frac{\rho q v - \rho q v \cos\theta}{\Delta A} = \frac{\rho q v (1 - \cos\theta)}{\Delta A} = \rho v^2 (1 - \cos\theta) \quad (1.3.2)$$

式中,q 为单位时间流过的体积,ΔA 为截面面积,ρ 为水射流的密度,v 为水射流的速度。式(1.3.2)计算出的射流应力 σ_f 为理论最大值。由于射流的扩散和空气阻力影响,射流实际产生的应力小于理论应力。当污垢所受到的应力 σ_f 大于污垢本身的极限应力 σ_p 时,污垢就会脱离基底表面。

把污垢耐压强度极限应力 σ_p 代入式(1.3.2),得

$$v = \sqrt{\frac{\sigma_p}{\rho(1 - \cos\theta)}} \quad (1.3.3)$$

高压水射流清洗的效果主要与水压、流量以及喷嘴直径有关。根据小孔出流基本理论,射流在喷嘴口处的速度为

$$v = \varphi \sqrt{2gh} \quad (1.3.4)$$

式中,v 为喷嘴出口速度,g 为重力加速度,φ 为流量系数。射流在喷嘴入口处的高度为

$$h = \frac{v^2}{2g\varphi^2} = \frac{\sigma_p}{2g\rho(1 - \cos\theta)\varphi^2} \quad (1.3.5)$$

由此得到压强为

$$p = \rho g h = \frac{\sigma_p}{2(1 - \cos\theta)\varphi^2} \quad (1.3.6)$$

如已知压强 p(MPa)、流量系数 φ 及喷嘴直径 d(mm),可计算得出工作流量 Q(L/min)为

$$Q = \varphi d^2 \sqrt{p} \quad (1.3.7)$$

3. 高压水射流清洗设备

高压水射流清洗技术的清洗设备有多种结构,一般来说,主要含有四个系统:高压水发生系统、控制系统、执行系统和辅助系统。高压水射流清洗机是高压水射流的发生装置,其主要技术指标是压力、流量。高压密封技术、无交变应力泵头技术、高压旋转密封技术是最关键的技术。如图 1.3.3 所示为高压水射流清洗设备构成图[9]。

高压水发生系统是最主要的系统,一般由水箱、液位计、过滤器、高压水泵单元、增压器、溢流阀、流量计、压力传感器、电磁阀、喷枪、喷嘴组成。水箱为系统提供水源,并安装有液位计报警,以防水位过高或过低。水箱的水经过滤器、流量计进入高压泵。流量计的作用是在水流量过低或无水流时报警。溢流阀保证整个水

路在设定的压力下工作,对水路系统起到安全保护的作用。根据需要打开常闭电动阀,选择水枪或喷嘴进行喷洒工作。

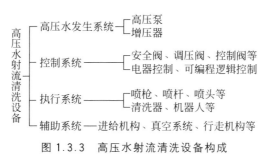

图 1.3.3　高压水射流清洗设备构成

4. 高压水射流技术的清洗特点

高压水射流清洗与传统的机械式、化学清洗法相比,具有以下优势。

(1) 清洗效率高:对于绝大多数结垢物和堵塞物,在选择了合适的水射流参数,即压力、流量功率及喷枪、喷头后,能高速而有效地清洗。

(2) 清洗成本低:高压水射流使用天然水为介质,每小时只消耗 $3\sim8\ m^3$ 的水。高强度、高耐磨性的喷嘴和喷头磨损程度是非常小的,综合成本只是化学方法的 1/3 左右。

(3) 应用范围广:对设备、管道的大小、材质、形状及污染物的种类均没有特殊要求,对常规清洗方法难以完成的形状和结构复杂的部件的清洗,也能比较容易地完成。

高压水射流技术也有缺点,如用于金属材料的清洗时,会导致腐蚀的产生,这也是难以在工业中大规模应用的主要原因。其清洗效率也不如喷丸清洗法,为了提高效率,有时会在水中添加细小喷丸或化学试剂,这样清洗后的水中会混有污染物,需要二次处理,否则会对环境产生污染。

1.3.3　干冰清洗技术

1. 干冰清洗技术概述

干冰清洗技术也称干冰冷喷射清洗技术,是将液态的二氧化碳通过干冰造粒机制成低温的固态干冰颗粒[11-12]。清洗时,将干冰颗粒放入干冰喷射清洗机,随高速运动的气流,干冰颗粒被加速到很高的速度,撞击待清洗物体的表面。一方面由于撞击产生了冲力的作用(类似于喷丸清洗);另一方面由于基底表面污染物遇到干冰后突然降温而发生脆化,同时干冰会进入出现裂缝的污物内,迅速升华为气体,在这个过程中污染物的体积在极短时间内膨胀约 $600\sim800$ 倍。在这几种因素的共同作用下,所产生的应力可将这些碎裂的污染物从物体表面清除。

2. 干冰清洗技术原理

干冰清洗除污主要靠高速运动的干冰颗粒撞击清洗物表面,动能很大的颗粒克服污物层与基体之间的结合力,并结合干冰颗粒的升华物理性质从而去除污垢。干冰清洗的作用机理主要有[13]:

(1) 低温剥离作用

如图 1.3.4(a)所示为干冰清洗前基底材料上的污染物,图 1.3.4(b)表示被加速的干冰颗粒与污物层表面碰撞并进行热交换,污物层温度下降,进而收缩、变脆及龟裂。由于污物层和基体膨胀系数不同,所以遇冷后污染物和基体间的结合力将降低,使得污物层容易去除。

(2) 冲击、吹扫作用

如图 1.3.4(c)所示,在压缩气体的作用下,由喷嘴喷射出的高速干冰颗粒具有很大的动能,其动能 E 和冲击力 F 分别为[14]

$$E = \frac{1}{2}mv^2, \quad Ft = m\Delta v \qquad (1.3.8)$$

式中,$\Delta v = v_1 - v_2$,v_1 为干冰颗粒撞击清洗表面前的速度,v_2 为干冰颗粒撞击清洗表面后的速度,m 为单位颗粒的质量,t 为干冰颗粒撞击污物层的作用时间。

高速运动的干冰颗粒碰撞到污物表面后,对污染层具有磨削、剪切作用,克服污染物与基体表面之间的黏附力,清洗掉的污染物随高压气流被卷走。

(3) 升华作用

干冰颗粒与污物层碰撞后会迅速升华成二氧化碳气体,细碎的干冰微粒进入破裂的污染物缝隙后,其体积瞬间膨胀,就如同爆炸那样,从而将污物层迅速除去,如图 1.3.4(d)所示[15-16]。

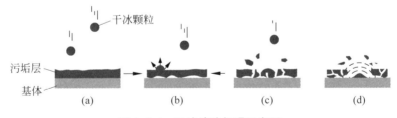

图 1.3.4 干冰清洗机理示意图

3. 干冰清洗技术的特点

(1) 对基底损伤很小:干冰清洗方法是基于力学和热力学作用机制,干冰本身质量较轻,对基底的损伤很小,可用来清洗要求表面无损的零部件。

(2) 效率较高:干冰清洗过程中设备一般无需停机或拆卸,可实现设备的在线清洗,缩短了清洗时间,提高了效率。

（3）不需要用水：干冰清洗是无水清洗过程，因此在防水或需要绝缘的场合，如电力设备、电子元器件和易腐蚀零件等的清洗，具有独特的优势。

（4）环保：干冰清洗后干冰颗粒直接升华成二氧化碳气体，进入大气，只剩下被去除掉的污染物，便于回收，不会产生二次污染。

干冰清洗也存在一些缺点：首先是噪声极大，一般高达 115 dB；其次，清洗的成本也相对较高，需要先制备干冰颗粒，因此主要应用于精密零件等对清洗质量要求较高的领域。

1.3.4　超声波清洗技术

1. 超声波清洗技术概述

超声波清洗技术，通过超声换能器向清洗液中辐射超声波（频率高于 20 kHz 的声波），在液体中产生空化作用、加速度作用及直进流作用，使得浸在液体中的零部件表面的污物层被分散、乳化、剥离进而达到清洗目的[17]。

超声波清洗技术最早出现在 20 世纪 30 年代，到了 20 世纪 50 年代有了很大的发展，当时使用的超声波工作频率为 20～40 kHz。在过去的几十年中，中高频超声波（根据超声波的频率不同，40 kHz 及以下的称为常规或低频超声波，1000 kHz 以上的称为高频超声波，又称兆频超声波或兆声波）清洗技术有了新的发展，可以去除半导体材料表面的超细污垢微粒，并且不会损伤基底材料的表面[18-19]。现在，超声波清洗技术的应用范围从最初的机械、电子等传统行业逐步扩展到医药、食品化工、航天、核工业等多个领域[20-21]。

2. 超声波清洗技术原理

超声波清洗的主要原理是超声空化效应。超声波进入清洗液后，原来存在于液体中的微小气泡（空化核）在声场的作用下产生振动。当超声波的声强或声压达到一定的阈值时，气泡会迅速膨胀和闭合，所发出的冲击波可在其周围产生上千个大气压力和局部高温，这种物理现象称为超声空化。通过超声空化，污染层受到直接的反复冲击，一方面破坏污物与清洗件表面的吸附，另一方面也会引起污物层的破坏而脱离清洗件表面并使它们分散到清洗液中。此外，气泡还能"钻入"裂缝中振动，使污物脱落。由于空化现象多产生于固体与液体的交界面，在固体和液体存在时这种清洗方法更具有优势。超声空化还可以产生微声流，在固体和液体表面产生高速微射流，这些都起到对工件的洗刷作用。

超声波的声压 p_e 可表示为[22]

$$p_e = \sqrt{\frac{1}{T}\int_0^T p^2 \mathrm{d}t}\qquad(1.3.9)$$

式中，T 为平均时间间隔，p 为瞬时声压。超声场中每个位置处的声压会随着时间

发生变化,对于平面余弦波可以证明[23-24]

$$p = -A\omega\rho_0 c_0 \sin\omega\left(t - \frac{x}{c_0}\right) = \rho_0 c_0 v \qquad (1.3.10)$$

式中,A 为该点在介质中振动的振幅,ω 为该点在介质中振动的角频率,ρ_0 为介质的静态密度,c_0 为声振动在介质中的传播速度,x 为该点到波源的距离,v 为该点在介质中的振动速度。单位时间内垂直于某特定方向的单位面积上所通过的超声波能量,称为声强。垂直于声波传播方向上的平均声强可以证明为[24]

$$I = \frac{1}{2}\rho_0 c_0 A^2 \omega^2 \qquad (1.3.11)$$

3. 超声波清洗设备的构成

超声波清洗设备主要包括超声波发生器、超声波换能器和超声波清洗槽三部

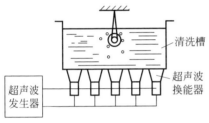

图 1.3.5　超声波清洗示意图

分,如图 1.3.5 所示。超声波发生器产生电磁信号,换能器将发生器产生的电磁振荡信号转换成本身的超声振动,从而在清洗槽中产生空化现象。清洗槽相当于容器,用来放置待清洗工件以及清洗剂。再加上超声波的乳化中和等作用,能够有效地防止被清洗油污再一次附着在被清洗工件上。

4. 超声波清洗技术的特点

超声波清洗技术有很多优点:

(1) 适合表面形状不规则工件的高精度清洗。由于超声波具有良好的穿透性,可以清洗工件的内外表面、每一个细小的暗洞、狭缝、微孔等,使得其表面附着的污垢得以脱落。特别是对于复杂零件及装配元件而言,超声波清洗都能够取得高精度清洗效果,而不会对器件产生损伤,安全高效,易于实现自动化,这是超声波清洗最为突出的优势。

(2) 超声波清洗速度快、清洗效果稳定。尤其是对于复杂零件,不需要过多的清洗步骤,节省清洗时间,无论被清洗件是什么形状或多大尺寸,清洗效果都能保持一致,这是其他清洗方法难以达到的。

(3) 适用范围广。清洗对象从半导体器件、机械零件,到餐具器皿、集成电路、纤维织物等,都可以使用超声波清洗,特别是对于声反射强的材料,如金属、玻璃、塑料等,其清洗效果更好。清洗的污染物,包括尘埃、油污等普通污染物,以及聚合物、氧化物、放射性污染物等。

(4) 使用的行业领域多。超声波清洗广泛适用于多个领域,主要有:①机械行业:机器的腐蚀油脂去除,发动机、化油器及汽车零件的清洗,过滤器、滤网的疏通

清洗等；②表面处理行业：眼镜镜片，电镀或离子镀前的除油除锈，磷化处理，积炭、氧化皮、抛光膏的清洗，金属工件表面活化处理等；③仪器仪表行业：精密零件高清洁度装配前的清洗等；④电子行业：印刷线路板上松香、焊斑的清除，高压触点等机械电子零件的清洗，半导体晶片的高清洁度清洗等；⑤医疗行业：医疗器械的清洗、消毒、杀菌、实验器皿的清洗等。

（5）环保。在很多情况下，可以用水作为清洗剂进行作业，这样可减少对环境的污染，实现节能环保。

超声波清洗也有一些缺点：超声波的穿透力非常强，如果防护不到位，则可能对工作人员产生伤害；清洗时噪声大；很多应用中采用化学清洗试剂，有可能带有一定毒性，对于清洗后的混油污染物的化学试剂需要二次处理。此外，超声波技术很难对大型型材进行清洗。

1.3.5　电磁感应清洗技术

电磁感应清洗只能用在金属基底材料的污染物（主要是金属基底表面的涂层）清洗，其原理是依据涡流集肤效应在金属表面产生热量，由于污染层与基体材料热膨胀系数的差别，导致污染层剥离。如果污染层是高分子涂层，则涂层与基体之间因温度过高还会导致配位键力与范德瓦耳斯力减小，从而使涂层脱落。

在清洗过程中，开始是感应加热阶段。如图 1.3.6 所示，通过感应头的感应线圈把电能传递给金属基底，在金属内部产生涡流，使得电能转变为热能。感应加热功率与频率高低和磁场强弱有关，感应线圈中电流越大，磁通量也越大。提高感应线圈中的电流和电流频率可以使金属中的涡流增大，感应加热功率加大。随着基底吸热，其温度升高，金属基底与污染层热膨胀系数的差异随着温度的升高而变大，金属中的晶胞产生振动，且振幅随着温度升高而增大，污染层会受到挤压，最终从金属基底剥离[25]。

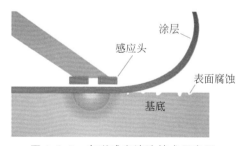

图 1.3.6　电磁感应清洗技术示意图

电磁感应清洗技术装备体积小、使用灵活方便、成本较低。近几年来，电磁感应清洗技术展示了广阔的应用前景，尤其是在除漆方面，已经崭露头角。据相关资料,美国海军与瑞典一家公司合作,将电磁感应清洗技术应用于军舰飞行甲板涂层的快速去除,潜艇表面消声瓦的去除修理。在石油化工行业,用于石油管道内部结蜡的清洗,有效降低了油管清洗的难度,安全、高效[26-27]。

电磁感应清洗技术,因电磁转换效率还比较低,工作过程中磁场能量的损失较高。此外,在作业过程中,需要做好电磁辐射的防护。

1.4 化学清洗法

化学清洗是利用化学药剂与污染物产生化学反应,使得大分子污染物生成可溶于清洗液体的小分子物质而脱离清洗物体表面。同时,还可能破坏污染物与待清洗物体表面之间的化学键,使清洗对象恢复到原先表面状态的一种清洗方法。

化学清洗是一门不断发展的实用科学技术,从事化学清洗研究和应用的专业队伍不断扩大,化学清洗领域也在不断拓宽,可用于金属加工、食品、纺织、石油、化工、电力、造纸、船舶、车辆、建材等各工业领域,以及服务业、家庭生活等各个方面,已成为生产生活中必不可少的环节,给社会带来了巨大的经济效益[28]。

最常用的化学清洗是以化学试剂为清洗媒介,利用试剂与污染物产生化学反应,从而使污染物分解,从基底表面剥离。电解清洗技术和微生物清洗技术也可以归于化学清洗这一类。

1.4.1 化学试剂清洗技术

1. 化学试剂清洗技术的基本原理

化学试剂清洗的原理很简单,就是根据污染物的成分,加入合适的化学试剂,通过化学反应,利用化学试剂对污染物进行分解,生成可溶性盐类或络合物,随清洗液排放,同时反应生成物对污染物有可能起到疏松剥离作用,加速污染物的清除。

2. 化学清洗剂的选择

清洗对象及其表面上污染物的性质,尤其是化学反应性质,是选择清洗剂种类的主要依据。要综合考虑待清洗物体的类型、材质、污染物的组成。比如,对于常见的水垢,其主要成分是碳酸钙,呈碱性,所以一般选用无机酸来清洗[29]。通常,选择清洗剂有三条最基本的标准。

(1)清洗液能够快速有效地溶解污染物,而对清洗对象的基底没有破坏腐蚀,或者能够采取有效的防护措施(比如添加有效的缓蚀剂)以避免基底的损伤;

(2)选择的清洗剂的清洗效果好、效率高、价格相对较便宜;

(3)对工作者和环境无安全隐患,或者可以采取防护措施。

需要清洗的设备和元器件的基底材料有很多种,如碳钢、不锈钢、铝合金等;污染物种类主要有腐蚀、油漆、油污、水垢等。根据基底材料和污染物,选择不同的化学清洗剂,分别总结于表 1.4.1 和表 1.4.2 中。

表 1.4.1　清洗对象基底材质与可选清洗剂

基 底 材 料	可选择的清洗剂
碳钢	盐酸、硝酸、氢氟酸、柠檬酸
不锈钢	硝酸、硫酸、磷酸
少镍或不含镍的低铬合金	盐酸
铜和铜合金	不含氧酸
铝和铝合金	弱碱、含氧酸
铸铁	硫酸

表 1.4.2　污染物种类与可选清洗剂

污染物种类	可选择的清洗剂
碳酸盐水垢	盐酸、氨基磺酸
硫酸盐水垢	碱煮后用盐酸、氨基磺酸
硅酸盐水垢	氢氟酸、苛性碱
铁系腐蚀物	盐酸、柠檬酸
油垢	表面活性剂
黏泥、污泥	过氧化氢、剥离剂

3. 化学试剂清洗工艺

确定清洗剂后,还要根据实际情况选择正确的清洗工艺,清洗工艺主要包括浸泡式、循环式、喷射式等几种方法。浸泡式是把清洗对象放入清洗槽内或将要清洗的系统注满清洗液进行浸泡,可以辅以加热等手段,促进化学反应;循环式是将清洗液打入清洗设备内部通过清洗液的流动进行循环清洗[30];喷射式则采用高压泵将清洗液喷射到需要清洗的地方,结合了高压射流和化学反应的特点,具有清洗剂用量少、清洗有针对性等优点,较多应用于大型设备(如罐车、船舱等)的清洗中。

1.4.2　电解清洗技术

所谓电解,是指在电流作用下物质发生化学分解的过程。电解清洗技术就是利用电解作用将金属表面的污染物去除的技术,根据污染物种类的不同,分为电解脱脂和电解研磨清洗。

将电解液盛放在电解槽中,将表面带有污染物的金属置于其中,接上电源,金属基底作为其中一个电极,电流通过电解液时,会产生如下化学反应:

$$2H_2O \underline{\quad\quad} 2H_2\uparrow(负极) + O_2(正极)\uparrow$$

因而会在电解池的正极附近产生氧气，负极产生氢气。这些细小的气泡促进污垢从被清洗对象表面剥离下来。图1.4.1给出了电解装置示意图。

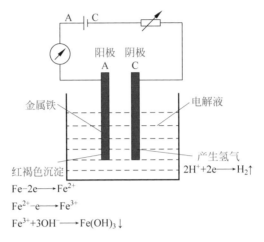

图1.4.1 电解装置示意图

当金属表面的污染物是油脂类时，通常使用氢氧化钠、碳酸钠等碱性水溶液作为电解液，这些强碱电解质离子增加了水的导电能力，促进了污染物的去除。不过，如果是矿物油一类的油脂，因为氢氧化钠等碱性物质对矿物油之类的污垢分散能力弱，所以需要在溶液中加入偏硅酸钠和少量表面活性剂，以利矿物油污垢的分散去除。当清除金属表面的腐蚀时，同样是利用电极上产生的气泡将表面的腐蚀层剥离，只是使用的电解液不相同。

电解清洗中，电流还可以将水中的部分氯离子转化成游离氯（水中余氯高达0.5 ppm*），同时产生臭氧、氧自由基、氢氧根自由基和过氧化氢等强氧化剂，实现杀菌功能。

1.4.3 微生物清洗技术

微生物清洗技术，是利用微生物内细胞将清洗对象表面附着的污染物分解，进而转化成无毒、无害的水溶性物质的技术。微生物清洗技术也称为生物清洗技术，其原理实际上是发生化学反应，所以可归类于化学清洗[31]。

微生物清洗技术需要使用酶，酶是一种微生物催化洗涤剂，能把污染物彻底分解。酶制剂最初是从动物脏器内和高等植物的种子、果实中提取的，典型的有胰

---

* 1 ppm$= 1\times10^{-6}$。

酶、木瓜蛋白酶、菠萝蛋白酶等。微生物清洗所使用的酶可由微生物细胞内产生，具有特殊的清洗功能，一般微生物体内有八类微生物催化剂，其中主要的四类是蛋白酶、淀粉酶、脂肪酶和纤维酶。一般来说，它们的催化反应比非酶催化剂的反应速度要高 $10^6 \sim 10^{12}$ 倍[32]。

最常见的用洗衣粉洗衣服、牙膏刷牙、工业管道除垢、织物退浆都属于微生物清洗。衣服中的汗液、血迹、食物油渍等，用加有蛋白酶的洗涤剂，利用微生物清洗可大大提高清洗效果、延长织物寿命；用牙膏刷牙可有效去除牙垢；下水管道中，常常被瓜果、蔬菜、剩饭，或者是水垢、锈垢、油垢、泥渣等堵塞，加入微生物清洗剂（多种酶），清洗效果会更好；棉布、人造棉、纤维、丝绸、混纺织物等服装和布料，特别是不能用碱退浆的色织府绸和化纤混纺衣服，用微生物来进行清洗，可达到高效无损退浆，退浆后的织物手感柔软、光洁度强。

微生物清洗技术所使用的利用微生物对有机物进行降解的方法，也被广泛应用在水污染和一些陆地场所污染处理中。微生物降解是利用天然微生物如酵母菌、真菌，将有毒害物质分解或者降解为低毒或者无毒物质。微生物清洗技术的特性：高效性、专一性（选择性）强、反应条件温和、对环境友好。但是使用场合相对有限。

1.4.4　化学清洗的特点

化学清洗具有很多优点，因而被广泛使用。其主要优点有：

（1）清洗速度快、去污能力强。只要选择的化学试剂合适，则对污染物的作用强烈，化学反应（包括电解反应）迅速。

（2）使用方便，清洗效果好。化学清洗使用液体，使用起来比较方便，不需要复杂的设备，液体可以流经需要清洗的任何部位，发生化学反应，几乎不会出现某些地方没有清洗到或者清洗不干净的问题。

（3）适用范围广。化学试剂液体流动性好、渗透力强，适合清洗形状复杂的物体，而不会有清洗不到的"死角"；根据清洗对象和污染物，几乎都能找到合适的化学清洗试剂。因此无论在生活中、还是在各种生产中，化学清洗都被广泛地使用。

（4）对基底的损伤可控。绝大多数情况下，只要清洗剂、缓蚀剂选用得当，就可以将对于基底材料的损伤控制到很小的程度，远远小于机械除垢对金属的损伤。

化学清洗的缺点也很明显。主要有：

（1）化学物品有毒有害。清洗过程中使用的各种化学药品，其中有些是易燃品、易爆品、毒品以及酸碱等腐蚀品，应该谨慎储存和使用，否则会发生事故。

（2）容易造成二次污染。无论化学试剂是酸洗液、碱洗液或者钝化液，清洗完成后的废液都不能随意排放，需要进行严格而复杂的处理程序，否则会造成对环境的二次污染。

（3）可能对基底产生损伤。化学清洗液选择不当时，会对清洗物基底腐蚀破坏，造成损伤。有些化学试剂侵入基底，当时可能没有什么反应，但是也许在一定的环境条件下，经过一定时间后会对基底材料产生破坏。

1.5　混合清洗法

很多清洗方法其实同时具有物理和化学反应，这里介绍两种混合清洗法：等离子体清洗技术和热能清洗技术。

1.5.1　等离子体清洗技术

等离子体清洗是一种特殊的清洗方法，其清洗原理既有物理原理也有化学原理，所以我们单独列为一节予以介绍。

1. 等离子体清洗技术概述

等离子体是借助高频电磁振荡、射频或微波、高能射线、电晕放电、激光、高温等条件产生的一种电中性、高能量、全部或部分离子化的气态物质，包含离子、电子、自由基等活性粒子。等离子体清洗是在一定真空状态下，等离子体通过其所含的活性粒子与污染物分子发生化学或物理作用对清洗对象表面进行去污处理，能够在不破坏材料表面特性的前提下，有效清除材料表面的微尘及其他污染物，可实现分子水平的污物去除（一般厚度在 3～30 nm），提高工件表面活性的清洗工艺[33]。等离子体清洗机的结构主要有三个部分：控制单元、真空腔体以及真空泵。

等离子体清洗技术常用于集成电路及封装过程中的清洗，在集成电路制造及封装过程中存在各种各样的污染物，包括氟化物、氧化物、光刻胶、环氧树脂等，污染物的存在会影响电子产品的质量。作为一种精密干法清洗方法，微波等离子体清洗可以有效去除这些污染物，改善材料表面性能，提高材料表面质量。随着半导体技术和光电材料领域的快速发展，对等离子体清洗技术的需求将越来越大。

2. 等离子体清洗技术原理

等离子体清洗中涉及等离子体物理、等离子体化学和气固相界面的化学反应等原理。常用的等离子体按照激发频率分为三种：激发频率为 40 kHz 的超声等离子体，激发频率为 13.56 MHz 的射频等离子体，以及激发频率为 2.45 GHz 的微波等离子体[34]。一般来说，选择气体的种类不同，其工作机理也有很大的区别，超声等离子体发生的反应多为物理反应，射频等离子体发生的反应既有物理反应又有化学反应，微波等离子体发生的反应多为化学反应。

（1）表面反应以化学反应为主的等离子体清洗。

典型的等离子体化学清洗工艺是氧气等离子体清洗。如图 1.5.1 所示为等离子体清洗机理示意图,主要是依靠等离子体中活性粒子的"活化作用"达到去除物体表面污渍的目的。由等离子体产生的氧自由基非常活泼,容易与碳氢化合物发生反应,产生二氧化碳、一氧化碳和水等易挥发物,从而去除表面的污染物。

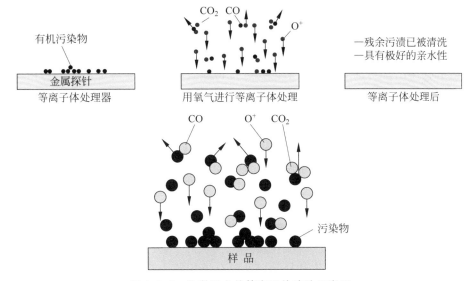

图 1.5.1　化学反应的等离子体清洗示意图

在真空腔内压力达到一定范围时充入工艺气体,当腔内压力为动态平衡时,利用微波源振荡产生的高频交变电磁场将氧、氩、甲烷、氢等工艺气体电离,生成等离子体,其方程式为:$O_2 + e^- \longrightarrow 2O + e^-$。等离子体里的自由基与材料表面进一步产生化学反应,$O^* +$ 有机物 $\longrightarrow CO_2 + H_2O$。压强越大,越有利于产生自由基,因此需要控制较高的压强来促进化学反应活性,通过化学反应使被清洗物表面物质变成粒子和气态物质,经过抽真空排出,从而达到清洗目的。

从反应式可见,氧等离子体通过化学反应可使非挥发性有机物变成易挥发的水和二氧化碳,从而极易脱离基底表面[35]。

（2）表面反应以物理反应为主的等离子体清洗。

等离子体清洗中的物理反应主要是利用等离子体里的离子作纯物理的撞击,把材料表面的原子或附着在材料表面的原子打掉。典型的等离子体物理清洗工艺是在反应腔体中加入惰性气体氩气作为辅助,氩气等离子体不与表面材料发生反应,Ar^+ 在自偏压或外加偏压作用下被加速产生动能,然后轰击放在负电极上的被清洗工件表面,一般用于去除氧化物、环氧树脂溢出或是微颗粒污染物,同时进行表面能活化,如图 1.5.2 所示。

$$Ar + e^- \longrightarrow Ar^+ + 2e^-, \quad Ar + 黏污 \longrightarrow 挥发性黏污$$

图 1.5.2　物理反应的等离子体清洗示意图

(3) 表面反应中物理反应与化学反应均起重要作用的等离子体清洗。

在等离子体清洗中有时物理反应和化学反应均起重要作用,上述物理和化学过程同时存在,即等离子体对被清洗物进行物理轰击,同时等离子体内的自由基与材料表面产生化学反应,在物理和化学的双重作用下,达到清洗的目的。

等离子体清洗效果与其清洗工艺参数密切相关,应根据清洗材料的材质选择等离子体清洗的作用机制,设定合适的工艺参数。

3. 等离子体清洗技术的特点

等离子体清洗是一种精密、有效的清洗工艺,具有其他清洗方式所没有的特点。

(1) 等离子体清洗适用于多种基材类型,包括金属、半导体、氧化物和大多数高分子材料,如聚丙烯、聚酯、聚酰亚胺、聚氯乙烷、环氧、甚至聚四氟乙烯等都能很好的处理[36-37],并可实现整体和局部以及复杂结构的清洗,对于微细孔眼和凹陷的内部也可以清洗。

(2) 等离子体清洗在真空中进行,不污染环境,保证清洗表面不被二次污染。等离子体避免了湿式化学清洗中应用酸、碱或有机溶剂,无需对清洗液进行运输、存储、排放,安全可靠,无废液产生,有利于保护环境。

(3) 等离子体清洗容易采用数控技术实现自动化,具有高精度的控制装置,正确的等离子体清洗不会损伤材料表面。

(4) 等离子体清洗效率高。一般整个清洗工艺流程几分钟内即可完成,而且清洗对象经等离子体清洗后是干燥的,不需要再经干燥处理即可送往下一道工序,可以提高整个工艺流水线的处理效率。

(5) 等离子体清洗能获得较高的清洗质量、良好的均匀性和可重复性,还可以改善材料本身的表面性能。

但是等离子体清洗技术对于操作要求较高,清洗的范围也主要局限于精密清洗。

总之,等离子体清洗技术的独特优越性逐步被国内各行各业认可,目前已在半导体制造、微电子封装、塑料和陶瓷的表面活化、精密机械、橡胶塑料、医疗仪器、汽车、纺织纤维等行业开始应用[38-39]。

1.5.2　热能清洗技术

所谓热能清洗技术,就是利用热能去除清洗对象表面的污染物,主要利用物理原理。热能清洗技术往往和其他技术如化学清洗技术一起使用,所以化学原理也起作用[40-41]。

1. 热能清洗技术原理

(1)利用物理作用机制。

对于不同的物质,熔点、热导率、热膨胀系数不同,清洗对象和污染物在吸收了热能后,温度上升幅度不同,熔化温度不同、产生的热应力也不同。如果温度上升过程中,由于应力的变化,导致污染物与清洗对象之间的作用力减小并脱落,或者由于污染物熔化,并从清洗对象上流走,达到清洗效果。

(2)促进化学反应。

对于普通化学反应,一般来说,温度每升高 10℃,反应速率就能够提高大约一倍,所以提高温度可以大幅加快化学反应。在化学清洗中,也常常伴之以热能清洗技术。有些污染物受热后更容易分解,有些清洗剂对污垢的溶解速度和溶解量随温度升高而成比例提高,所以提高温度有利于溶剂发挥它的溶解作用,有利于把吸附在清洗对象表面的污染物和清洗介质去除。

2. 热能清洗技术的特点

热能清洗技术具有简单、方便、快速的特点,可以单独使用或者与其他清洗方法合并使用。需要注意的是,清洗对象为金属材料时,在加热过程中会在表面形成氧化物,尤其是辅之以水或水溶液作为清洗介质时更是如此。因此在用加热去除有机物污垢时,应考虑到新生的氧化膜对金属有无不利的影响。

蒸汽清洗技术也可归类于热能清洗技术,除了高温蒸汽本身带来的热量外,蒸汽在冷却时放出的热量会被清洗对象、污染物和清洗介质吸收,从而产生物理和化学作用[42]。

1.6　激光清洗法

激光清洗法是随着激光技术的发展而诞生的,随着对环境保护的要求越来越高,激光清洗技术的研究和应用也越来越得到关注。激光清洗可以归类为物理清洗法,但是由于其独特的特性和未来的发展前途,本节予以单独介绍。

1965 年,肖洛[38]第一次提出了"激光擦"(laser eraser)的概念,通过对靶材的快速加热,激光脉冲可以快速汽化纸表面的墨迹(carbon ink pigment)而对纸本身没有损伤,如图 1.6.1 所示。

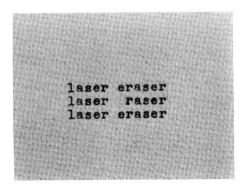

图 1.6.1　激光擦——激光脉冲去除墨迹

1969 年,贝达尔(S. M. Bedair)等[43]用调 Q 激光清除镍表面的氧和硫污染,研究了激光对样品表面的损伤,实验表明,高功率调 Q 激光可以用来清洁表面,然而由于激光参数不合适,基底在 100 MW/cm² 的功率密度作用下,表面产生了不可恢复的损伤。贝达尔等研究者首次使用了"激光清洗"(laser cleaning)的术语,并且在文章中总结了激光清洗法的优点和不足。

此后,人们进行了激光清洗艺术品、激光去除水面漂浮的石油、激光清洗电子线路板上的微小颗粒、飞机蒙皮和其他材料上的激光脱漆、金属材料上的激光除锈等多种污染物的激光清洗技术的相关研究,发展了相关原理[44]。

1. 激光清洗技术的概念

激光清洗是采用激光作为媒介,通过光与物质(包括基底材料和污染物)的相互作用达到去除污染物的目的。常规的物理清洗方法中,机械方法(如喷丸清洗法)无法满足高清洁度清洗要求,超声波清洗法尽管清洗效果不错,但对亚微米级污粒的清洗无能为力,而清洗槽的尺寸又限制了加工零件的范围和复杂程度;化学清洗方法容易导致环境污染。激光清洗技术是一种新兴的表面清洁技术,更符合当前对于环境保护和社会可持续发展的需要。此技术自 20 世纪诞生以来,在短短几十年中,在理论和技术方面均取得了突飞猛进的发展。目前已经开发出了多种类型的激光清洗设备,并成功应用于工业清洗中,取得了良好的效益。

2. 激光清洗技术的特点

与传统清洗技术相比,激光清洗技术具有以下优点:

(1) 大多数情况下,它可以采用"干式"清洗,即不需要清洁液或其他液体,清洗介质就是激光本身;

(2) 利用激光的特点,可对欲清的部位准确定位,实现精细化清洗;

（3）通过调控激光工艺参数,可以在不损伤基材表面的基础上,有效去除污染物,使表面复旧如新;

（4）能有效清除极小污染微粒,有些污染物的尺度可能极其细微,达到微米甚至亚微米量级,吸附作用极强,激光清洗外的方法很难把这种污染物清除掉;

（5）可以方便地实现自动化操作,实时监控,并及时得到反馈;

（6）清除污物的范围和适用的基材范围十分广泛;

（7）设备可以长期使用,运行成本低;

（8）是一种"绿色"清洗工艺,清除下来的废料是固体粉末状,体积小,易于回收处理,基本上不污染环境。

激光清洗也存在着一些不足:激光清洗设备的费用相对较高;激光是一种高新技术,需要具有一定的专业知识才能进行操作;激光对人体有一定的伤害,在使用时要注意防护。

3. 激光清洗技术的分类

激光清洗技术类型划分国际上并没有固定、统一的标准,一般来说,从是否使用辅助材料可以分为以下几种类型。

（1）干式激光清洗法（dry laser cleaning,DLC）:激光直接照射在物体表面,污物微粒或膜层吸收激光能量后,通过热扩散、光分解、汽化、振动等作用机制使污染物离开表面,如图 1.6.2 所示。

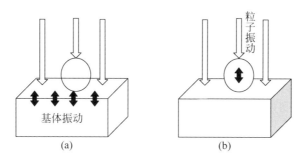

图 1.6.2 干式激光清洗示意图

（2）湿式激光清洗法（wet laser cleaning,WLC）,或蒸汽激光清洗法（steam laser cleaning,SLC）:在待清洗的材料表面喷上一些无污染的液体或气体(主要是水,有时也用乙醇,或其气态物),然后用激光照射,液体介质或者基底材料吸收激光能量后,产生爆炸性汽化,把其周围的污染微粒推离材料表面,如图 1.6.3 所示。

（3）激光复式清洗法:激光能量被基底材料吸收,然后通过热对流,把吸附的中间介质加热,中间介质产生爆炸性汽化,在高气流的推动下,污染物随同中间介质一起脱离基底表面。比如激光加惰性气体的方法,即在激光辐射的同时,用惰性

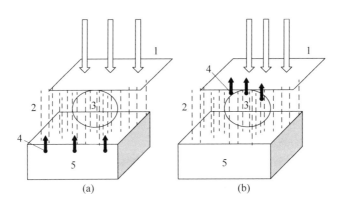

1—激光束；2—液膜；3—作用区；4—蒸发；5—基底。

图1.6.3　湿式激光清洗示意图

气体吹向工件表面,当污染物从表面剥离后,就被气体远远吹离表面,避免清洁表面再次污染和氧化。

（4）激光混合式清洗法：用激光使污染物松散后,再用非腐蚀性的化学方法去除污染物。

前两种是最基本的激光清洗方法,后两种是与激光清洗结合的复合或混合法。目前,在工业生产中主要采用前面三种清洗方法,其中干式激光清洗法和湿式激光清洗法用得最多。

4. 激光清洗设备简介

激光清洗设备主要由以下部分组成：激光器、电源、水冷、光束整形与传输、控制单元、工作台、检测单元、回收单元等,如图1.6.4所示。其中激光器是主体,控制单元通过电脑或单片机控制整个设备的运行,检测系统用来检验是否清洗干净,如果是离线检测,则该单元可以省掉。

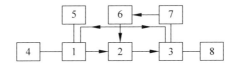

1—激光器；2—光束整形与传输；3—工作台；4—电源；5—水冷；

6—控制单元；7—检测单元；8—回收单元。

图1.6.4　激光清洗装备框图

参考文献

[1] 赵玉华.化学清洗技术在机械清洗中的应用[J].煤矿机械,2006,27(8)：136-138.

[2] 魏敏,吉小超,周新远,等.装备表面微磨料喷砂快速清洗及预处理研究[J].技术与研究,

2012,1：24-27.

[3] 陈彦臻,胡以怀.船体表面附着物清洗技术的研究及应用[J].表面技术,2017,46(10)：60-71.

[4] 薛雯娟,刘林森,王开阳,等.喷丸处理技术的应用及其发展[J].材料保护,2014,47(5)：46-49.

[5] 周雅文,徐宝财,韩富.中国工业清洗技术应用现状与发展趋势[J].中国洗涤用品工业,2010,1：33-36.

[6] 吴翔宇.高压水射流清洗在船舶修造行业的应用分析[J].清洗世界,2008,9：28-30.

[7] 刘萍,黄扬烛.水射流技术的现状及发展前景[J].煤矿机械,2009,30(9)：10-12.

[8] 金渝博,董克用.高压水清洗设备应用领域介绍及市场前景分析[J].清洗世界,2015,31(1)：30-34.

[9] 薛胜雄,王永强,于雷,等.超高压大功率水射流技术在中国的工程应用[J].清洗世界,2005,21(2)：4-9.

[10] 张佳福,高善兵,畅通,等.基于高压水射流清洗技术的研究[J].机电产品开发与创新,2011,24(5)：24-26.

[11] 郑莉,李梦佳.干冰清洗机清洗原理及使用注意事项[J].清洗世界,2015,31(2)：15-18.

[12] 戴维康.干冰清洗技术应用于陶瓷文物清洗的探索研究[J].文物保护与考古科学,2015,27(1)：116-120.

[13] 刘世念,马存仁,苏伟,等.变电站绝缘子干冰清洗方形喷嘴流场模拟研究[J].中国电力,2014,47(6)：75-79.

[14] 刘溟,王家礼,马心良,等.干冰清洗变电站绝缘子试验[J].高电压技术,2011,37(7)：1649-1655.

[15] 郭新贺,王磊,景玉鹏.干冰微粒喷射清洗技术[J].微纳电子技术,2012,49(4)：258-262.

[16] 郑俊杰,邹建明,姜锋,等.220 kV变电站绝缘子带电干冰清洗车载系统[J].中国电力,2014,47(4)：118-122.

[17] 李伟烈.超声波清洗原理及工艺[J].山东工业技术,2018,12：48.

[18] 王文红,杜海立.自动超声波工业清洗机的研制[J].机床与液压,2019,47(2)：49-53.

[19] 李旗,逯力红,丁麐举.基于超声波的清洗机设计及清洗效果研究[J].大学物理实验,2017,30(5)：31-35.

[20] 倪作恒,王冠,马军,等.超声波技术在锌银电池极片清洗中的应用[J].电源技术,2018,42(5)：674-677.

[21] 华奕恺.超声波清洗技术在精密仪器中的应用[J].中国科技纵横,2018,22：80-82.

[22] 郭好明.超声波清洗场强分布规律研究[D].秦皇岛：燕山大学,2018.

[23] 翟福龙.复杂超声场测量和建模方法的研究[D].兰州：兰州大学,2015.

[24] 蒋危平,方京.超声检测学[M].武汉：武汉测绘科技大学出版社,1991.

[25] 白连庆,马恩堂,白连军,等.感应加热清洗旧油管技术的应用[J].石油矿场机械,2004,33：54-56.

[26] 张敬武,赵金献,方前程,等.油管电磁感应加热常压清洗工艺的应用[J].石油机械,2003,31(9)：60-61.

[27] 赵霄峰,李少兵,张华礼,等.常压电磁感应加热油管清洗工艺与装置研究[J].钻采工艺,

2007,33(3)：85-87.

[28] 刘雷,韩中玉.300 MW 燃煤电站化学清洗[J].清洗世界,2019,35(1)：1-3.

[29] 刘立军.一种硫酸盐清洗剂在反渗透膜系统硫酸钙垢化学清洗中的应用[J].清洗世界,2019,35(2)：12-17.

[30] 黄宏,臧曼君,王钢.600 MW 亚临界控制循环运行机组化学清洗[J].清洗世界,2018,34(12)：12-17.

[31] THOMAS W. MCNALLY,郭忠斌.生物清洗技术探讨——微生物技术开辟零部件清洗新领域[C]//.2003 年清洗技术国际论坛,北京,2003：113-122.

[32] 张德孝.微生物清洗技术[J].清洗世界,2004,20(3)：32-34.

[33] 贾彩霞,王乾,蒲永伟.离子体清洗技术及其在复合材料领域中的应用[J].航空制造技术,2016,18：95-108.

[34] LEI Y,WU A,LU L,et al. Research on plasma discharge for plasma processing of a 1. 3 GHz single-cell SRF cavity[J]. Nuclear Physics Review,2018,35(3)：278-286.

[35] 程丕俊,李辉.等离子体清洗工艺在电声器件生产工艺中的应用[J].电子工业专用设备,2016,45(9)：28-33.

[36] 沙春鹏,卢少微,赵雪莹,等.等离子体清洗技术在航空制造业中的应用及其前景分析[J].能源研究与管理,2014(4)：77-80.

[37] KUMAR A,BHATT R B,BEHERE P G,et al. Laser-assisted surface cleaning of metallic components[J]. Pramana-Journal of Physics,2014,82(2)：237-242.

[38] SCHAWLOW A L. Lasers[J]. Science,1965,149(3679)：13-22.

[39] RAZA M S,DAS S S,TUDU P,et al. Excimer laser cleaning of black sulphur encrustation from silver surface[J]. Optics and Laser Technology,2019,113：95-103.

[40] BANDARA P C,FERRARA F I D,NGUYEN H,et al. Investigation of thermal properties of graphene-coated membranes by laser irradiation to remove biofoulants [J]. Environmental Science & Technology,2019,53(2)：903-911.

[41] 李海生,杨海文,王志兵,等.油管干式中频加热清洗技术研究与应用[J].工业,2015(19)：195.

[42] 王志龙,张晋,李荣立,等.电气设备带电水蒸气清洗技术[J].绝缘材料：2009,42(3)：69-72.

[43] BEDAIR S M,SMITH H P. Atomically clean surfaces by pulsed laser bombardment[J]. Journal of Applied Physics,1969,40(12)：4776-4781.

[44] TIAN Z,LEI Z L,CHEN X,et al. Evaluation of laser cleaning for defouling of marine biofilm contamination on aluminum alloys[J]. Applied Surface Science,2020,499：144060.

第 ② 章

激光清洗中的常用激光器

激光清洗是采用激光照射附着污染物的基底材料,通过光与物质的相互作用,实现污染物的去除。那么,激光是什么? 激光清洗中采用什么激光器? 为什么要选用这些激光器呢? 对于所使用的激光器,还需要采用什么激光技术呢? 本章将首先介绍激光的工作原理和基本特性,随后介绍激光的主要特性和重要技术,最后对激光清洗中主要的激光器进行介绍。

2.1 激光基本知识

2.1.1 激光

激光(light amplification by stimulated emission of radiation,laser),意思是"受激辐射的光放大"。中国最早根据读音将之翻译为"莱塞"。1964 年,按照我国著名科学家钱学森的建议将之改为"激光"。

世界上第一台激光器诞生于 1960 年。美国的梅曼成功实现了红宝石激光器的运转,此后激光的研究迅速开展起来。如今对激光的研究不仅在实验室和科研领域非常活跃,在工业、农业、军事、生物医学等很多领域也被广泛应用,如激光切割、激光焊接、激光打孔、激光测距、激光育种、激光制导。在我们的日常生活中激光也是无处不在,如激光美容、激光打印机、激光复印机、激光通信,可以说激光已经渗透到社会的很多领域,已经成为人类生产和生活中不可缺少的东西。激光被广泛地认为是科技史上最伟大的进步之一,被人们誉为 20 世纪的"世纪之光"[1-4]。

激光也是一种光,但是和我们日常见到的普通的光源,如日光、LED 光、烛光等有很多不同。与普通光源相比,激光有着独特性,具体来说有以下几方面的突出特性。

（1）单色性好

激光的颜色非常单纯,频率范围极窄,用专业术语来说就是单色性好。这意味着激光能够把能量集中在很窄的波长或频率范围内。我们常见的太阳光,其光谱波长或频率范围很宽,覆盖了从紫外到红外的区域。

（2）方向性好

激光源发出的光,发散角很小,一般只有几毫弧度,看上去几乎就是一条直线。我们常用的手电筒,发出的光一般在几米开外就发散掉了,而探照灯发出的光,传播几十米顶多几百米,也就发散了。把激光发射到月球上,历经 3.84×10^5 km 的路程后,其扩散的光斑直径也只有 2 km 左右。

（3）亮度极高

激光束是高度平行的光束,激光的能量集中在极小的光斑中,而且激光器能产生宽度极窄的光脉冲,使用锁模技术,可产生 10^{-14} s 的光脉冲。由于能量被集中在极短的时间内发射出来,因此光功率极高,可以说激光是目前最亮的光源。一台巨脉冲红宝石激光器的辐射亮度可达 10^7 W/(m² · sr),比太阳表面的亮度还高很多倍。

（4）相干性强

相干性包括时间相干性和空间相干性。激光光源的辐射机理和普通光源不同,属于受激辐射,其发出的光子在相位上是一致的,再加上谐振腔的选模作用,激光束横截面上各点之间具有恒定的相位关系,所以激光的空间相干性和时间相干性很好。而由自发辐射产生的普通光则属于非相干光。

2.1.2 激光的工作原理

激光之所以具有上述这些特性,跟它的产生机理有关。

1. 能级

根据量子力学,微观粒子(原子、分子或离子,为简单起见,统一写成粒子或原子)具有分立的能级结构。一个原子中最低的能级称为基态,其他能级称为激发态,原子只可能存在于这些分立的能级上。通常,在热平衡的原子体系中,原子数目按能级的分布服从玻耳兹曼分布率,大量的原子都处在基态,位于高能级的原子数总是少于低能级的原子数。原子在吸收了外部适当大小的能量后,可以跃迁到激发态上去。比如原子吸收频率为 ν 的辐射时,就会从低能态(能量为 E_1)跃迁到高能态(能量为 E_2)。而从高能态跃迁到低能态时,会向外发射某个波长(或频率)的光子(称为光辐射)。

2. 光的受激吸收、自发辐射和受激辐射

爱因斯坦于 1916 年发表了《关于辐射的量子理论》,文章提出了激光理论的核

心基础——激光辐射理论,因此爱因斯坦被认为是激光理论之父。

受激吸收(stimulated absorption):处于低能级的粒子吸收一定频率的外来光子后跃迁到高能级上(图 2.1.1(a))。低能级和高能级的能量分别为 E_1 和 E_2,所吸收的光子的频率必须满足:$h\nu = E_2 - E_1$,式中 h 为普朗克常数[5]。

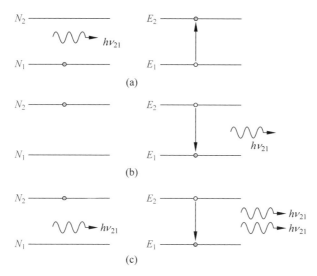

图 2.1.1 光的受激吸收(a)、自发辐射(b)和受激辐射(c)过程

自发辐射(spontaneous emission):处于高能级的粒子是不稳定的,停留时间不可能太长,它们会自发地回到低能级并辐射出光子,从高能级跃迁到低能级时,会向外发射频率为 ν 的光子,其频率 ν 满足 $h\nu = E_2 - E_1$,如图 2.1.1(b)所示。普通光源的发光机理就是自发辐射,其特点是随机和自发,每一个粒子的跃迁是自发的、独立进行的。其过程不受外界的影响,彼此之间也没有任何关联,用专业术语来说就是光子之间没有相干性。

受激辐射(stimulated emission):处于高能级(能量为 E_2)的粒子,在一定频率 ν(频率 ν 满足 $h\nu = E_2 - E_1$)的外来光子的作用下,跃迁到低能级(能量为 E_1)上,同时发射一个与外来光子频率相同的光子,如图 2.1.1(c)所示。与自发辐射不同的是,处于高能级的粒子是在特殊光子的"刺激"或者"感应"下跃迁到低能级的,并辐射出一个与这些"刺激"光子同样频率的光子。通过一次受激辐射,粒子释放出的光子与原来"刺激"光子的频率、方向、相位等完全一样,受激辐射是激光的发光机理。

3. 粒子数反转、抽运和激活介质

对于某种材料,在光与原子体系的相互作用中,自发辐射、受激辐射和受激吸收总是同时存在的。在热平衡状态下,处于低能级的粒子数目总是多于高能级的,

31

因此当有一束光入射到这种材料时,一般会发生吸收,跃迁到高能级的粒子又往往会随机地自发辐射回低能级。为了得到激光,必须形成受激辐射,而且还要克服各种损耗。也就是说,为了实现受激辐射,有一个"门槛",称为阈值(threshold)。只有反转粒子数(上能级粒子数减去下能级粒子数)超过了阈值,才有可能产生激光。这就要求高能级的粒子数多于低能级的粒子数,即所谓的实现粒子数反转(反分布)。

那么,如何才能达到粒子数反转状态呢?必须用一定的方法去激励原子体系,使处于上能级的粒子数增加并维持在高于低能级粒子数的状态。激励方法有多种,用气体放电的方法利用具有动能的电子去激发,称为电激励;用光源照射,称为光激励;还有热激励、化学激励等。各种激励方式被形象化地称为泵浦或抽运,因为,将粒子从低能级激励到高能级,就像用抽水机将水从低处抽到高处一样。为了不断得到激光输出,必须不断地泵浦以保证上能级的粒子数大于下能级的粒子数。

把能够提供合适能级结构产生激光的材料称为激活介质或增益介质,可以是气体,也可以是固体或液体。激活介质一般将激活粒子(如稀土离子 Nd^{3+}、Er^{3+} 等,过渡元素离子 Ti^{3+}、Cr^{3+} 等,气体分子 N_2 等)掺杂在基质(如钇铝石榴石、石英)中,通过泵浦,处在低能级的粒子能够跃迁到高能级。激光介质还需要具有良好的光热电性能和机械性能。

4. 激光谐振腔与光放大

在激光的定义中提到"光放大",就是说通过受激辐射产生的光子需要进行放大,以达到足够高的能量,才能克服各种损耗,形成激光输出。光放大是通过一个称为"谐振腔"的结构实现的。最简单的谐振腔由两个镜子组成,由多个镜子和元件组成的谐振腔也可以等效成两个镜子。其中一个为全反镜,就是光学镜镀上对受激辐射光的波长全反射的膜层,当这种波长的光射在膜层上面,就立即反射回来。另外一个为输出镜,在镜子上镀膜,使得特定波长的光部分地透过去,而另外一部分则反射回到谐振腔内。从全反镜和输出镜返回的光经过增益介质,会再次经历受激辐射被放大的过程。

我们来看一下激光形成的过程。增益介质中的粒子吸收光子后,跃迁到高能级,高能级的粒子会随机产生一些自发辐射的光子,如果其中一个光子经过激活介质后,会"刺激"一个同样频率的相干光子,这两个光子入射到镜面,就被挡回来了,再次经过激活介质,又"刺激"了两个新的相干光子,这样,两个变成四个,四个变八个,如此反复,在瞬间(光速是极快的)就会产生很多个相干光子。这就是所谓的光放大。

把两个起着反射和透射激光作用的而且严格相互平行的镜子构成的腔称为激光谐振腔。它能够使特定波长的光得到放大,同时抑制其他方向和其他频率的光,而只让受激辐射的光子沿着固定的方向前进,来回反射放大并最终输出。这样才能保证激光的单色性和方向性,如图 2.1.2 所示。

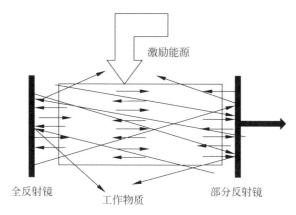

图 2.1.2　激光谐振腔光放大示意图

在谐振腔中产生激光的过程可归纳为:激励(泵浦)—工作物质实现粒子数反转—偶尔发生的自发辐射—其他粒子的受激辐射—光子放大—光子振荡及光子放大—激光产生。

2.1.3　激光器的结构与种类

1. 激光器基本结构

激光器包括三个基本组成部分:工作物质(激活介质)、谐振腔(用于实现光的放大反馈)、激励能源(抽运激活介质的下能级粒子到上能级,形成粒子数反转)。图 2.1.3 所示为激光器基本结构示意图。

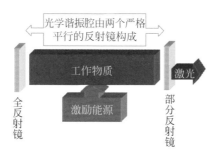

图 2.1.3　激光器基本结构示意图

2. 激光器分类

激光器有不同的分类方法:按激光输出的连续与否可分为连续波(CW)激光器和脉冲激光器,脉冲激光器又可分为自由运转脉冲激光器、调 Q 激光器、锁模激

光器；按激活介质的物质状态可分为固体、气体、液体三种类型（有时把半导体激
光器从固体激光器中单独列出来自成一种类型，因为半导体激光器有一些独特的
性质，而且其研究和应用也非常广泛）；按激活介质的粒子类型可以分为原子、离
子、分子和自由电子激光器；还可以按发光的频率和功率等来分类。下面我们对
一些常用的激光器进行简单介绍[6-7]。

固体激光器：一般小而坚固，脉冲辐射功率较高，应用范围较广泛。如红宝石
激光器、Nd：YAG 激光器、钕玻璃激光器、铒玻璃激光器等。这类激光器应用最
为广泛，其中 Nd：YAG 激光器在激光焊接、激光切割等应用中最为普遍，在激光
清洗中也是主力军。

半导体激光器：体积小，质量轻，结构简单，价格便宜，但光束质量和单色性相
对较差，如砷化镓激光器、铝镓砷激光器、碲化锌激光器。半导体激光器其实也属
于固体激光器，只是由于其独特性，使用量大，所以常常将其单独分为一类。

光纤激光器：以光纤为增益介质，在泵浦光的作用下光纤内极易形成高功率
密度，产生"粒子数反转"，形成激光振荡输出。其特点是构型简单，可靠性高，光
束质量好。它也可以归类于固体激光器，但由于构型独特，应用范围越来越广，所
以也常常将其单独列为一类。

气体激光器：单色性强，如 He-Ne 激光器的单色性是普通光源的一亿倍，而且
气体激光器工作物质种类繁多，如 N_2 激光器、Ar^+ 激光器，还有铜蒸气激光器等，
因此可产生许多不同频率的激光，但是，由于气体密度低，激光输出功率也相应
较小。

准分子激光器：以 Xed、KrF 等气体为增益介质，波长为 193～351 nm，是一类
特殊的气体激光器，准分子气体在基态时为原子，在激光态时结合为分子。

液体激光器：主要是染料激光器，现在已发现的能产生激光的染料大约有 500
种。这些染料可以溶于乙醇、苯、丙酮、水等溶液。它们还可以包含在有机塑料中
以固态形式出现，或升华为蒸气，以气态形式出现。染料激光器的突出特点是波长
连续可调。其种类繁多，价格较低，效率高，输出功率可与气体和固体激光器相媲
美，应用于分光光谱、光化学、医疗和农业等领域。

X 射线激光器：在科研和军事上有重要价值，应用于激光反导弹武器中具有
优势，生物学家用 X 射线激光研究活组织中的分子结构或详细了解细胞机能，用 X
射线激光拍摄分子结构的照片，所得到的生物分子图像的对比度很高。

化学激光器：有些化学反应能产生足够多的高能原子，释放出很强的能量，化
学激光器在军事上有重要应用。

自由电子激光器：这类激光器比其他类型更适于产生较大功率的光辐射。它
的工作机制与众不同，它从加速器中获得几千万伏高能电子束，经周期磁场，形成

不同能态的能级,产生受激辐射。

考虑到激光与物质的作用机理以及激光器的价格、耐用性和便利性,在激光清洗中,主要使用的激光器有 Nd：YAG 激光器、CO_2 激光器和光纤激光器等。

2.1.4　描述激光器的参数

对于一台激光器,在应用时需要了解波长、功率或能量等基本参数。描述激光的主要物理量归纳于表 2.1.1。

表 2.1.1　描述激光的主要物理量

物理量	常用字母	说　　明	国际单位	其他单位
波长	λ	与频率的乘积等于光速	m	nm、μm
光速	c	真空中光的传播速度	m/s	
频率	ν	单位时间光振动的变化次数	Hz	
功率	P	用于连续激光器	W	
单脉冲能量	E	用于脉冲激光器	J	
脉冲宽度	t	单脉冲的宽度	s	ns、ps、fs
重复频率	f	单位时间输出的脉冲个数,用于脉冲激光	Hz	kHz、MHz
峰值功率	P_p	单脉冲的最大功率,用于脉冲激光器	W	
平均功率	$\overline{P}$	一段时间内的平均值,用于脉冲激光器	W	
输入功率	P_{in}	电源注入功率,激光器运转需要的电或光功率	W	

例如,在激光清洗中,所使用的激光器为某种型号的 Nd：YAG 激光器,其主要技术指标有：工作波长为 1.06 μm,重复频率为 20 kHz,平均功率为 300 W,脉冲宽度为 100 ns,峰值功率为 150 kW,单脉冲能量为 15 mJ。知道了这些参数,在清洗中就能够有的放矢了。或者反过来,清洗时需要什么样的技术指标,就去选用相应的激光器。

2.2　常用激光技术

在激光清洗中,根据污染物和基底材料的性质,需要选用不同参数的激光。采用调 Q 技术、锁模技术、放大技术可以得到窄脉冲宽度、高峰值功率的激光输出。

2.2.1　速率方程理论

要产生受激辐射,必须有粒子数反转。而粒子数反转分布所需要的激励条件,取决于激光工作物质有关能级的特性。激光器速率方程就是激光工作物质的有关能级之间粒子数密度(单位体积内的粒子数)的变化所满足的方程。它与产生激光的有关能级的结构和工作粒子在这些能级间的跃迁特性有关。不同激光工作物质的能级结构和粒子的跃迁特性是不同的,因此情况是复杂的,但是还是可以归纳出一些共同的、主要的物理过程,并写出粒子数密度、光子数随时间变化的规律,这就是所谓的速率方程。

在爱因斯坦的受激辐射理论中,涉及两个能级——激光上能级和激光下能级,但是,实际上激光增益介质中的激活离子,往往有很多个能级。在吸收和辐射过程中,除了激光上下能级外,还需要其他能级的辅助。根据激光运行规律,人们总结出了两类:三能级激光系统和四能级激光系统。

1. 三能级激光系统

如图 2.2.1 所示为三能级系统激光工作物质的能级吸收和辐射示意图。参与激光产生的三个能级为:基态并作为激光下能级(能量为 E_1)、亚稳态能级(E_3)、激光上能级(能量为 E_2)。

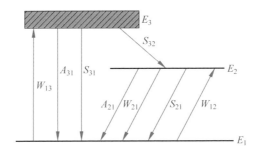

图 2.2.1　三能级激光系统能级图

在热平衡态下,粒子的分布满足玻耳兹曼分布,大部分粒子处于基态。当外界给予激励能量,则基态(能态 1)的粒子吸收能量后,跃迁到亚稳态(能态 3),亚稳态的寿命一般较短,粒子会很快无辐射地弛豫到激光上能级(能态 2),该能级上的粒子寿命比较长,这样就能在激光上能级上集聚粒子,实现粒子数反转,继而这些粒子回到基态,辐射出激光。除此之外,还有其他的一些过程,包括从能态 3 到能态 1 的自发辐射和无辐射弛豫,从能态 2 到能态 1 的自发辐射和无辐射弛豫。在这个过程中,W_{13} 表示单位时间内从基态(能态 1)抽运到亚稳态(能态 3)的粒子数,称为抽运速率;A_{ij} 表示单位时间内从能态 i 自发辐射回到能态 j 的粒子数,称为自发辐射速率,它表征自发辐射的光子多少;S_{ij} 表示单位时间内从能态 i 无辐射弛豫到能态 j 的粒子数,称为无辐射弛豫速率,它表征被消耗在发热上的能量;W_{12} 表示单位时间从能态 1 受激吸收到能级 2 的粒子数,称为受激吸收速率;W_{21} 表示单位时间从能态 2 受激辐射到能级 1 的粒子数,称为受激辐射速率,这两个物理量表征受激吸收和受激辐射。

N_i 表示能级 i 的粒子数密度。可以写出三能级系统的速率方程[6,8]:

$$\begin{cases} \dfrac{\mathrm{d}N_3}{\mathrm{d}t} = W_{13}N_1 - (A_{31} + S_{31} + S_{32})N_3 \\[2mm] \dfrac{\mathrm{d}N_2}{\mathrm{d}t} = S_{32}N_3 - (W_{21} + A_{21})N_2 + W_{12}N_1 \\[2mm] N = N_1 + N_2 + N_3 \end{cases} \tag{2.2.1}$$

在稳态情况下,各能级上的粒子数密度不随时间而变,有

$$\begin{cases} \dfrac{\mathrm{d}N_3}{\mathrm{d}t} = 0 \\[2mm] \dfrac{\mathrm{d}N_2}{\mathrm{d}t} = 0 \end{cases} \tag{2.2.2}$$

解得

$$\frac{N_2}{N_1} = \left(\frac{W_{13}S_{32}}{A_{31} + S_{31} + S_{32}} + W_{12} \right) \Big/ (W_{21} + A_{21}) \tag{2.2.3}$$

考虑简化近似,并设 E_2 和 E_1 能级的统计权重相等,另据爱因斯坦关系式,要实现激光上下能级之间的粒子数反转,需要满足:

$$W_{13} > A_{21} \tag{2.2.4}$$

2. 四能级激光系统

四能级激光系统相对于三能级激光系统的特点是:激光下能级不是基态,因而在热平衡状态时处于激光下能级的粒子数很少,有利于在激光上、下能级之间形成数子数反转。如图 2.2.2 所示为四能级激光系统的能级和跃迁过程,其中基态能级为 E_0,激光下能级和上能级分别为 E_1 和 E_2,亚稳态为 E_3。与三能级激光系统类似,可以写出四能级激光系统的速率方程组,各字母的含义与三能级激光系统的相同[7,9-10]:

$$\begin{cases} \dfrac{\mathrm{d}N_3}{\mathrm{d}t} = W_{03}N_0 - (W_{30} + A_{30} + S_{32})N_3 = 0 \\[2mm] \dfrac{\mathrm{d}N_2}{\mathrm{d}t} = S_{32}N_3 - (A_{21} + W_{21})N_2 + W_{12}N_1 = 0 \\[2mm] \dfrac{\mathrm{d}N_1}{\mathrm{d}t} = S_{01}N_0 + (A_{21} + W_{21})N_2 - (S_{10} + W_{12})N_1 = 0 \\[2mm] N = N_0 + N_1 + N_2 + N_3 \end{cases} \tag{2.2.5}$$

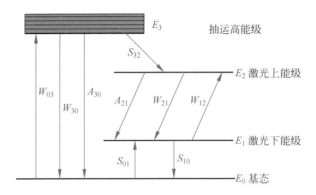

图 2.2.2　四能级激光系统能级图

2.2.2　激光调 Q 技术

通过调 Q 技术,可以将输出的连续或脉冲激光能量压缩到时间极短的脉冲中发射,从而使激光的峰值功率提高几个数量级达到吉瓦,脉冲宽度缩短到 $10^{-10} \sim 10^{-7}$ s 量级。这种输出的激光脉冲常称为巨脉冲。

1. 调 Q 激光器的工作原理

所谓调 Q,就是调整 Q 的值。而 Q 的值是评定激光器中光学谐振腔质量好坏的指标,又称为品质因数。其定义为:在激光谐振腔内,储存的总能量 W 与腔内单位时间损耗的能量 $\mathrm{d}W/\mathrm{d}t$ 之比[8,11]:

$$Q = 2\pi\nu_0 \frac{W}{\mathrm{d}W/\mathrm{d}t} = \frac{2\pi}{\lambda\alpha_{总}} \qquad (2.2.6)$$

式中,ν_0 是激光的中心频率,$\alpha_{总}$ 为谐振腔的单程总损耗,可见 Q 跟腔内总损耗 $\alpha_{总}$ 成反比。

调 Q 技术就是通过某种方法使谐振腔的损耗随时间按一定程序变化的技术。改变腔内损耗,就可以调节腔内的 Q。

通常情况下,稳定工作的激光器谐振腔的损耗是固定不变的,一旦通过泵浦使反转粒子数达到或略超过阈值时,激光器便开始振荡了。随即,激光上能级的粒子数因受激辐射而减少,持续的泵浦和激光输出,致使上能级不能积累很多的反转粒子数,只能被限制在阈值反转数附近,这是普通激光器峰值功率(一般为几十千瓦数量级)通常不高的原因。

在激光器泵浦初期,设法将激光器谐振腔内的损耗调得很高,即 Q 很低,这时振荡阈值也就相应地很高,激光振荡无法产生,这样激光上能级的反转粒子数便可得到持续积累而不断增大。当反转粒子数积累到足够大的程度时,突然把损耗调到很低的值,也就是将 Q 调得很高,阈值也相应变得很低,此时,积累在上能级的大量粒子便雪崩式地受激跃迁到低能级,在极短的时间内将能量释放出来,就获得峰值功率极高的巨脉冲激光输出。从低 Q 调整到高 Q 所需的时间称为 Q 开关时间。

2. 调 Q 激光器特性

1）峰值功率

忽略开关时间以及脉冲持续过程中自发辐射和泵浦激励的影响,由速率方程组出发,可以得到三能级系统最大光子数密度[9-11]:

$$N_{\mathrm{m}} \approx \frac{1}{2} \Delta n_{\mathrm{t}} \left(\frac{\Delta n_{\mathrm{i}}}{\Delta n_{\mathrm{t}}} - \ln \frac{\Delta n_{\mathrm{i}}}{\Delta n_{\mathrm{t}}} - 1 \right) \tag{2.2.7}$$

式中,Δn_{i} 和 Δn_{t} 分别是初始时的反转粒子数密度和阈值反转粒子数密度。设工作物质截面积为 S,两个谐振腔镜中的一个为全反镜,另外一个的透过率为 T,则激光器峰值功率 P_{m} 为

$$P_{\mathrm{m}} \approx \frac{1}{2} h \nu_{21} N_{\mathrm{m}} v S T \tag{2.2.8}$$

式中,h 为普朗克常量,ν_{21} 为激光频率,v 为工作介质中光的速度。N_{m} 为峰值反转粒子数,它和 P_{m} 都随 $\Delta n_{\mathrm{i}} / \Delta n_{\mathrm{t}}$ 增加而增大。$\Delta n_{\mathrm{i}} / \Delta n_{\mathrm{t}}$ 取决于下列因素:

(1) 腔内最大损耗 $\alpha_{\max}$ 越大,则允许达到的 Δn_{i} 越大,腔内最小损耗 $\alpha_{\min}$ 越小,则 Δn_{t} 越小,因此,应设法提高 $\alpha_{\max} / \alpha_{\min}$ 的数值;

(2) 泵浦源功率越高,$\Delta n_{\mathrm{i}} / \Delta n_{\mathrm{t}}$ 越大;

(3) 激光上能级寿命越长,$\Delta n_{\mathrm{i}} / \Delta n_{\mathrm{t}}$ 越大。

一般气体激光器上能级寿命较短,不适合作调 Q 器件(如 He-Ne 激光器上能级寿命仅为 20 ns),气体激光器中仅 CO_2 激光器上能级寿命较长(1 ms),可采用调 Q 技术。

2）巨脉冲能量

巨脉冲开始时,体积为 V 的工作物质中储能为

$$E_{\mathrm{i}} = \frac{1}{2} h \nu_{21} V \Delta n_{\mathrm{i}} \tag{2.2.9}$$

巨脉冲输出结束时,剩余的能量和腔内巨脉冲的能量分别为

$$E_{\mathrm{f}} = \frac{1}{2} h \nu_{21} V \Delta n_{\mathrm{f}} \tag{2.2.10}$$

$$E_{內} = E_{\mathrm{i}} - E_{\mathrm{f}} \tag{2.2.11}$$

输出巨脉冲能量和能量利用率分别为

$$E = \frac{T}{T+\alpha}(E_{\mathrm{i}} - E_{\mathrm{f}}) = \frac{T}{T+\alpha} \mu E_{\mathrm{i}} \tag{2.2.12}$$

$$\mu = \frac{E_{内}}{E_i} = 1 - \frac{\Delta n_f}{\Delta n_i} \qquad (2.2.13)$$

由式(2.2.13)可见,储能越大,巨脉冲能量越大。

3)时间特性

调 Q 脉冲的时间特性如图 2.2.3 所示,谐振腔内的反转粒子数 N 由 $N_m/2$ 上升至 N_m 的时间为 t_r,由 N_m 下降至 $N_m/2$ 的时间为 t_e,总时间为 $\Delta t = \Delta t_r + \Delta t_e$。

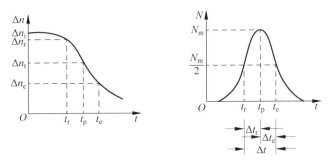

图 2.2.3　调 Q 脉冲的时间特性

(1) $\Delta n_i/\Delta n_t$ 增大时,脉冲前沿和后沿同时变窄,相对来说,前沿变窄更显著。因为 $\Delta n_i/\Delta n_t$ 越大,腔内净增益系数就越大,腔内光子数的增长及反转粒子数的衰减也就越迅速,因此脉冲的建立和熄灭过程就越短。

(2) 脉冲宽度正比于谐振腔长,反比于谐振腔内的损耗,因此要获得短脉冲激光适宜采用短腔、低损耗的谐振腔结构。

3. 调 Q 方法

谐振腔的 Q 与腔内损耗 $a_{总}$ 成反比,谐振腔的损耗一般包括:反射损耗、衍射损耗、吸收损耗等。因此,只要能使谐振腔损耗发生突变的元件都能作调 Q 元件,又称作 Q 开关。常用的调 Q 方法分为主动调 Q 和被动调 Q。主动调 Q 中,谐振损耗可由外部驱动源主动控制;被动调 Q 中,谐振腔损耗取决于腔内激光光强和 Q 开关,不能主动控制。常见的主动调 Q 有转镜调 Q、电光调 Q、声光调 Q;被动调 Q 有可饱和吸收调 Q。

1)主动调 Q

主动调 Q 可以主动控制谐振腔内的损耗或 Q,最常用的是电光调 Q 和声光调 Q 技术。此外还有转镜调 Q,这种方法得到的脉冲宽度相对较宽,且容易产生多脉冲,所以除了一些特殊激光器外,已经很少使用,在激光清洗中,一般不使用转镜调 Q 激光器。所以这里只介绍电光调 Q、声光调 Q 和被动调 Q 三种方式。

(1) 电光调 Q。

电光调 Q 是利用特定晶体的电光特性,改变偏振光的偏振方向(腔内需另外加偏振片,形成线偏振光),使之无法再次穿过偏振片,这时腔内的损耗很大,如图 2.2.4 所示。加在电光晶体上的电压一般很高,需要上千伏。电光晶体要实现高重频调 Q 比较困难,因而难以得到高重频激光输出。

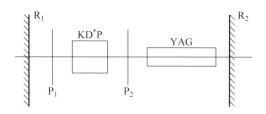

图 2.2.4　磷酸二氘钾(KD*P)电光调 Q 激光示意图

以常用的 Nd：YAG 激光器为例,来说明电光调 Q 的装置和原理。图 2.2.4 中,Nd：YAG 为激光介质,KD*P 为调 Q 晶体,P_1 和 P_2 为偏振片且透振方向互相垂直,R_1 和 R_2 为谐振腔的两个谐振腔镜。由于 P_2 的存在,激光谐振腔内的光是线偏振光。线偏振光通过 KD*P 晶体后的出射光,仍然是线偏振光,偏振方向不变。但是,由于 P_1 偏振片的透振方向与 P_2 的互相垂直,所以从 KD*P 晶体出射的线偏光不能通过 P_1 偏振片,因此光就不能到达反射镜 R_1 并在腔内来回传播形成受激辐射的光放大(即激光)了。光线不能通过 P_1,就相当于腔内光子的损耗很大,Q 很低,这种状态称为"关门"状态。

由于持续的泵浦,粒子还在源源不断地被抽运到高能态,在反转粒子数达到一定量时,突然在 KD*P 晶体上加上电压,加上电压的晶体具有一种特性:通过它的线偏振光的振动方向改变了 90°,和 P_1 的透振方向变成一致,这样从晶体出射的线偏振光就可以通过 P_1 了。光线能够通过腔内元件,相当于腔内损耗立即下降,也就是 Q 立即增高,光立即在腔内形成振荡,形成受激辐射的光放大,通过输出镜输出一个能量很大的巨脉冲。

上述过程中,开始时晶体上没有电压,后来加上电压,称为加压式电光调 Q。也有一种电光调 Q,是先加压,然后退压,称为退压式电光调 Q。二者原理是相同的。

电光调 Q 具有精度高、重复性好、脉冲宽度窄等优点,输出的巨脉冲的宽度为 10 ns 左右,最窄的可以达到 2~3 ns。缺点是加的电压往往需要达到几千乃至接近上万伏。

(2)声光调 Q。

声光调 Q 利用的是声光效应。当超声波在介质中传播时会使介质折射率按照正弦或余弦规律变化,此时,当激光通过该介质时,就会发生光的衍射现象,即声光衍射效应。所使用的介质就是声光 Q 晶体。

以常用的 Nd：YAG 激光器为例说明声光调 Q 的装置和原理。图 2.2.5 中，YAG 为激光介质，在激光腔内插入一个声光 Q 开关器件，该开关由声光介质、吸收材料、高频振荡器组成，振荡器由脉冲调制器控制，通电后产生声波，这样，腔内的光通过声光介质时会产生衍射，衍射光不能沿着谐振腔内的光轴传播，从而不能传到反射镜上，无法形成有效振荡，此时腔内具有很大的损耗，Q 很低，即 Q 开关处于关闭状态。当激光上能级粒子数积累到一定程度时，撤除超声波，则衍射效应即刻消失，损耗下降，Q 开光打开，光立即沿着轴向传播，形成激光调 Q 巨脉冲。

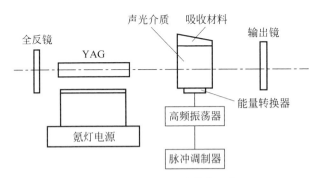

图 2.2.5　声光 Q 开关激光示意图

声光调 Q 的精度高、重复性好、脉冲宽度较窄，可以在连续激光器中加入声光 Q 开关获得调 Q 脉冲激光输出。输出的巨脉冲的宽度为 100 ns 数量级。

2）被动调 Q

某些介质对于特定波长的光波的吸收具有突然变化的特点，当入射光信号的波长处于其吸收峰附近时，介质会强烈地吸收较弱的入射信号光，因而入射光无法通过介质（相当于处于关闭状态）；当入射光信号增强到一定程度时，介质突然几乎不再吸收信号光，呈现出明显的吸收饱和趋势，这时候信号光可以直接通过介质，就好似介质是"透明的"（相当于接通状态）。利用这个特点，可将其置于激光谐振腔内用于调 Q 开关，称为被动调 Q 开关。起初，激光增益介质的受激辐射信号较弱，Q 开关对信号光几乎全吸收了，腔内损耗大，Q 的值低。当工作物质粒子数反转程度达到最大，受激辐射光强增加到足够大，使得 Q 开关处于吸收饱和状态，信号光可以通过，能够在腔内传播振荡，形成调 Q 激光输出。

常见的被动调 Q 开关器件有染料饱和吸收体、Cr^{4+}：YAG 可饱和吸收体、半导体饱和吸收体等。被动调 Q 开关的优点是成本低、装置简单，其脉冲宽度为几十到几百纳秒。但是，其脉冲重复性不好，容易产生多脉冲，且每个脉冲的能量和峰值功率有波动，精度不够高。

人们也在不断开发新的激光调 Q 技术，如包括主动调 Q 和被动调 Q 相结合的

主被动双调 Q 技术、双被动调 Q 技术、调 Q 锁模技术。

4. 调 Q 技术的关键

无论哪种调 Q 技术,在制作时都要注意以下几个关键点。

(1) 动态损耗:Q 开关处于关闭状态时,谐振腔应具有最大的损耗,以保证 Q 开关打开之前没有激光产生;

(2) 插入损耗:Q 开关处于打开状态时,开关本身会引入反射及散射损耗;

(3) 开关时间:Q 开关应有优异的开、关转换性能,短的开关时间,将产生窄而且高峰值功率的脉冲,长的开关时间会使所存储的能量在开关完全打开之前迅速衰竭;

(4) 同步性能:Q 开关应能够精确地控制,与外界信号保持同步。

调 Q 技术是高功率脉冲激光器的主要基础技术之一,对常用的脉冲固体激光器来说,应用调 Q 技术,能获得峰值功率在几十千瓦至几百兆瓦以上,而脉冲宽度仅为几纳秒至几百纳秒量级的激光脉冲,使得激光成为非常强的相干光源。同时,也推动了诸如激光雷达、激光测距、高速摄影、核聚变等应用技术的发展,在激光清洗中也实现了重要的应用。

2.2.3　激光锁模

调 Q 激光器输出的激光脉冲的宽度受原理上的限制不能继续压缩,最窄只能达到几纳秒。随着科学技术的发展,在遥测技术、生物医学研究、高时间分辨率光谱学、非线性光学、光电子学、化学动力学以及受控核聚变等诸多领域都要求获得脉冲宽度更窄、峰值功率更高的激光脉冲,这时,需要采用激光锁模技术。激光锁模技术可产生 $10^{-15} \sim 10^{-12}$ s 量级的超短光脉冲,峰值功率达到太瓦量级[12]。

1. 锁模激光器的工作原理

自由运转激光器的输出一般包含若干个超过阈值的纵模,如图 2.2.6 所示。

这些模的振幅及相位都不固定,激光输出随时间的变化是它们无规则叠加的结果,是一种时间平均的统计值。激光器相邻纵模的频率间隔为 $\Delta\nu_q = c/2L'$,其中 L' 是谐振腔的光学腔长,c 为真空中的光速。则角频率间隔为 $\Delta\omega = 2\pi\Delta\nu_q = \pi\nu/L'$,$q$ 为纵模序数。假设在激光工作物质的净增益线宽内包含 $2N+1$ 个纵模,那么激光器输出的光波电场是 $2N+1$ 个纵模电场的和,即

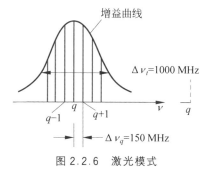

图 2.2.6　激光模式

$$E(t) = \sum_{q=-N}^{N} E_q \cos(\omega_q t + \varphi_q) \qquad (2.2.14)$$

式中：$q = 0, \pm 1, \pm 2, \cdots, \pm N$，是激光器内 $2N+1$ 个振荡模中第 q 个纵模的序数；E_q 是纵模序数为 q 的场强；ω_q 及 φ_q 是纵模序数为 q 的模的角频率及相位。各纵模的初相位彼此没有确定的关系，是完全独立、随机的。各相邻纵模之间的频率间隔并不严格相等。各纵模不相干。输出光强由于各纵模之间非相干叠加而呈现随机的无规则起伏，假定各个纵模的电场振幅相同，则

$$\bar{I}(t) = \bar{E}^2(t) = \frac{1}{t} \sum_{q=-N}^{N} E^2(t)\mathrm{d}t = (2N+1)\frac{E_0^2}{2} \qquad (2.2.15)$$

如果采用某种措施，使得这些各自独立的纵模在时间上同步，即把它们的相位之间的关系锁定起来，使之满足确定的关系（$\varphi_{q+1} - \varphi_q = $ 常数），也就是说，该激光器各模的相位按照 $\varphi_{q+1} - \varphi_q = $ 常数的关系被锁定，那么激光器输出的将是脉冲宽度极窄、峰值功率很高的光脉冲，这种激光器叫作锁模激光器，相应的技术称为锁模技术。

下面从理论上推导锁模后的激光输出光强和脉冲宽度。为简单起见，假设 $2N+1$ 个纵模的初相位始终相等，并有 $\varphi_q = \varphi_{q-1} = 0$，各模振幅相等，即 $E_q = E_0$，光强相等 $I_q = I_{q-1} = I_0$，则激光器输出的总光场是 $2N+1$ 个纵模相干的结果。$2N+1$ 个模式合成的电场强度为

$$E(t) = \sum_{q=-N}^{N} E_q \exp[\mathrm{i}(\omega_0 + q\Omega)t + \varphi_q] = E_0 (\sum_{q=-N}^{N} \mathrm{e}^{\mathrm{i}q\Omega t})\mathrm{e}^{\mathrm{i}\omega_0 t} \quad (2.2.16)$$

式中，$\Omega = \omega_q - \omega_{q-1}$，按指数形式展开，再用三角函数公式可得

$$E(t) = E_0 (\sum_{q=-N}^{N} \mathrm{e}^{\mathrm{i}q\Omega t})\mathrm{e}^{\mathrm{i}\omega_0 t} = E_0 \frac{\sin\left[\frac{1}{2}(2N+1)\Omega t\right]}{\sin\left(\frac{1}{2}\Omega t\right)} \mathrm{e}^{\mathrm{i}\omega_0 t} = A(t)\mathrm{e}^{\mathrm{i}\omega_0 t}$$

$$(2.2.17)$$

式中，

$$A(t) = E_0 \frac{\sin\left[\frac{1}{2}(2N+1)\Omega t\right]}{\sin\left(\frac{1}{2}\Omega t\right)} \qquad (2.2.18)$$

则输出光强为

$$I(t) \propto E_0^2 \frac{\sin^2\left[\frac{1}{2}(2N+1)\Omega t\right]}{\sin^2\left(\frac{1}{2}\Omega t\right)} \qquad (2.2.19)$$

由式(2.2.18)和式(2.2.19)可见,振幅 $A(t)$ 是随时间变化的周期函数,光强 $I(t)$ 正比于 $A^2(t)$,也是时间的函数,光强受到调制。根据傅里叶分析,总光场由 $2N+1$ 个纵模频率组成,因此激光输出脉冲是包括 $2N+1$ 个纵模的光波。只要知道振幅 $A(t)$ 的变化规律,即可了解输出激光的特性。式(2.2.18)的分子、分母均为周期函数,因此 $A(t)$ 也是周期函数。只要得到它的周期、零点,就可以得到 $A(t)$ 的变化规律。

(1) 当分子为 0,分母不为 0 时,为 $A(t)$ 的 0 值点:$t=0,\dfrac{1}{2N+1}\dfrac{2L}{c},$ $\dfrac{2}{2N+1}\dfrac{2L}{c},\cdots,\dfrac{2L}{c}$;

(2) 分母为 0 的点:$t=0,\dfrac{2L}{c},\dfrac{4L}{c},\cdots,\dfrac{2Ln}{c}$;

(3) $A(t)$ 的分子、分母同时为零,利用洛必达法则可求得此时 $A(t)$ 的最大值为

$$A_{\max}=(2N+1)E_0$$

在一个周期内有 $2N$ 个零值点及 $2N+1$ 个极值点。由于光强正比于 $A^2(t)$,所以在 $t=0$ 和 $t=2L/c$ 时的极大值,称为主脉冲。在两个相邻主脉冲之间,共有 $2N$ 个零点,并有 $2N-1$ 次极大值,称为次脉冲。因此,锁模振荡也可以理解为只有一个光脉冲在腔内来回传播。

2. 锁模激光器特性

通过分析可知以下性质:

1) 输出脉冲的峰值(最大光强)

$$I_{\mathrm{m}}=(2N+1)^2E_0^2 \tag{2.2.20}$$

如果各模式相位未被锁定,则各模式是不相干的,输出功率简单地为各模的功率之和,即 $I\propto(2N+1)E_0^2$。而锁模后,脉冲峰值功率与未锁模时相比,提高了 $2N+1$ 倍。腔长越长,荧光线宽越大,则腔内振荡的纵模数目越多,锁模脉冲的峰值功率就越大。

2) 周期

相邻脉冲峰值间的时间间隔为周期,$T=\dfrac{2L}{c}$,因此,激光器的输出是以脉冲间隔为 $2L/c$ 的规则脉冲序列。$2L/c$ 是光在腔内往返一次的时间,等于在腔内只有一个脉冲在振荡,一个脉冲中包含锁定的纵模数。$t=0$ 和 $t=2L/c$ 时的极大值称为主脉冲。在两个相邻主脉冲之间,共有 $2N$ 个零点。所以锁模振荡也可以理解为只有一个光脉冲在腔内来回传播,如图 2.2.7 所示。

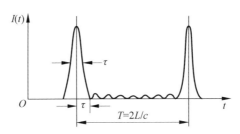

图 2.2.7 锁模光强脉冲(2N＋1＝9)

3）脉冲的宽度

脉冲的宽度(τ)即脉宽,是两半极大值之间的宽度,一般可以近似用极大值和零点之间的时间来表示。$t＝0$为极大值,第一个零点:$\dfrac{1}{2N+1}\dfrac{2L}{c}$,所以$\tau＝\dfrac{T}{2N+1}＝\dfrac{1}{\Delta v}$,在调 Q 激光器中输出脉冲宽度最窄的是透射式 Q 开关激光器,输出的脉冲宽度最小为 $2L/c$,而锁模激光器脉冲宽度 τ 比调 Q 的脉冲宽度还要窄,约为$1/(2N+1)$。被锁定的纵模数越多,脉冲宽度 τ 越窄。上式中,Δv 为锁模激光的带宽,它显然不可能超过工作物质的增益带宽。气体激光器谱线宽度较小,其锁模脉冲宽度约为纳秒量级;固体激光器谱线宽度较大,可得到脉冲宽度窄于 10^{-12} s量级的皮秒脉冲,如钕玻璃激光器的振荡谱宽达 $25\sim35$ nm,其锁模脉冲宽度可达 10^{-13} s;而钛宝石激光器的荧光谱线宽度超过 300 nm,其锁模脉冲宽度可达几个飞秒,是目前通过锁模技术得到的最窄脉冲宽度激光器。

3. 锁模方法

为了得到锁模超短脉冲,必须采取措施强制各纵模的初相位能够被锁定,相邻模频率间隔相等。目前采用的锁模方法可分为主动锁模、被动锁模、同步泵浦锁模、注入锁模及碰撞锁模等。

1）主动锁模

采用的是周期性调制谐振腔参量的方法。在激光谐振腔内插入声光调制器,使谐振腔内产生周期性交替变化的损耗 γ,若 γ 的变化周期为 $T＝2L/c$,也就是光在腔内来回一周所需的时间,则损耗 γ 的交变频率 $f＝c/2L$,也就是纵模间隔 Δv_q,谐振腔内便能形成锁模脉冲,窄脉冲周期性地出现在损耗 γ 的最小值处,这种结构初看起来与声光调 Q 类似,主要差别只是锁模时在声光调制器上所加的驱动信号要保证其产生的损耗的变化频率必须严格等于 Δv_q。可分为相位调制(PM)锁模、频率调制(FM)锁模及振幅调制(AM,或称为损耗调制)锁模。

2）被动锁模

被动锁模装置很简单,只需要在腔内插入饱和吸收染料即可。染料必须具备以下几个条件：第一，染料的吸收线应和激光波长很接近；第二，吸收线的线宽要大于或等于激光线宽；第三，弛豫时间应短于脉冲在腔内往返一次的时间，否则就成为被动调 Q 激光器了。

3）注入锁模

用一个高质量的锁模脉冲作种子，在谐振腔内经多次再生放大，最后获得脉冲宽度窄且输出功率高的锁模光脉冲。这个种子如果是由另一锁模激光器产生后注入到再生放大激光器中来的，就称为外注入锁模。如果是同一个激光器先形成种子脉冲，然后再放大的则称为自注入锁模。自注入比外注入在结构上要简单得多。

4）同步泵浦锁模

采用一台锁模激光器脉冲序列，泵浦另一台激光器，通过调制腔内增益的方法获得锁模。实现同步泵浦锁模的关键是，使被泵浦激光器的谐振腔长度与泵浦激光器的谐振腔长度相等或是它的整数倍。在一定的条件下，增益受到调制，调制周期等于光在谐振腔的循环周期。与损耗调制类似，增益最大时在腔内形成一个短脉冲，其脉冲宽度比所用的泵浦脉冲宽度窄得多。

5）碰撞锁模

碰撞锁模是当今用于产生脉冲宽度短于 100 fs 且输出稳定的超短脉冲的最好方法。在环行腔内，分别沿顺时针和逆时针方向传播的两路光脉冲恰好在可饱和吸收染料处相撞，在该处形成驻波，因而造成可饱和吸收介质上下能级间粒子数的空间分布，称为粒子数分布"光栅"。由于介质的折射率与其能级间的粒子数分布有关，介质内就形成了折射率的空间周期分布。在形成"光栅"的过程中，两个光脉冲的上升沿能量被吸收，由于可饱和吸收介质的弛豫时间较脉冲本身的弛豫时间长得多，因此脉冲后沿通过可饱和吸收介质时，粒子数分布光栅的调制度仍然很高，光脉冲的后沿经受了较强的后向散射。这样，光脉冲的前后沿都受到削弱，经过多次循环后，光脉冲就能够压缩得很窄了。

相对于调 Q 激光器，锁模激光器的构型更为复杂，价格更高，虽然其脉冲宽度更短，峰值功率更高，更适合于某些清洗工作，但是目前锁模激光器在激光清洗中还是主要用在实验室研究中。在未来，随着超短脉冲激光清洗的研究更深入，锁模激光器的价格下降，有望逐渐拓宽在激光清洗领域的应用，或者在某些特殊清洗中发挥独特的作用。

2.2.4　激光放大

利用调 Q 和锁模技术，可以获得极高的峰值功率（$10^9 \sim 10^{12}$ W），但是这种高峰值功率激光器实际上所输出的能量往往不一定大。激光器的输出功率或单脉冲能量,有时候不能满足需要。例如,在激光清洗时,较低的平均功率或能量会使清洗效率很低,甚至因为达不到清洗阈值而无法清洗。对于单台激光器,仅仅靠增加工作物质的尺寸和提高泵浦功率,是很难大幅提高激光输出的能量或功率的,而且即使提高了,输出激光的发散角会变大、激光的模式会变差,不利于实际应用。在实际情况下,有的工作物质也不能做成大尺寸的,泵浦功率密度也不能太大,否则会损伤激光介质。

激光放大技术则可以获得性能优良的高能量或功率的激光,又不改变激光的偏振态、发散角、单色性等特性。

1. 激光放大器的工作原理

激光放大器是利用光的受激辐射进行光的能量(功率)放大的器件,其原理也是基于受激辐射的光放大,与激光器一样,都有增益介质和泵浦源。但是与激光器不同的是,一般激光器的初始光信号是自发辐射的光,而放大器的初始信号是激光器输出的激光,放大器一般没有谐振腔。

2. 激光放大器的结构

激光放大器一般包括振荡器和放大器[13],如图 2.2.8 所示。

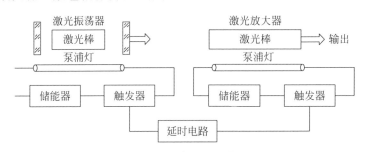

图 2.2.8　激光放大器工作示意图

1)振荡级

振荡级输出的光作为放大器的输入光信号。根据实际应用的要求,选择不同的激光器,使激光器(振荡级)输出的激光特性满足应用要求。根据振荡级输出激光的脉冲宽度不同,放大器可分为三类。①连续或长脉冲激光放大器:一般振荡级激光器输出的是连续的或长脉冲激光。上能级的粒子数消耗掉以后由泵浦及时补充。这时腔内的光子数密度和工作物质的反转粒子数可以认为不随时间变化,称为稳态过程。②短脉冲放大器:当振荡级为调 Q 激光器时,脉冲宽度 τ 约为 10^{-8} s,由于脉冲宽度较小,在脉冲信号放大期间,工作物质的反转粒子数和光子密度是随时间变化的,这是非稳态过程。③超短脉冲放大器:脉冲宽度只有 $10^{-12}\sim10^{-11}$ s 量级的激光放大。

2）放大级

放大级的作用是使从振荡级输出的光信号的能量（或功率）得到放大。要实现有效的放大，放大级必须满足下面两个条件：

（1）振荡级和放大级的介质能级匹配。

因为放大级的光信号来自振荡级，因此两者的能级（工作物质的能级）要匹配才能得到光的放大。例如，振荡级的工作物质是红宝石，产生 694.3 nm 的光，放大器的工作物质也必须是红宝石，而不能是 YAG。

（2）放大介质处于粒子的反转状态。

振荡级输出的光信号进入放大级时，放大介质处于粒子数反转状态。这样才能使光信号通过时得到大的增益，从而使能量获得较多的放大。它是通过延时部分来保证的，延迟时间是放大级和振荡级泵浦之间的时间差。对于不同的工作物质，振荡级与放大级之间的延迟时间是不同的。

3. 激光放大器的类型和特性

1）激光放大器的类型

行波放大器：光信号只经过工作物质一次，一般放大器不加谐振腔，只有工作物质。

多程放大器：光信号在工作物质中多次往返通过。

再生式放大器：用一光束质量好的微弱信号注入激光器中，它作为一个"种子"控制激光振荡产生，并得到放大。

2）激光放大器的特性

相对振荡级，放大器的能量和功率得到放大。放大后的激光保持入射光的特征。

随着激光清洗的发展，大功率的激光清洗机成为必需，大量的高功率激光清洗机中，都有放大器，所以激光放大器在激光清洗行业将会得到越来越多的应用。

2.3　激光清洗中激光器的选择依据

激光清洗中选择合适的激光器，一要考虑清洗对象的光学特性，二要考虑激光器的输出特性，如功率、波长、脉冲宽度、重复频率、单脉冲能量、光束模式等因素。

2.3.1　清洗对象的光学特性

选择激光器时，污染物和基底材料的光学特性是很重要的，同时还需要兼顾清洗效率和成本。这方面的详细内容将在第 3 章介绍，这里我们只给出主要的结论。

（1）依据污染物的吸收特性：如果事先知道表面污染物的成分，则可以根据污染物最佳吸收波长来选择激光器。由于材料对激光的吸收率与波长密切相关,因此波长对激光的清洗过程影响很大。一般来说,对于金属,材料对光的吸收随着波长的增加而减小。

（2）依据清洗对象的特性：一般来说,在对精度的要求高于成本的要求时,或者小面积范围内的清洗时,准分子激光器是较为合适的工具；在其他情况下则以CO_2激光器和固体激光器为佳。

对于微电子工业来说,一般选用准分子激光器,如KrF准分子激光器；对于表面清洗,用CO_2脉冲激光器效果较好,用其清除橡胶残余物也特别理想。对于模具的清洗则采用CO_2激光器或YAG激光器比较好；而对于激光敷层的清除,CO_2激光器效果较好,特别是横向激励大气（TEA）CO_2激光器在这一领域极具发展前途；然而,由于CO_2激光器不能用光纤传送,远程清洗应用受到很大限制,这为YAG激光器和光纤激光器的应用提供了广阔的空间。

2.3.2 激光器参数的影响

不同类型的激光器,其发光的波长、重复频率、脉冲宽度和峰值功率均不同,光与物质相互作用的机理也有所区别。

1. 激光波长的影响

激光清洗过程实际上是激光与物质相互作用的过程,很大程度上取决于材料的吸收率、激光的脉冲能量、作用时间长短,而材料的吸光系数及激光的穿透能力又与激光波长密切相关。一般而言,波长越短,光子的能量($h\nu$,h为普朗克常量,ν为频率)就越大,原子激励下的化学作用会随之增强。相反,波长越长,光子能量会逐步降低,但产生的热作用会随之升高,激光的辐射穿透能力也会随之增强。如图2.3.1所示为材料吸收率随波长的变化。

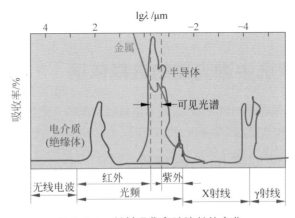

图 2.3.1 材料吸收率随波长的变化

2. 功率选择

在激光清洗时,激光的平均功率(与重复频率和单脉冲能量有关)、峰值功率(与脉冲宽度和单脉冲能量有关)是很重要的参数。激光清洗时有两个阈值:一个是清洗阈值,一个是损伤阈值,前者是能够让污染物脱离基底材料的最低功率(能量),后者是使得基底遭到破坏的最低功率(能量)。对于不同的基底材料和污染物,需要选择合适的功率,功率过大,可能损伤基底,功率过小,则达不到清洗效果。

3. 其他参数的选择

此外,根据基底材料和污染物的不同,还需要考虑脉冲宽度、重复频率以及模式等参数。如果重复频率太低,则工作效率低。如果脉冲宽度很窄,则峰值功率相应增加,有可能会损伤基底材料;反之若脉冲宽度宽,则峰值功率小,影响清洗效果。如果激光的模式不够好,发散角大,在聚焦时有难度;如果模式很好,则光斑中心位置的强度很大,容易造成中心处基底损伤而周围却没有清洗干净的现象。这些都需要根据实际情况予以综合考量。

2.3.3　激光清洗中的常用激光器

激光器是激光清洗设备的核心。已经在清洗中得到应用的激光器有:193 nm ArF 准分子激光器、248 nm KrF 准分子激光器、308 nm XeCl 准分子激光器、351 nm XeF 准分子激光器、337 nm N_2 激光器、255.3 nm 倍频铜蒸气激光器、266 nm 四倍频 Nd:YAG 激光器、292 nm 倍频染料激光器、349 nm Nd:YLF 三倍频激光器、400 nm 掺钛蓝宝石倍频激光器、355nm Nd:YAG 三倍频激光器、400~800 nm 波长调谐 OPO 脉冲激光器、523 nm Nd:YLF 倍频激光器、TEA CO_2 激光器($9.22~\mu m$、$9.317~\mu m$、$9.6~\mu m$ 和 $10.6~\mu m$)、$2.94~\mu m$ Er:YAG 激光器、1064 nm Nd:YAG 激光器、1047 nm Nd:YLF 激光器、800 nm 掺钛蓝宝石激光器、Nd:YAG 激光泵浦 OPO 激光器、583 nm 染料激光器等。

尽管激光器的种类很多,但在激光清洗中常用的激光器主要是掺钕钇铝石榴石激光器(Nd:YAG)、大功率 CO_2 激光器和准分子激光器,现在光纤激光器的使用也逐渐增多。其中,Nd:YAG 激光器技术成熟,具有荧光量子效率高、阈值低、热导率高等优点。既能够连续运转又能脉冲运转,激光波长适合清洗、维护较为简单、成本相对较低,尤其是能与光纤耦合,借助传输系统能方便地将一束激光传输给多个工位或远距离工位,便于激光清洗外场作业,因而成为清洗用激光器的主要选择。

常用的 CO_2 激光器有横向流动 CO_2 激光器和快速轴流 CO_2 激光器。横向流动 CO_2 激光器单位谐振腔长度的激光输出功率可以达到 10 kW/m,较大的商用激光器的功率可以达到 25 kW。快速轴流激光器的光束质量较好,一般都是基模或低阶模输出,功率密度较高,电光效率可达 26%,可以运行在脉冲和连续运转两种模式下,结构比较紧凑适于外场使用,应用范围广。

准分子激光器是指用作激光介质的材料为准分子,其中的准分子介质是一种不稳定缔合物,其在激发态结合为分子,在基态离解为原子。常用作激光介质的准分子有 XeCl、KrF、ArF 和 XeF 等气态物质,这些准分子介质发出的激光波长在紫外波段,波长为 193~351 nm,其中 XeCl 的激光波长为 308 nm;KrF 的激光波长为 248 nm。准分子激光器的主要工作方式为脉冲方式,平均输出功率可达 100~200 W,最高功率可以达到 750 W 或更高。紫外波段的准分子激光器用于激光清洗主要是利用准分子激光光子能量比较大的特点,通常要比材料分子或原子结合键的能量大,可以用来清除固体表面的微粒,也可以用来进行有机涂层的剥离。

新型的激光器系统,如高功率半导体激光器(LD)、光纤激光器开始应用在激光清洗行业,与传统激光器类型的比较见表 2.3.1。

表 2.3.1 主流激光器在清洗中的应用比较

技 术 指 标	CO_2 激光器	闪光灯泵浦 Nd∶YAG	LD 泵浦 Nd∶YAG	高功率 LD	光纤 激光器
波长/μm	10.6	1.06	1.06	宽带	1.00~1.10
输出功率/kW	1~20	0.5~5	0.5~5	宽带	0.5~50
光束质量/(mm·mrad)	>10	50~80	25~50	不好	1~20
光纤传输	否	是	是	是	是
体积	庞大	大型	中型	微型	小型
能量转换效率/%	5~15	1~3	5~10	>40	>20
维护周期/kh	1~2	<1	3~5	长	40~50
维护费用	高	较高	中等	低	几乎无
耗能	中等	高	中等	极低	低

2.4 Nd∶YAG 激光器

2.4.1 Nd∶YAG 激光器的发光原理

掺钕钇铝石榴石简称 Nd∶YAG,是将三价的激活离子 Nd^{3+} 掺入钇铝石榴石晶体中,替代 Y^{3+} 获得的。Nd∶YAG 不但具有优越的光谱和激光特性,而且具有非常有吸引力的物理、化学和机械特性,因此特别有利于激光作用的产生。以 Nd∶YAG 为激光增益介质的激光器,是目前最常用、最成熟、应用最多、使用最广泛的一种固体激光器[14]。

Nd∶YAG 中 Nd^{3+} 的简化能级结构如图 2.4.1 所示,三条谱线带分别为 1050~

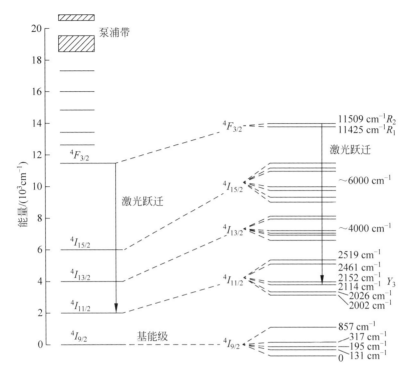

图 2.4.1　Nd：YAG 的简化能级图

1120 nm（$^4F_{3/2} \rightarrow {}^4I_{11/2}$）、870～950 nm（$^4F_{3/2} \rightarrow {}^4I_{9/2}$）和 1310～1350 nm（$^4F_{3/2} \rightarrow {}^4I_{13/2}$）。其中 $^4F_{3/2}$ 及以上能级都可作为泵浦光的吸收能级；$^4I_{15/2}$ 为亚稳态能级；$^4I_{13/2}$、$^4I_{11/2}$ 和 $^4I_{9/2}$ 都可作为激光下能级。由于 $^4I_{13/2}$ 能级距离 $^4I_{9/2}$ 能级较远，根据玻耳兹曼分布，常温平衡态下钕离子大多处于基态能级 $^4I_{9/2}$ 上，$^4I_{13/2}$ 和 $^4I_{11/2}$ 能级上的钕离子接近于零。当以 $^4I_{13/2}$ 能级和 $^4I_{11/2}$ 能级作为激光下能级时，Nd：YAG 为四能级系统；当以 $^4I_{9/2}$ 作为激光下能级时，则 Nd：YAG 为三能级系统。波长为 1064.1 nm 的激光是典型的四能级系统，激光跃迁的上能级为 $^4F_{3/2}$ 能级的 R_2 分量，而激光下能级为 $^4I_{11/2}$ 能级的 Y_3 分量，1.06 μm 对应的荧光谱线如图 2.4.2 所示（共 8 个特征峰）。

　　Nd：YAG 晶体在可见光和近红外光谱区有几条比较强的吸收谱带，0.81 μm 带和 0.75 μm 带是 Nd：YAG 两个主要的吸收带，在最强的吸收带 0.81 μm 附近的吸收系数约为 740 m^{-1}，各吸收带的带宽约为 30 nm。因此，可以选用波长约为 800 nm 的闪光灯或激光二极管作为泵浦源。

　　根据不同的需要可以选择不同的钕离子掺杂浓度，从而改善 Nd：YAG 激光器的某些性能。一般原则是，对于调 Q 运转，为了获得高储能，掺钕浓度一般较

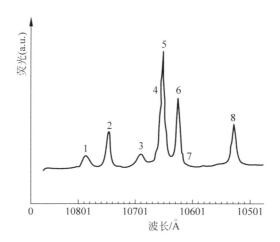

图 2.4.2   在 300 K 温度时,在 YAG 中 Nd^{3+} 产生的

1.06 μm 区域的荧光光谱

高,接近 1.2%;对于连续运转,掺钕浓度一般选得较低,为 0.6%~0.8%,以获得优良的光束质量。由于 Y^{3+} 和 Nd^{3+} 的半径有约 3% 的差异,因此,当大量掺杂 Nd^{3+} 时会导致荧光浓度猝灭现象($^4F_{3/2} - {}^4I_J$),因此,通常 YAG 中的钕原子浓度限制在 1%~1.5%。当掺 Nd^{3+} 的浓度小于等于 1%(原子比)时,在 1.06 μm 附近的荧光线的荧光寿命为 230~250 μs,荧光线宽为 0.7~1 nm,荧光量子效率约 0.6。

2.4.2   Nd:YAG 激光器的基本结构

Nd:YAG 激光器由工作物质、泵浦系统、谐振腔、冷却系统、供电系统等构成,如果是调 Q 或锁模激光器,还有调 Q 或锁模系统。

图 2.4.3 为传统的闪光灯泵浦(LD 泵浦的,则用 LD 来取代闪光灯,又分为端面泵浦和侧面泵浦)的 Nd:YAG 激光器的基本结构示意图。

1. 激光谐振腔的结构

最简单的 Nd:YAG 激光器谐振腔由一个输出镜和一个全反镜构成,腔内有工作物质 Nd:YAG 晶体。按照腔镜结构来分,有共焦腔、共心腔、平凹腔、凹凸腔和平平腔等,其中平平腔可以很好地利用工作物质的体积,输出的激光具有良好的方向性和较高的功率,另外光-光转换效率也不错,故多选择平平腔。

有时候为了特殊需要,如对模式有要求,则在腔内放入其他折返元件,这样按腔型来分,就有线型腔、V 型腔和 Z 型腔,其中 V 型腔和 Z 型腔在端泵中使用较多,可以有效地分离泵浦光和输出光,减少某些光敏感元件的损伤。

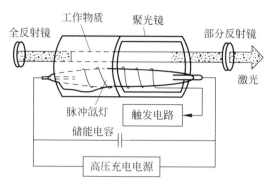

图 2.4.3　Nd∶YAG 激光器的基本结构示意图

2. 调 Q 系统

清洗用的激光需要具有较高的峰值功率,而闪光灯泵浦的脉冲光和半导体泵浦的脉冲光峰值功率并不高,这时需要采用调 Q 技术来压缩脉冲,以提高激光脉冲的峰值功率。激光清洗用的 Nd∶YAG 激光器主要采用电光调 Q 和声光调 Q 技术,两种技术所用器件的参数见表 2.4.1。

表 2.4.1　电光调 Q 器件与声光调 Q 器件的对比

特　性	声光调 Q 器件	电光调 Q 器件
关断能力(衍射光强/入射光强)	低($>$1∶10)	高($<$1∶200)
插入损耗	低($<$0.02)	高($>$0.05)
开关时间	$>$50 ns	2~5 ns
最大重复频率	1 MHz	$<$200 kHz
最小重复频率	1 kHz~10 MHz	0.5~1 Hz
光束质量要求	适中	高
偏振要求	无	高
温度稳定性要求	低	高
驱动供给方式	射频	高压
破坏阈值	高($>$1 GW/cm^2)	中等($<$1 GW/cm^2)

电光调 Q 损耗大且对光束参数要求高,重复频率有限,脉冲宽度一般在 10 ns 数量级。而声光调 Q 的重复频率高,一般达到几十千赫兹,脉冲宽度约 100 ns 量级。激光清洗中,考虑到清洗效率,声光调 Q 的 Nd∶YAG 激光器使用最为广泛。

如图 2.4.4 所示为声光调 Q 的 Nd∶YAG 平凹腔结构示意图。图 2.4.5 所示为一个声光 Q 开关器件的照片,其主体是石英晶体和换能器。Q 驱动源的主要作用是产生高频的射频信号,通过屏蔽导线传输给声光 Q 开关,由于 Q 驱传输的射频信号大部分被晶体吸收而温度升高,所以采用冷却系统控制晶体温度,常用的方式是水冷。表 2.4.2 中列出了选用的声光 Q 开关的一些参数。表 2.4.3 列出了 Q 驱动源的一些参数。

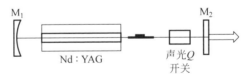

图 2.4.4　高功率 Nd：YAG 平凹腔结构示意图

图 2.4.5　声光 Q 开关和 Q 驱动源照片

表 2.4.2　声光 Q 开关参数

工作介质	熔融石英	激光波长	1064 nm
增反镀膜	多层介质硬膜	透过率	>99.6%（典型>99.9%）
膜层损坏阈值	>1 GW/cm²	静态插入损耗	≤6%（典型<5%）
VSWR	≤1.2∶1	最大驱动射频功率	100 W
过热保护点	55℃	水道材料	不锈钢 316 号
冷却水流速	>190 mL/min	工作水温	22～32℃

表 2.4.3　Q 驱动源典型参数

物理参量	最小	最大	单位
输出功率（接入阻抗为 50 Ω）	10	120	W
供应电压	23.5	24.5	V
输入电流	4.5	9.5@100W	A
功率损耗	80	120	W
允许的最大 VSWR		1.25	
首脉冲抑制时最大重复频率	DC	500	kHz
调制频率差异	DC	2@50 Ω	MHz
线性度-偏移量		7	%
操作频率	24	46	MHz

续表

物理参量	最小	最大	单位
下降时间	80@40.68MHz	120@27MHz	ns
上升时间		100	ns
谐波抑制	<40		dB
动态响应	<40		dB
温度漂移		0.1	W/K
到达热稳态时间		120	s
40℃下标准热沉下的风量	3.5(2)		m^3/s
存储温度	−5	+80	℃
储存相对湿度		90	%
操作时环境温度	+5	+45	℃
操作时相对湿度		75	%
环境气氛		大气	
主体尺寸(长×宽×高)		152×100×40	mm×mm×mm
典型质量	1100	1800	g

3. 冷却系统

如图 2.4.6 所示为激光器冷却系统的实拍照片,是两路水冷:A 路用于激光谐振腔增益介质的冷却,制冷量需求较高;B 路用于声光 Q 开关的冷却,制冷量较低。A 路由主体水箱、磁力泵、散热水箱构成,水箱中储存有足够量的水,增益介质吸收到泵浦能量后,有一部分将作为热量沉积下来,通过冷却水的循环,增益介质中的热量转变为水的内能,引起水温度的升高,然后通过散热风扇强制对流与环境

图 2.4.6　冷却系统实物照片

进行热量交换,将储存在水中的热量散掉,所使用的冷却用水为纯净水;B 路由副水箱、磁力泵、散热风扇等组成,采用二级制冷方式,首先通过冷却水(纯净水)以超过 190 mL/min 的流速对声光 Q 开关进行循环冷却,将热量带出,然后使用制冷液对一级循环水进行二次冷却,并通过散热风扇进行对流散热,以保证声光 Q 开关对冷却的需求。

4. 电路系统

整个激光器需要电路系统来供电和控制。供电部分包括激光电源、声光驱动器以及制冷部分。如图 2.4.7 所示为激光电源和声光 Q 驱动电源,可改变激光泵浦电流、重复频率等参数,也可通过外控输入持续时间非 5 μs 的方波脉冲或其他形式调制信号对激光调 Q 进行调制。其他的电器如水泵、风扇等,直接接入供电电路即可。

图 2.4.7　激光电源与声光 Q 驱动电源

5. 用于激光清洗的 Nd：YAG 激光器

在激光清洗中,Nd：YAG 激光器是主力军。根据清洗对象和污染物种类不同,选用不同参数的激光器,其中平均功率是重要参数,很多激光清洗机产品也是以平均功率来区分的。

小功率(<20 W,指平均功率,下同)激光清洗系统,可选择脉冲泵浦电光调 Q 或声光调 Q 的 Nd：YAG 激光器作为光源。以电光调 Q 激光器为例,这种激光器脉冲宽度窄(约 10 ns),单脉冲能量高(>500 mJ),能够较容易地去除金属基底表面的漆层,但由于平均功率较小,如果是电光 Q 开关,重复频率较低(几十赫兹),导致清洗效率较低,所以成品激光清洗设备一般不采用这种低功率的激光器。

中等功率(20～200 W)激光清洗系统有多种方案选择:①较高重复频率(>100 Hz)的脉冲泵浦电光调 Q 开关 Nd:YAG 激光器;②连续氪灯泵浦声光 Q 开关 Nd:YAG 激光器;③连续激光二极管(LD)模块泵浦声光 Q 开关 Nd:YAG 激光器。比如,法国 Quantellaserblast 公司采用了方案①,他们采用重复频率 120 Hz、单脉冲能量为 350 mJ 的灯泵激光器,是中等功率激光器中具有一定清洗效率且清洗效果最佳的一种选择。以美国 Adapt Laser 公司为代表的多数专业激光清洗公司采用了方案②或方案③,在该功率范围连续氪灯泵浦方式的成本稍低,但由于光转换效率较低(约 1%～2%),激光器系统中的冷却装置负担较重,同时氪灯使用寿命较短,更换较 LD 模块频繁。连续 LD 模块泵浦方式成本较高,但近年来由于模块生产技术的改进,连续 LD 模块的价格已大幅度下降,尤其是低功率模块降幅更大,使得采用 LD 模块的激光器制作成本接近使用传统氪灯泵浦激光器的制作成本。且 LD 泵浦光转换效率较高(>10%),可以采用较低制冷量的冷却装置。LD 模块的使用寿命虽比氪灯长,但 LD 模块和聚光腔都要替换,不像氪灯泵浦方式只需更换氪灯。随着技术进步和价格下降,目前连续 LD 模块泵浦声光 Q 开关 Nd:YAG 激光器成为主流。

大功率(>200 W)激光清洗系统,基本为连续 LD 模块泵浦高重复频率激光器系统,较高功率下需要增加放大级或采用腔内多泵浦模块串接技术。可采用传统声光调 Q 方式得到较窄脉冲宽度的激光脉冲,德国 Rofin 公司用于清洗的激光器,声光调 Q 方式下 6 kHz 重复频率得到 38 ns 的窄脉冲输出。随着新型电光晶体制备工艺的成熟,高重复频率电光调 Q 方式也被用于清洗用激光器,美国 Adapt Laser 公司采用电光调 Q 方式同样得到较窄脉冲宽度的大功率输出。

2.5　二氧化碳激光器

二氧化碳(CO_2)激光器可发射出 10.6 μm 波长的不可见红外激光,它的研究发展较早,商业产品较为成熟,被广泛应用到材料加工、生物医学、军事武器、环境量测等领域[15]。

2.5.1　CO_2 激光器的发光原理

CO_2 激光器的主要工作物质由 CO_2、N_2、He 三种气体组成,其中 CO_2 是产生激光辐射的气体,N_2 及 He 为辅助性气体。如图 2.5.1 所示为 CO_2 激光器产生激光的分子能级图,激光跃迁发生在 CO_2 分子电子基态的两个振动-转动能级之间。加入 N_2 的目的是在 CO_2 激光器中起能量传递作用,使 CO_2 激光上能级粒子数更多地积累,提高激光上能级的激励效率,有助于激光下能级的抽空。加入 He 有两

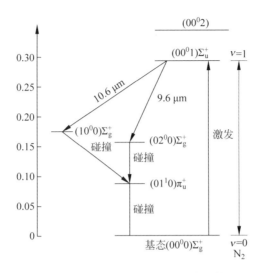

图 2.5.1　与产生激光有关的 CO_2 分子能级图

个作用：其一是可以加速(01^10)能级热弛豫过程，因此有利于激光能级(10^00)及(02^00)的抽空；其二是实现有效传热。CO_2 激光的激发途径如下。

1）直接电子碰撞

电子与处于基态(00^00)的 CO_2 分子碰撞使其激发到激光上能级，可表示为

$$CO_2(00^00) + e \longrightarrow CO_2(00^01) + e$$

2）级联跃迁

电子与处于基态的 CO_2 分子碰撞使其跃迁到(00^0n)能级，基态 CO_2 分子再与已处于高能级 CO_2 分子碰撞后跃迁到激光上能级，此过程可表示为

$$CO_2(00^00) + CO_2(00^0n) \longrightarrow CO_2(00^01) + CO_2(00^0n-1)$$

3）共振转移

N_2 分子($\nu=0$)能级和电子碰撞后跃迁到 $\nu=1$ 的振动能级，称为亚稳态能级，该能级寿命较长，可积累较多的 N_2 分子，基态 CO_2 分子与亚稳态 N_2 分子发生非弹性碰撞并跃迁到激光上能级。这一过程可表示为

$$CO_2(00^00) + N_2(\nu=1) \longrightarrow CO_2(00^01) + N_2(\nu=0)$$

CO_2 分子(00^01)能级与 N_2 分子($\nu=1$)能级很接近，能量转移十分迅速。此外，N_2 分子的($\nu=2\sim4$)能级与 CO_2 分子(00^02)~(00^04)也很接近，相互间也能发生共振转移，处于(00^02)~(00^04)的 CO_2 分子与基态 CO_2 分子碰撞可将它激励至(00^01)能级。

在以上三种激发途径中，共振转移的概率是最大的，作用也最为显著。CO_2 分子激光下能级的分子数主要依靠气体分子间的碰撞来抽空。一旦实现了(00^01)与

(10^00)、(02^00) 能级之间的粒子数反转,即可通过受激辐射跃迁产生 $10.6~\mu m$ 波长的激光。

2.5.2　CO_2 激光器的基本结构

如图 2.5.2 所示是一种典型的 CO_2 激光器结构示意图。由激光管、光学谐振腔、灯源三部分组成。

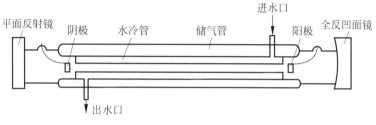

图 2.5.2　封离式 CO_2 激光器结构示意图

1. 激光管

激光管通常由三部分组成:储气管、放电管、水冷管,储气管的一端有一小孔与放电管相通,另一端经过螺旋形回气管与放电管相通,可以使气体在放电管中循环流动。放电管一般由硬质玻璃制成,常采用层套筒式结构,进入放电管的气体通过加载阴极、阳极之间的电压激励,能够影响激光的输出以及激光输出的功率,输出功率与放电管长度成正比。在一定的长度范围内,放电管输出的功率随总长度增加而增加。一般而言,放电管的粗细对输出功率几乎没有影响。水冷套管也是由硬质玻璃制成的,其作用是冷却工作气体,使输出功率稳定。

2. 光学谐振腔

光学谐振腔由全反射镜和部分反射镜组成,是 CO_2 激光器的重要组成部分。构成 CO_2 激光器谐振腔的两个反射镜可以直接粘贴在放电管的两端,常采用平凹腔。

3. 泵浦电源

泵浦电源能够提供能量使工作物质中激光上下能级间实现粒子数反转。将接入的交流电压,用变压器升压,经高压整流及高压滤波获得直流高压电,加在激光管上,使管内 CO_2 气体得到激励。

2.5.3　CO_2 激光器的输出特性

1. 放电特性

CO_2 激光器有一个最佳放电电流,该电流与放电管的直径、管内总气压以及气体混合比有关。实验表明:随着管径增大,最佳放电电流也增大。例如:管径为 20~30 mm 时,最佳放电电流为 30~50 mA;管径为 50~90 mm 时,最佳放电电流为 120~150 mA。

2. 温度效应

CO_2 激光器的转换效率很高,最高可以接近 40%,这意味着,将有 60% 以上的能量转换为气体的热能,使温度升高。而气体温度的升高,将引起激光上能级的消激发和激光下能级的热激发,这都会减少反转粒子数。气体温度升高,将使谱线展宽,导致增益系数下降。气体温度升高,还将引起 CO_2 分子的分解,降低放电管内的 CO_2 分子浓度。因此,对于 CO_2 激光器,冷却很重要。

2.5.4 CO_2 激光器的主要类型

1. 横流 CO_2 激光器

横向流动(横流)CO_2 激光器目前主要采用三轴正交结构,即气流方向、放电方向和光轴方向三者相互垂直。横流 CO_2 激光器的最大特点是:可以获得体积均匀的辉光放电,因而可获得较大的激光输出功率,在工业上应用广泛。如图 2.5.3 所示为横流 CO_2 激光器外形及内部构造示意图。横流电激励 CO_2 激光器采用工作气体快速流动、多排针对平板的电极结构,可获得大体积、均匀稳定的辉光放电,实现高效率长时间连续运行。

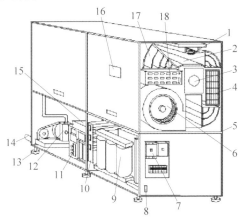

1—阴极针;2—阳极板;3—光桥;4—副热交换器;5—箱体;6—风机;7—主电源开关;8—通信接口;9—变压器;10—硅堆;11—充气部分;12—真空泵;13—支脚;14—冷却水管;15—电阻箱;16—气压显示器;17—导流板;18—主热交换器。

图 2.5.3 横流 CO_2 激光器外形及内部构造示意图

2. 轴流 CO_2 激光器

快速轴向流动(轴流)CO_2 激光器中,工作气体沿轴向高速地在激光管内流动,通过直流或射频激励,具有高功率和高光束质量的特点。目前激光输出已达 20 kW。

轴流 CO_2 激光器的输出功率主要取决于放电管内的气体流量,气体在放电管内是层流还是湍流影响放电的稳定性和最大稳定放电电流,从而决定可注入功率的大小。光学谐振腔的损耗直接影响激光器的光电转换效率和光束的横模模式,但这两者不可兼顾,放电管孔径越大,衍射损耗越小,效率越高,横模的阶数越高。

如图 2.5.4 所示为轴流 CO_2 激光器示意图。轴流 CO_2 激光器是在早期的封离式圆形玻璃管纵向激励 CO_2 激光器的基础上发展而来的。将快速流动技术引入激光器中,通过工作气体的高速流动来使其冷却,从而获得较高功率的激光输出。它的特点包括:具有高功率和高光束质量,国外产品通过多段组合,激光输出已达几十千瓦;光束质量好,更适于激光切割焊接和热处理等金属材料加工。

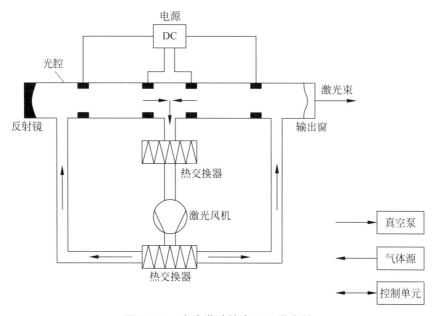

图 2.5.4　直流激励轴流 CO_2 激光器

2.6　光纤激光器

一般的固体激光器中,泵浦光和激光的耦合效率比较低,模式控制也比较困难。由于光学系统的反射镜、透镜等的尘埃附着,周围环境的热和机械影响带来的光轴偏离等,容易导致输出功率降低和光束质量变差等现象。为了追求高激光输出功率,必须增大泵浦功率,随之而来的就是热透镜效应、热致双折射效应等热效应现象变得显著,光束质量变差。光纤激光器使用掺稀土类的光纤作为工作介质,克服了普通固体激光器的缺点。虽然它是固体激光器的一种,但是因为介质的形状不同,一般将以光纤为增益介质的激光器与以块状晶体或玻璃为增益介质的固体激光器分开来考虑[16]。

2.6.1　光纤激光器的发光原理

1. 光纤的构造

光纤是光导纤维的简称,是由石英玻璃(由熔化后的 SiO_2 制成)、塑料等透明电介质材料制成的直径很小的纤维。光纤的典型

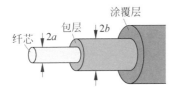

图 2.6.1　光纤结构示意图
a 代表纤芯半径;b 代表包层半径

结构如图 2.6.1 所示,分为纤芯(芯层)、包层、涂覆层(自内向外),纤芯由具有高折射率(n_1)的导光材料制成,如 SiO_2 光纤芯层材料多为石英玻璃,其中掺入一定浓度的 GeO_2 和 P_2O_5,其作用是使光信号在芯层内部基本沿轴向向前传输。在纤芯中常常掺入稀土元素,除了作为激活离子外,还为了提高

折射率,使其折射率高于包层的,这样纤芯中传播的光能够发生全反射。光纤的包层由比 n_1 稍低一点的折射率(n_2)的导光材料制成,作用是约束光。由于纤芯和包层的折射率满足 $n_1 > n_2$ 的光全反射条件,光波在芯-包层的界面上可发生全反射,使大部分的光能量被限制在芯层中,从而导致光信号沿芯层轴向向前传输。

纤芯和包层就构成了光纤。为了保护光纤、提高光纤机械强度和抗微弯强度并降低衰减,在包层外面再涂覆一层高分子材料层。一般情况下涂覆层有两层,内层为低模量高分子材料,称为一次涂层;外层为高模量高分子材料,称为二次涂层。

2. 光纤的传播特性

光纤的纤芯和包层是光纤的核心部分。利用全反射原理,可将光信号束缚在纤芯内部并向前传导。根据几何光学原理,光纤从光纤端面入射进光纤,当光的入射角大于光纤的临界角 θ_c 时,光被限制在纤芯内部。光以不同入射角在光纤中传播的情况如图 2.6.2 所示。

在光纤纤芯内传播的光波,可以分解为沿轴向传播的平面波和沿垂直方向(剖面方向)传播的平面波。沿剖面方向传播的平面波在纤芯与包层的界面上将产生反射。此波在一个往复(入射和反射)中,如果相位变化为 2π 的整数倍,就会形成驻波。能形成驻波的那些特定角度入射到光纤的光信号才能在光纤内传播,这些

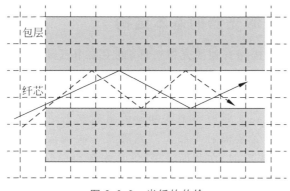

图 2.6.2　光纤的传输

光波就称为模式。入射到光纤的入射角最小的模式(与光纤轴最接近的模式)称为基模,比基模的入射角大的模式称为高阶模。

在光纤内只能传输一定数量的模。通常纤芯直径较粗(大于几十微米)时,能传播几百个以上的模,而纤芯较细(几微米)时,只能传播一个模。前者称为多模光纤,后者称为单模光纤。

3. 掺杂光纤

纤芯中掺入稀土元素的光纤称为掺杂光纤。将泵浦光直接入射到掺杂光纤的纤芯中进行泵浦,基态的稀土离子吸收泵浦光后跃迁到高能级,从高能级回到低能级时发光,其工作原理如图 2.6.3 所示。最佳掺杂浓度在 100×10^{-6} 量级,若太少,增益不够,而掺杂太多,稀土离子之间容易出现浓度猝灭现象,激光上能级的粒子数会因为无辐射弛豫而减少,不利于产生激光。常见的掺杂元素有铒(Er^{3+})、钕(Nd^{3+})、镨(Pr^{3+})、铥(Tm^{3+})、镱(Yb^{3+})、钬(Ho^{3+})。对于掺钕光纤,使用 800 nm、900 nm、530 nm 波长的泵浦光源,可在 900 nm、1060 nm、1350 nm 波长处得到激光。对于掺铒光纤,使用 800 nm、900 nm、1480 nm 等波长的泵浦光源,可在 900 nm、1060 nm、1550 nm 波长处得到激光。对于掺镱激光,用 915 nm 波长的泵浦光源,可以得到 975 nm～1.05 μm 波长的激光。

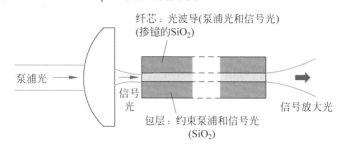

图 2.6.3　光纤激光器工作原理

2.6.2　光纤激光器的基本结构

光纤激光器的结构与其他激光器一样,也主要由三部分组成:泵浦源(LD)、工作介质、谐振腔,如图 2.6.4 所示。在光纤激光器中,工作介质是掺杂了稀土元素的光纤。通过光学耦合系统将泵浦光导入增益光纤中,产生受激辐射,受激辐射的光到达右边的高反射镜后绝大部分被重新反射进入增益光纤中,从而在增益光纤中再次发生受激辐射光放大。光源又一次被放大,谐振腔的左边是一个全反镜,将光源再次反射,在两面镜子之间,光源每反射一次,激光就产生一次放大过程。直到光强度达到阈值后,放大光的一小部分才通过右边的半反镜输出。

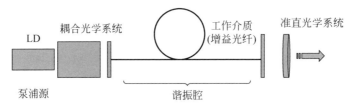

图 2.6.4　光纤激光器原理

随着技术的发展,光纤激光器中的两个谐振镜直接采用在光纤表面镀膜或者在光纤上制作一种光栅结构来代替,这样就不需要在光纤外面再加腔镜,而是将全反镜和输出镜集成在光纤上,大大简化了结构,增强了可靠性。这种激光器称为全光纤激光器,目前市场上使用的基本是这种激光器。

光纤激光器有连续振荡和脉冲振荡两种,前者可以获得大的功率,多应用在切割和焊接方面;后者平均功率较小,但是峰值功率大,多用在微细加工和打标记方面。因为光纤激光器的光束品质好,而且很容易采用光纤传输,方便应用,因此近年来在切割加工、打标记、远程焊接等工业应用中,正在逐渐取代其他激光器。在激光清洗中,它也越来越成为一支重要的主力军。

2.6.3　光纤激光器的特点

光纤激光器既具有其他固态激光器的优点,也有自己的特点。

1) 小型轻量化

光纤质量轻,可以弯曲,可以盘起来,所以可以做到小型轻量化,安装场所也可以较灵活。

2) 稳定性能好

全光纤激光器由于没有空间光学元件,因此不容易受到尘埃附着和周围环境热的、机械的影响,稳定性能好,几乎不需要进行维护。

3）效率高、容易实现大功率化、光束质量好、方便传输

从光纤发射出的激光数值孔径（NA）较小，容易聚光。光纤相互作用长度长，泵浦光被封闭在光纤中，所以可以实现高效率泵浦（光光转换效率可以达到 70%，电光转换效率约为 30%）。泵浦模块可以串联和并联连接，所以很容易增加输出功率。50 kW 的超大输出功率连续光纤激光器已经实用化。从光纤激光器输出的激光，可以高效率地耦合到传输光纤中，对远距离的作用对象进行加工。

4）容易产生非线性光学效应

光纤的芯径小，相互作用长度长，容易产生非线性光学效应，所以不适合高强度的脉冲工作，激光的性能也受到一定的限制。

2.7　准分子激光器

准分子激光器，是以准分子气体为工作物质的气体激光器件。常用的准分子激光器有 ArF 激光器、KrF 激光器等。ArF、KrF 都属于准分子气体。之所以称为准分子，是因为这种气体分子不稳定。当外来能量激发某种介质时，该种气体会发生一系列物理及化学反应，形成寿命很短（一般为几十纳秒）的分子，这种分子称作准分子。

准分子激光器主要采用能量大于 200 keV 的电子束或横向快速脉冲放电来激励。当受激准分子的不稳定分子键断裂而离解成基态原子时，释放的能量以激光辐射的形式放出。

2.7.1　准分子激光器的常见种类

自 1972 年第一台准分子激光器诞生后，多种气相的氙分子以及其他稀有气体准分子，稀有气体氧化物准分子（氧化氪、氧化氙、氧化氩等），金属蒸气-稀有气体准分子（氙化钠等），稀有气体单卤化物准分子（氟化氪、氟化氩、氟化氙、氯化氙、溴化氙、碘化氙、氯化氪等），金属卤化物准分子（氯化汞、溴化汞等）和金属准分子（钠等）激光器都已经被研制出来。目前常用的准分子激光器的发射波长、典型输出能量、脉冲宽度、效率等参数见表 2.7.1[17-18]。

表 2.7.1　准分子激光器主要参数

类型	准分子	发射波长/nm	输出能量	脉冲宽度/ns	效率/%
同核型	Xe$_2$	173.0	8 J	20	2.5
	Kr$_2$	145.7		10	
	Ar$_2$	126.1	3 J	50	15

续表

类型	准分子	发射波长/nm	输出能量	脉冲宽度/ns	效率/%
异核型	KrF	248.5,249.5	117 J		3.5
	XeF	353.1,351.1	1 J	50	0.4
	ArF	193.2	92 J	55	3.5
	KrCl	222.1	60 mJ	15	
	XeCl	307.6,307.8,308.2,308.4	110 mJ	30	
	ArCl	175.0	0.2 mJ	2.5	
	XeBr	282.0	60 mJ	20	
	XeO	530.0～555.0　4 条线	100 mJ	100	

2.7.2　准分子激光器的工作原理

常态下化学性质稳定的惰性气体,如 He、Ne、Ar、Kr、Xe 和化学性质较活泼的卤素,如 F、Cl、Br 等组成配合气体,作为工作介质,充入气体室。在正常情况下,这些惰性气体原子与卤素原子不会结合形成分子。对充气室给予适当能量的电激励,两种原子就能合成为激发态的准分子。这些激发态的分子寿命很短,会很快跃迁回基态,并辐射出光子。回到基态的分子的寿命更短,会立刻分解、还原成本来的两种原子。由于分子在激光下能级的寿命远小于激光上能级的,因此下能级几乎是空的,很容易形成粒子数反转。辐射出的光子经谐振腔放大后,发射出高能量的紫外激光[17]。

2.7.3　准分子激光器的基本结构

激光谐振腔用于存储气体、气体放电激励产生激光和激光选模。它由前腔镜、后腔镜、放电电极和预电离电极构成,并通过两排小孔与储气罐相通,以便工作气体的交换和补充。为了获得均匀、大面积的稳定放电,一般的准分子激光器都会采用预电离技术,即在主放电开始之前,预电离电极和主放电的阴极之间先加上20～30 kV 的高压,使它们之间先发生电晕放电,在阴极附近形成均匀的电离层[10]。气体放电时,脉冲高压电源加在电极上对谐振腔内的工作气体放电,产生能级跃迁,辐射出光子,通过反射镜的反馈振荡,最后激光从前腔镜输出。

激光放电箱体主要由放电电极、预电离器、循环风扇、颗粒物捕获阱、内部箱体窗口等组成。在工作过程中,通过气路系统给箱体充入严格配比的惰性气体和卤素气体,并保持一定的压力,预电离器在电极放电区域产生一定浓度的自由电子,这时电极放电区呈现出低阻抗状态,为后续的电激励和气体放电做好准备。由于放电过程中形成的一些颗粒物会污染箱体,因此采用循环风扇将这些颗粒吹向颗粒物捕获阱,经过处理后的清洁气体再度返回到放电区域。内部箱体窗口为激光谐振形成通路。

　　激光调谐模块一般通过光栅来选择波长,腔内的光束以一定角度入射到光栅,发生衍射,只有特定波长的光能够返回到谐振腔进行谐振,而其他波长的光以不同角度衍射掉,从而达到选择激光波长的目的。

　　激光能量和波长采样及校准模块由校准器、光栅、光电接收器、原子波长基准(atomic wavelength reference,AWR)组成。校准器(法布里-珀罗干涉仪)和光栅共同选择激光波长,使该特定波长激光进入谐振腔进行谐振,实现稳定的激光波长输出。原子波长基准模块用于校准激光波长。对激光能量,则是通过光电接收器将激光能量信息送给主 CPU 电路进行控制和显示。

　　高压电源脉冲转换及脉冲压缩模块用来提供激励脉冲电输出,由 CPU 电路、高压电源、延时器、功率开关器、脉冲压缩模块、耦合模块等组成,放出的电脉冲向激光放电箱输出交变泵浦脉冲,从而使放电箱内的激光气体受到足够能量的电激励而放电,最终输出激光。

　　气体控制和水冷却系统模块将工作气体经汇流排、流量计、电磁阀分别导向激光放电箱和系统其他模块。惰性气体和卤素气体的比例由气体控制模块严格控制。水冷却系统用来冷却发热的元器件。

2.7.4　准分子激光器的特点及应用领域

　　准分子激光器的工作物质很特别,所以具有如下很多特点。

　　(1) 准分子激光器的输出波长主要在紫外波段,即主要在 172～354 nm 波段,具有波长短、频率高、能量大的特点。

　　(2) 准分子以激发态形式存在,其寿命为几十纳秒量级,基态的寿命更是短至 10^{-13} s 量级,低激发态和排斥的基态(或弱束缚)之间的跃迁可以产生连续谱荧光,因此可以实现波长可调谐运转。

　　(3) 准分子激光器的量子效率很高,可以接近 100%,且可以高重复频率运转。

　　(4) 准分子激光在共振腔内往复次数少,光束指向性差,发散角较大,一般为 2～10 mrad。

　　(5) 单一脉冲的峰值功率很高,可以达到 1～10 GW,单一脉冲的能量可达数焦耳以上。

　　准分子激光器在农业、医学、国防、生物学等方面,可应用领域很广泛。在医疗方面,由于特定的准分子激光紫外波长几乎能够完全被人体的部分组织吸收,非常适用于医学治疗,准分子激光是治疗近视较有效的方法;而在激光加工方面,准分子激光器的焦斑小、加工分辨率高,适用于高精度的激光加工;此外,准分子激光器也已经用于分离同位素、高速摄影、高分辨率全息术、物质结构分析、遥感等方面。在激光清洗领域,尤其是微电子清洗,其具有独特效果。

2.8 半导体激光器

半导体激光器又称为激光二极管,缩写为 LD,其增益介质为半导体材料,常用的增益介质有砷化镓(GaAs)、硫化镉(CdS)、磷化铟(InP)、硫化锌(ZnS)等。激励方式有电注入、电子束激励和光泵浦三种形式。可分为同质结、单异质结、双异质结等几种,同质结激光器和单异质结激光器在室温时多为脉冲器件,而双异质结激光器室温时可实现连续工作。

半导体激光器于 1962 年研制成功,1970 年实现室温下连续输出,具有体积小、寿命长、效率高、价格低的特点,可以作为固体激光器的泵浦源,也可独立使用,在激光通信、光存储、激光打印、激光测距等方面得到了广泛应用[19]。如图 2.8.1 所示为一个半导体激光器照片。

图 2.8.1 封装好的半导体激光器

2.8.1 半导体激光器的工作原理

与其他激光器一样,半导体激光器的工作原理也是受激辐射,需要粒子数反转。半导体材料中电子的能级形成能带,高能量的导带为激光上能级,低能量的价带为激光下能级,通过电激励方式,电子被激发到高能带,占据导带电子态的电子数超过占据价带电子态的电子数,就形成了粒子数反转分布,然后电子跃迁回到价带,通过电子-空穴对复合发光,将能量以发光形式辐射出去。利用半导体晶体的解理面形成两个平行反射镜面作为反射镜,组成谐振腔,产生光的辐射放大,输出激光。

半导体激光器的发光波长受温度影响较大,一般随温度变化值为 $0.2 \sim 0.3 \text{ nm}/℃$,光谱宽度随温度的增加而增大,发光强度会相应地减小。半导体激光器的光输出会随电流的增大而增加,大功率时产生的热量也高,所以散热是很重要的,在封装时要充分考虑器件的散热。

2.8.2　半导体激光器的分类

半导体激光器按照不同的方式,可以分成不同的种类。根据半导体材料的结构差异,可以分为同质结 LD、异质结 LD(包括单异质结、双异质结);按具体材料差异,分为 GaAlAs/GaAs 激光器、InGaAsP/InP 激光器;按波长差异,分为可见光激光器、远红外激光器;根据原理和运行特点,又可分为动态单模激光器、分布反馈激光器、量子阱激光器、表面发射激光器、微腔激光器。

按照功率大小,激光器可以分为小功率 LD 和大功率 LD。前者在信息领域应用非常多,如用于光纤通信及光交换系统的分布反馈和动态单模 LD,窄线宽可调谐分布反馈 LD,用于光盘等信息处理技术的红光及蓝绿光 LD。而高功率 LD 的发展也极为迅速,输出功率已达数千瓦,半导体激光泵浦(LDP)的固体激光器的迅猛发展得益于高功率 LD 的发展。

2.8.3　半导体激光器的特点及应用领域

半导体激光器作为一类特殊的激光器,具有以下特点。

(1)体积小,重量轻。增益介质、谐振腔是一体的,无需很重的水冷装置。

(2)驱动功率和电流较低,效率高。半导体激光器是所有激光器中效率最高的一种,其效率是常规固态激光器的数倍乃至 10 倍,所以相对而言,要得到与其他激光器相同的功率,所需要的驱动电流和功率要低很多。

(3)工作寿命长。器件结构简单,可靠性好。

(4)可直接电调制。通过调制驱动电流,可以调制输出激光。

(5)易于与各种光电子器件实现光电子集成。由于体积小,重量轻,结构简单,所以易于和其他光电元器件集成。

与固态激光器相比,LD 的光束质量要差得多,这影响了其应用,如在激光切割等方面难以有大的作为。但是,在光通信、激光指示、激光制导、激光雷达等领域应用广泛,事实上半导体激光器已成为销售量最大的一类激光器。在激光清洗方面,对于光束质量要求不高的情况下,半导体激光器也是可以有所作为的。

参考文献

[1] 宋峰,刘淑静,颜博霞. 激光清洗:富有前途的环保型清洗方法[J]. 清洗世界,2004(5):43-48.

[2] BEDAIR S M, SMITH H P. Atomically clean surfaces by pulsed laser bombardment[J]. Journal of Applied Physics,1969,40(12):4776-4781.

[3] JOHN F A, CARL G M,WALTER H M. Studies on the interaction of laser radiation with

art artifacts[J]. Proc Spie,1974,41: 19-27.

[4] LAZZARINI L, MARCHESINI L, ASMUS J F. Lasers for the cleaning of statuary: initial results and potentialities [J]. Journal of Vacuumence & Technology, 1973, 10 (6): 1039-1043.

[5] 盛新志,娄淑琴.激光原理[M].北京:清华大学出版社,2010.

[6] 青永斌.激光器件的发展[J].四川激光,1979,1: 1-7.

[7] 左铁钏.21 世纪的先进制造技术:激光技术与工程[M].北京:科学出版社,2007.

[8] 李国平.三能级激光系统中的非平衡定态问题[J].中国激光,1981(7): 3-5.

[9] 顾樵.显含谐振腔几何参数的四能级速率方程[J].中国激光,1986(2): 14-17.

[10] 周炳琨.激光原理[M].北京:国防工业出版社,2014.

[11] 孙红兵,裴元吉,金凯,等.单谐振腔外部 Q 值的计算方法[J].强激光与粒子束,2006(1): 127-130.

[12] 李雪.有理谐波锁模光纤激光器的研究[D].北京:北京交通大学,2013.

[13] 张健,郭亮,张庆茂,等.谐振放大结构的大功率 Nd:YAG 激光器设计及分析[J].中国激光,2012,39(4): 7-11.

[14] 薄勇,耿爱丛,毕勇,等.高平均功率调 Q 准连续 Nd:YAG 激光器[J].物理学报,2006, 55(3): 1171-1175.

[15] 丘军林.新一代工业用高功率 CO_2 激光器[J].中国激光,1994(5): 377-381.

[16] DIGONNET M J F, GAETA C J. Theoretical analysis of optical fiber laser amplifiers and oscillators[J]. Applied Optics,1985,24(3): 333.

[17] JIAN S, PENG Z,WEN-YA Z,et al. The principle and application of cymer excimer laser [J]. Equipment for Electronic Products Manufacturing,2008(7): 60-62.

[18] 宋健,朱鹏,张文雅.Cymer 准分子激光器的工作原理及应用[J].电子工业专用设备,2008 (7): 60-62.

[19] 单振国.半导体激光器及其应用[J].激光与光电子学进展,1990(6): 31-37.

第 3 章

激光清洗的物理基础

3.1 物质对激光的反射、散射和吸收

光是电磁波,当激光照射到清洗物时,清洗的本质是激光与物质发生相互作用。对于大多数物质来说,磁场对于物质中电子的作用力比电场的小很多,因此可以忽略磁场对电子的作用,只考虑电场对物质的作用。

在均匀且无吸收的传播介质中,激光的电场可用下式表示:

$$E = E_0 \exp\left[\mathrm{i}\left(\frac{2\pi z}{\lambda} - \omega t\right)\right] \tag{3.1.1}$$

式中,E_0 为振幅,z 为激光传播的方向,ω 为角频率,λ 为波长。

当激光照射在材料表面时,会发生反射和吸收,反射吸收后剩余的激光能量则会透过材料。总的能量是守恒的,即

$$I = I_r + I_a + I_t \tag{3.1.2}$$

式中,I 为入射的总光强,I_r 为材料表面反射(包括漫反射和散射)的激光光强;I_a 为有限厚度材料吸收的激光光强;I_t 为透过材料的激光光强。

3.1.1 材料对激光的反射和散射

在激光清洗过程中,激光入射到工作表面时,首先发生的是光的反射和散射。研究激光清洗过程的激光反射和散射过程有重要的意义。一方面,激光照射到清洗对象的表面时,部分光会被反射和散射掉。这部分光能量多了,则用于清洗的光能就少了;另一方面,不同的材料,对于激光的反射和散射是不同的,通过分析反射和散射光,可以判断清洗过程中材料随着时间发生了什么变化,即可以通过检测

反射和散射光实现清洗过程的在线实时检测,这种技术对于精细清洗过程和提高清洗效率有实际应用意义。

1. 反射

在激光清洗中除了部分特殊的清洗机制(如以一定角度入射的清洗以及背向入射的清洗方式)外,一般清洗中,采取激光与待清洗表面垂直入射的方式。在这种情况下,对于光滑的材料界面,反射率为

$$R = \frac{(n_1 - n_2)^2}{(n_1 + n_2)^2} \tag{3.1.3}$$

式中,n_1、n_2 分别是两种介质的折射率。折射率与光的波长有关,所以光线在界面上的反射率与介质的物理性能、光线的波长相关。

在实验中,反射率可以通过积分球的方式实际测得。当材料厚度远大于吸收长度时,材料的吸收率可以通过反射率 R 求得,即

$$A = 1 - R \tag{3.1.4}$$

相反情况是,激光作用材料是厚度小于吸收长度或相同数量级的有限厚度,激光会透过吸收材料,故不能仅通过反射率来计算吸收率。在这种情况下,可以使用材料的反射率和透射率来计算吸收率。表 3.1.1 列出了一些金属材料的反射率。

表 3.1.1　部分金属材料的反射率[1]　　　　　　　　　　单位:%

材 料 类 型	总反射率	规则反射率	温反射率	灯具吸收率
镜面银	95	90	5	5
抛光氧化镜面铝(纯度 99.99%)	90	80	10	10
抛光氧化镜面铝(纯度 99.85%)	90	70	20	10
抛光并氧化的粗粒锤化铝(纯度 99.85%)	85	60	25	15
抛光并氧化的亚光微度光滑铝(纯度 99.85%)	85	40	45	15
亮白色的上光金属片	80	40	40	20
漫白色的上光金属片	80	10	70	20
抛光氧化的细粒锤化铝	70	20	50	30
抛光并氧化的粉刷铝	70	20	50	30
抛光并氧化的中度光滑铝	70	20	50	30
抛光并氧化的铝(纯度 99.5%)	60	10	50	40
涂亚白色的金属片	60	5	55	40
光亮铬	65			35
抛光不锈钢	55~65			35~45

2. 散射

在材料表面不光滑时,对光强衰减起作用的主要是散射。可用朗伯定律描述散射后的光强:

$$I = I_0 e^{-\alpha_s l} \tag{3.1.5}$$

式中：I_0 为入射光强；α_s 为散射系数，与材料性质、表面粗糙度、激光波长有关。

1）弹性散射

散射的光波长与入射光波长相同，即波长在反射过程中没有变化，类似于粒子的弹性碰撞过程，称为弹性散射。弹性散射中，又有瑞利散射、米氏（Mie）散射。当与入射激光作用的物质线度 a 远小于入射激光波长 λ 时，称为瑞利（Rayleigh）散射，瑞利散射光的强度与入射光波长 λ 的 4 次方成反比，可表示为

$$I(\lambda) \propto \frac{1}{\lambda^4} \tag{3.1.6}$$

这称为瑞利定律，只有当 $\frac{2\pi}{\lambda}a < 0.3$ 时，瑞利定律才成立。

当物质中散射体的线度 a 大于十分之几波长，甚至与波长相当时，瑞利散射定律不再成立，这时属于大粒子散射，称为米氏散射，米氏散射强度几乎与波长无关。不同于瑞利散射的对称状分布，米氏散射在光线向前的方向比向后的方向更强，方向性比较明显。当颗粒直径较大时，米氏散射可近似为夫琅禾费衍射。米氏散射可以通过米氏理论进行分析，该理论是对于各项同性的均匀介质中单个介质球在单色平行光照射下，基于麦克斯韦方程边界条件的严格数学解。

2）非弹性散射

当入射激光与工作物质的作用过程存在量子作用过程时，散射过程就复杂了，散射光的波长将与入射激光的波长不同，此时的散射过程称为非弹性散射。入射激光与自由电子的弹性散射称为汤姆孙（Thomson）散射，而入射激光与自由电子发生的非弹性散射称为康普顿（Compton）散射。康普顿散射又包括拉曼（Raman）散射和布里渊（Brillouin）散射。在激光清洗过程中，基本上用的是弹性散射。

3.1.2　材料对光的吸收

入射到清洗对象的激光，在表面被反射和散射后，剩余的光能将进入材料（污染层和基底），并被材料吸收。激光将首先被污染层吸收，如果污染层很薄或者污染层对于激光的吸收系数很小，则会穿透污染层，进入基底，被基底吸收。

1. 物质对光的吸收的一般规律

1）朗伯定律

材料对激光的吸收随穿透深度 z 的增加，光强 I 按指数规律衰减，满足朗伯定律：

$$I(z) = (1-R)I_0 \exp(-\alpha z) \tag{3.1.7}$$

式中：R 为材料表面对激光的反射（包含散射）率；I_0 为入射激光强度；$(1-R)I_0$

是表面($z=0$)处的穿透光强；吸收系数α是与材料属性相关的物理参数；z为穿透深度。

2）吸收深度（吸收长度）

吸收深度或吸收长度是指，激光深入到材料深处的光强降至入射光强I_0的$1/e$时所穿过的距离。一般认为，到达吸收深度，激光能量基本上被材料吸收了。吸收深度l_a满足

$$I_0/e = I_0\exp(-\alpha l_a) \tag{3.1.8}$$

因此，$l_a = \dfrac{1}{\alpha}$可见，激光进入材料后，呈指数衰减，将被有限厚度的材料吸收。材料的吸收系数大，则吸收深度短，反之则长。而吸收系数α除与材料的属性有关，还与激光波长、材料温度和表面状况等有关。

当激光的吸收长度大于材料层厚度时，将有一部分能量透过材料层，被材料吸收的能量取决于材料层的吸收系数和厚度；而当激光的吸收长度小于材料层厚度时，激光束将被材料层完全吸收。吸收长度远小于材料层厚度的材料称为强吸收材料，这种材料中激光所能到达的深度小于激光波长。

激光清洗中的污染物和基底，可能是金属也可能是非金属。下面对这两种材料的吸收予以具体叙述。

2. 金属材料对激光的吸收

1）金属吸收激光的物理过程

激光清洗中，很多基底材料是金属，如用激光清除铝合金基底上的油漆，基底就是铝合金。有时候污染层也是金属，如钢材表面的铁锈，污染层铁锈是金属氧化物。金属的光学响应主要取决于传导电子。当激光照射到金属表面时，部分激光能量被金属表面反射，另一部分能量被激光作用区的薄层吸收。对于一般金属而言，金属对光的吸收长度小于$0.1~\mu m$，当金属材料吸收了入射激光光子后，晶格点阵结点原子被激活，晶格振动幅度加大，进一步向金属表层和内部进行热传导和扩散，形成表面加热过程。这样，激光的光能转化为金属的热能，使得金属表层温度迅速增加。这就完成了激光吸收和热量产生的过程[1-2]。材料对于光子的吸收时间极短，吸收及转化为热的过程时间大约为$10^{-11} \sim 10^{-10}$ s，远小于自由运转或调Q脉冲激光作用于金属的时间，因此，在激光吸收模型中，激光束可等效为具有时间和空间分布的热源。

激光作用在金属表面上，当能量密度较大时，在激光作用区可以形成表面的氧化层。当能量密度继续增大，可以在激光作用区观察到等离子体，即金属表面的材料层已经被汽化。当激光能量密度很大时，可以看到在激光作用区出现熔池，从而形成一个类似环形火山口形态的表面结构。在激光光束与清洗金属表面的作用过

程中,激光的作用效果主要是热作用。只要激光束的功率密度不大于基底的容许损伤阈值,就可以利用这种热作用,一方面进行清洗,另一方面同时实现对金属材料的表面处理(称为钝化),起到防止腐蚀的保护作用。

2)金属吸收激光过程中的能量转换

激光与金属材料作用首先引发的是能量传递与转换。激光束照射金属材料时,其能量转化仍要遵循式(3.1.2),金属材料的厚度远大于吸收深度时,对激光而言是不能穿透的材料,也就是说 E_t 等于零,将式(3.1.5)两边分别除以 I_0,则激光作用于金属材料的能量转化式变换为[2-3]

$$1 = (I_r/I_0) + (I_t/I_0) = R + A \tag{3.1.9}$$

可见,激光照射金属材料时,其入射光强最终分为被金属反射和被金属吸收的两部分。对于均匀金属材料来说,激光入射到距表面为 z 深度处的激光强度仍遵循

$$F_v(z) = F_{v0}(1 - R_e)\exp(-\alpha z) \tag{3.1.10}$$

式中,$F_v(z)$ 是距表面 z 处单位体积材料吸收的功率密度,F_{v0} 是材料表面吸收的功率密度,R_e 是材料的反射率,α 是材料的吸收系数。

随着激光进入材料深度的增加,光强将以几何级数减弱;此外,激光通过长度为$(1/\alpha)$的厚度后,强度减少到入射时的 $1/e$,即材料吸收激光的能力取决于吸收系数 α 的数值。

3)金属的选择性吸收

金属对激光的吸收率 A 与激光波长 λ、金属的电阻率 ρ 的关系式可以表示为

$$A = 0.365\sqrt{\rho/\lambda} \tag{3.1.11}$$

由式(3.1.11)可看出,金属的吸收率与金属本身有关,钛、钨、铁等金属的吸收率相对较高;金属的吸收率与波长也有关,一般对于金属来说,波长越短,吸收率越高。表 3.1.2 给出了一些金属材料的吸收率。可见,大多数金属材料对于波长为 $10.6~\mu m$ 的 CO_2 激光,吸收率较低。而对于波长为 $1.06~\mu m$ 的 Nd：YAG 激光,吸收率则要高很多,甚至高一个数量级,因此材料对波长的吸收率表现出强烈的选择性,我们将 A 与 λ 有关的这种吸收称为选择吸收。

表 3.1.2　金属材料对 Nd：YAG 激光和 CO_2 激光器波长的吸收率　单位：%

金属材料	吸收率	
	Nd：YAG($\lambda = 1.06~\mu m$)	CO_2($\lambda = 10.6~\mu m$)
Al	8	1.9
Cu	10	1.5
Au	5.3	1.7
Fe	35	3.5
Ni	26	3.0

续表

金属材料	吸　收　率	
	Nd：YAG($\lambda=1.06\ \mu m$)	CO$_2$($\lambda=10.6\ \mu m$)
Pt	11	3.6
Ag	4	1.4
Sn	19	3.4
Ti	42	8.0
W	41	2.6
Zn	16	2.7

此外,金属对激光的吸收率也会随着温度的变化而变化,温度越高,吸收率越大。在室温时,吸收率较小;接近熔点时,其吸收率可以达到 $40\%\sim50\%$;当温度接近沸点时,其吸收率甚至可以高达 90%。吸收率跟激光功率密度也有关,激光功率密度越大,金属吸收率越高。

由于金属的电阻率 ρ 随温度升高而变大,因此吸收率与温度 t(℃)之间呈线性关系:

$$A(t)=A(20℃)\times[1+\beta(t-20)] \tag{3.1.12}$$

式中,β 是与材料相关的常数。

图 3.1.1 给出了一些金属的吸收率随温度的变化曲线。

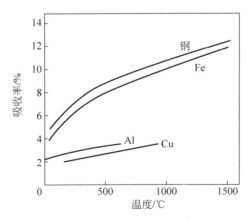

图 3.1.1　吸收率随温度的变化曲线

以上是考虑真空条件下的情况。实际的激光清洗过程中,一般在空气中进行激光清洗,由于金属表面会产生氧化层,激光吸收率也会因此增大。由于金属温度升高,会导致金属表面的氧化加重,吸收率也会相应增大。

3. 激光清洗中非金属层对激光的吸收

激光清洗中与激光作用的常见材料除金属外,无论是清洗对象还是污染物还可能是非金属氧化物和有机物,比如树脂或塑料材料上的油漆、金属表面的油污等。这类材料中的激光吸收过程与金属的激光吸收过程相比差异较大。通常在没有作特殊处理时,在金属基底表面会产生一层氧化物,这层氧化物对于激光的吸收过程有着重要作用。研究表明,金属基底上的激光吸收受到材料表面氧化物层的影响。

与金属材料不同,非金属材料对激光的反射比较低,相应地,其吸收率也比较高。并且非金属材料的结构特性对于激光波长的吸收选择性有着重要的影响。通常,非金属都是绝缘体,绝缘体在没有受到激光激发时仅仅存在束缚电子,束缚电子具有一定的固有频率,该频率值取决于电子跃迁的能量变化

$$\nu_0 = \Delta E / h \tag{3.1.13}$$

式中,ν_0 为固有频率,ΔE 为能量变化,h 为普朗克常量。

当辐照激光的频率等于或接近于材料中束缚电子的固有频率时,这些电子将发生谐振现象,辐射出次波,形成较弱的反射波和较强的透射波。材料在该谐振频率附近的吸收和反射均增强,出现吸收峰和反射峰;而当辐射频率与固有频率相差较大时,相对来说均匀的绝缘体体现出透明特性,具有较低的反射和吸收特性。

对于油漆涂层等有机物材料来说,激光的吸收除了电子跃迁,还会通过分子间的振动进行能量耦合。当激光束作用在有机物材料时,除了被材料表面反射掉的能量,将进入材料内部并被吸收。有机物的熔点和汽化点较低,容易在材料表面形成一层等离子体,并增强耦合效率,进一步吸收激光能量,由于瞬间吸收太强,涂层更容易被清洗掉,最终使基底显露出来,完成清洗过程。

3.2　污染物与基底的结合力

3.2.1　黏附力

了解了激光与物质相互作用的基本原理后,我们来看激光是怎么使污染物从基底材料表面剥离的。激光清洗与传统的物理或化学清洗方法相比,虽然技术手段不同,但是物理本质是一样的,都需要克服污染物与其所附着的基底表面之间的结合力。激光清洗是通过激光与物质相互作用,吸收光能,克服污染物与基底材料间的结合力,从而使污物清除干净。为此首先需要知道污染物和基底是怎么结合的。

污染物黏附在基底上,存在各种形式的力,情况复杂,受到众多因素的影响,主要存在三种主要的黏附作用,分别是范德瓦耳斯力、毛细力和静电力(图 3.2.1)[3-4]。

对于小于几个微米的微粒,范德瓦耳斯力是主要的黏附力,来源于两种接触的

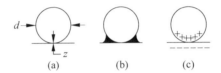

图 3.2.1　微粒与基底之间的三种黏附作用

(a) 范德瓦耳斯力；(b) 毛细力；(c) 静电力

物质中一方的偶极矩与另一方的诱发偶极矩之间的相互作用，表现为引力。

两平行平面之间单位面积的范德瓦耳斯力可以表示为[4-6]

$$F_v = \frac{h}{8\pi^2 z^3} \tag{3.2.1}$$

式中：h 是栗弗席兹-范德瓦耳斯常数，与基底和污染物的材质相关，对于聚合物-聚合物，约为 0.5 eV，而金属-金属，约为 10 eV；z 是污染层与基底间的距离，一般情况下 $z = 4 \times 10^{-10}$ m。直径为 d 的球形微粒与平板在点接触(point contact，指表面没有变形)情形下的范德瓦耳斯力为

$$F_v = \frac{hd}{16\pi z^2} \tag{3.2.2}$$

式中，z 是微粒底面点与平面之间的距离。

如果由于强引力作用使表面发生了形变，那么实际的范德瓦耳斯力要比式(3.2.2)给出的数值大得多。当表面存在液膜时，比如在潮湿的环境下，空气中的水汽凝结；或者是液体辅助清洗情况下，在清洗前需要先喷洒液体，这时，毛细力就不能忽略了。其表达式为

$$F_c = 2\pi\gamma d \tag{3.2.3}$$

式中，γ 是液膜单位面积的表面能(surface energy)，d 是微粒直径。

第三种黏附力是静电力，由于微粒与基底接触时二者之间存在接触势差 U，在电动势的驱使下电荷在微粒与基底之间发生转移，在接触面的两侧形成了带有异号电荷的双电荷层，形成类似于电极板的结构，这时微粒与基底表面之间的静电引力可表示为

$$F_e = \frac{\pi\varepsilon U^2 d}{2z} \tag{3.2.4}$$

式中，ε 是微粒与基底间空气的介电常数。

以上所述的三种黏附力，都与微粒直径 d 成一次比例关系。而我们知道，微粒所受的重力为

$$G = mg = \rho \cdot \frac{4}{3}\pi\left(\frac{d}{2}\right)^3 = \frac{\pi\rho d^3}{6} \tag{3.2.5}$$

可见，重力与 d 为三次方关系。因此，微粒的尺寸很小时，黏附力增加的速度

远大于重力。比如,对于直径 $d=1\ \mu m$ 的微粒,范德瓦耳斯力的数量级是重力的 10^7 倍,因此在微粒的动力学分析中,可以忽略重力。从重力与黏附力的关系来看,微粒的粒径越小,黏附力相对越强,越难以去除。当微粒的直径减小到一定程度时,由于黏附力大,很多清洗方法已经难以清除掉微粒了。对于连续污染物的情况,如油漆、铁锈,可以将连续污染物看成一个个连续排布的微粒,其作用机理是相似的。

3.2.2　激光清洗原理概述

激光清洗是以激光为清洗媒介,将光能传递给污染物和基底,利用光与物质的相互作用,使激光产生的清洗力大于污染物与基底之间的结合力,从而达到清洗的目的。

具体来讲,就是将激光照射在清洗物体上,被照射区域吸收光能,光能转变为热能,由于污染物和基底对光的吸收率不同,热膨胀系数不同,会导致在不同层上的温度也不同。如果温度超过了污染物的熔点或沸点,污染物熔化或汽化,发生烧蚀效应;如果温度不足以产生相变,但是由于应力原因,产生清洗效果,发生振动效应(vibration effect);如果瞬间局部温度比周围温度上升明显高得多,还可能有屈曲效应;如果在污染物与基底之间产生空腔,则会有爆破效应;如果表面有液膜,则可通过液膜的汽化、爆沸、蒸发等效应将污染物清洗掉[7]。

事实上,对于激光清洗的物理机制,有各种不同的理论模型。下面将分别介绍干式激光清洗和湿式激光清洗的基本原理。

3.3　干式激光清洗的基本原理

在干式激光清洗中,根据已有的研究成果,可以基本确定,烧蚀机制和振动机制是两种主要的清洗机制:当污染层吸收光能,温度升高,发生燃烧、汽化等现象,属于烧蚀机制;当污染层和基底先后吸收光能,转化成热能,温度升高,升温过程满足热传导方程,形成的热应力大于黏附力时,属于振动机制[8]。

3.3.1　烧蚀效应

激光照射在基底表面的污染层时,激光与污染物相互作用,污染层吸收激光的能量,转化为体系的热能,表现为材料温度升高。当激光的能量密度达到足够高时,材料的温度会超过其熔点和沸点,材料因此发生燃烧、分解或汽化,从而从吸附的基底表面移除。据测算,高能量的激光束经聚焦后,位于其焦点附近位置的物体可以被加热到几千摄氏度,烧蚀机制其实就是利用高能激光作用于污染物,产生热效应来破坏材料自身的结构,从而消除其与基底的结合力,达到清洗的目的。

　　如图 3.3.1 所示为激光清洗中的烧蚀效应(ablation effect)示意图。当激光脉冲到达污染物表面时,污染物吸收激光能量并转化成热能,使得温度升高。当污染层在吸收了相对较多的激光能量后,温度达到和超过污染层的汽化温度点时,就会被汽化,就好像被烧蚀剥离掉一样。

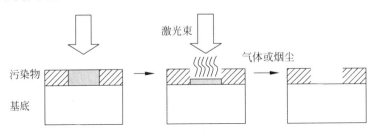

图 3.3.1　烧蚀效应示意图

3.3.2　振动效应

　　一般情况下,在清洗中,污染物厚度很薄,基底很大,通常可以假设二者不可压缩,选取激光在清洗物体上的照射区,在实际激光清洗中,光斑直径约为 1 mm。在激光作用下,基底和(或)污染物吸收光能量,进而获得热量,温度上升。不同的物质对于不同波长的光吸收率不同。对于某种波长的激光,如果污染物吸收光能远大于基底的,则主要是污染物吸热,会有两种情况:一是污染物吸热后体积膨胀,产生向上的弹力,使污染物剥离,如图 3.3.2(a)所示;二是污染物吸热后,热量没有使自身膨胀,而是将热量传递给基底,使基底膨胀,产生一个推力,使得污染物剥离,如图 3.3.2(b)所示。如果对于某种波长的激光,污染物吸收光能远小于基底的,比如污染物对于激光是透明(即污染物几乎不吸收激光)的情况,则主要是基底吸热,也会有两种情况:其一,基底吸热后,将热量传递给污染物,使之膨胀,产生一个向上的力,使污染物剥离[6],如图 3.3.2(c)所示;其二,基底吸热后,体积膨胀,产生向上的弹力,与之相接触的污染物产生了一个反向作用力,使污染物剥离,如图 3.3.2(d)所示。

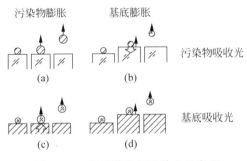

图 3.3.2　激光清洗振动效应示意图

由于污染物粒或基底的加热,污染物的质心产生了位移。我们用一个一维模型来简单地定量说明。

在激光辐照区的微小区域内,污染物和基底受热膨胀后的位移分别为 δ_p 和 δ_s,总的位移为

$$\delta = \delta_s + \delta_p$$

以垂直于基底表面方向为 y 方向,设污染物和基底的线胀系数分别为 α_p 和 α_s,则温度升高 T_p 或 T_s 后(相对于微粒和基底的初始温度),在 y 方向的膨胀厚度为

$$\mathrm{d}\delta_i(y) = \alpha_i T_i \tag{3.3.1}$$

式中,$i=p,s$,分别代表污染物和基底。那么在整个污染物或基底高度范围 h_i 内,质心位移量为

$$\delta_i = k_i \int_0^{h_i} \alpha_i T_i \mathrm{d}y \tag{3.3.2}$$

式中,k_i 是与污染物或基底材料有关的一个参量。对于基底,$k_s=1$;对于微粒,k_p 取决于污染物的吸热情况以及几何形状,其取值在 $0 \sim 1$。比如,对于吸热率小的微米级别的金属微粒,或者是小的绝缘微粒,$k_p \approx 0.5$;对于吸热率大的微粒,$k_p \approx 0$;对于吸热率大的透明微粒,$k_p \approx 1$。

根据牛顿第二定律,热膨胀产生的惯性力为

$$F = m \frac{\mathrm{d}^2 \delta}{\mathrm{d}t^2} \tag{3.3.3}$$

从以上公式可见,只要知道污染物和基底上升的温度,就可以计算得到力 F,如果 F 大于黏附力,则污染物将从基底上剥离。

3.3.3　薄膜弯曲效应

对于基底材料上的薄膜污染物,比如油漆、铁锈等,在激光光斑较大、大面积辐射情况下,还有一种弯曲机制。此时,较大片(几平方毫米甚至 $1~\mathrm{cm}^2$)的膜层从基底剥落,如图 3.3.3 所示[9]。

考虑在一维情况中大面积照射区域的情况。该区域的热应力为

$$\sigma_T = E\alpha_f T \tag{3.3.4}$$

式中,E 为弹性模量,α_f 是线性膨胀系数,T 为薄膜温度变化(相对于激光照射之前的初始温度),则单位体积的压缩能量密度是

$$Q = \frac{\sigma_T^2}{2E} = \frac{E}{2}(\alpha_f T)^2 \tag{3.3.5}$$

它从基底表面转化为薄膜运动的动能。当这个能

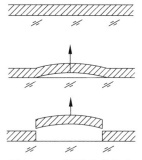

图 3.3.3　薄膜弯曲效应示意图

量大于吸附能时,整片薄膜会膨胀弯曲,从基底表面脱离。

3.3.4 爆破效应

基底与污染物交界面有微小的空腔(气泡),或者在激光照射后形成了空腔。空腔内有可能有空气、基底物气态、污染物气态。当激光继续辐照时,空腔压力迅速增大,导致空腔的内部爆炸,从而带动污染物从基底剥离。

从上述激光清洗理论模型和相关研究过程可以看出,振动、弯曲、爆破效应,是在达到熔点和沸点之前发生的,有可能几种情况同时存在[7]。一般而言,振动效应是普遍的情况。烧蚀过程取决于激光和吸收激光的材料的物理和光学属性,仅对于特定的污染物和基底才会有符合要求的清洗效果,有一定的条件制约;与之相比,无论烧蚀效应是否起作用,振动效应的作用均比较明显,即适用范围更广泛。而且体现出一定的优势,即相对于烧蚀效应来说仅需要较低的能量,因为清洗过程中不需要吸收能量使污染物温度升高超过汽化点,而是利用振动效应来使吸附物脱离,而不必破坏吸附物。此外,作用时间也更短,可以在纳秒级的时间内完成清洗过程,这种瞬时特性可以保证基底残留的热应力最小化。

3.4 湿式激光清洗的作用机制

在湿式激光清洗中,根据基底和液膜哪个更容易吸收激光能量,可以分成三种情况,即基底强烈吸收激光能量、液膜强烈吸收激光能量和两者同时吸收激光能量。下面将分别讨论这三种情况的激光清洗作用机制[10-12]。

3.4.1 基底强吸收

激光能量照射在基底和液膜上,能量被吸收而转化为热量,热量在基底和液膜中扩散,可以用热扩散长度来代表扩散的程度。显然,热扩散长度与物质对激光的吸收强弱及材料本身的性质有关。对特定的材料,如果对激光的吸收强,则热扩散长度大。在基底强吸收的情况下,液体膜层对激光的吸收远小于基底对激光的吸收,对于在脉冲宽度为 10 ns 左右的激光清洗,由于脉冲激光大量地被基底材料吸收,产生的热扩散长度在基底中约为 1 μm,在水膜中约为 0.1 μm,两者差别较大,从而在液体与基底交界面上积聚大量有待散发的能量,这些能量足以使覆盖于基底交界面的液膜产生过热和爆炸性蒸发。

理论计算表明,脉冲作用持续时间越短,液体和基底中的热扩散长度就越短,从而在热扩散范围内只需要较少的能量就可以使液膜产生更强烈的蒸发;越短的持续时间意味着在薄的液体界面处能产生越强的过热现象,从而产生更强烈的爆炸压力。当脉冲宽度超过 $1\,\mu s$ 时,热量有足够的时间扩散,故在接触面上的液膜内不会聚集大量的热量,所以激光脉冲宽度不能太长,实验上也已经验证了,微秒级脉冲宽度激光清洗的效率比较低。但是并非脉冲越短越好,非常短的脉冲由于其相应的激光峰值功率非常高,很容易导致基底材料损坏。

基底强吸收的清洗物理机制可用图 3.4.1 来说明。在液膜和基底交界处,产生大量沸腾的气泡。气泡逸出的时候带走污染物微粒,达到清洗的目的。

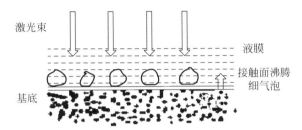

图 3.4.1　激光为基底强吸收的湿式激光清洗的示意图

3.4.2　液膜强吸收

液膜强吸收时,激光使液膜瞬间达到很高的温度,在液体表面或内部形成气泡和爆炸,从而带动污染物跟着汽化和爆裂,其原理如图 3.4.2 所示。实验表明,液体薄膜对激光强吸收没有基底强吸收时的清洗效果好,这是因为液膜强吸收的情况下液膜表面达到很高的温度,而基底强吸收时,液膜与基底交界面达到高温。因此,对于液体强吸收的情况,气泡和强烈爆炸发生在液体表面,是在液体表面或内部形成大的瞬态力,而对于基底强吸收来说,气泡和强烈爆炸是在液膜与基底交界面上发生,并形成大的瞬态力,很容易将紧密附着于基底的污染物清除掉,其清洗效率当然较高。

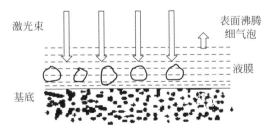

图 3.4.2　激光为液膜强吸收的湿式激光清洗的示意图

3.4.3　基底与液膜共同吸收

液膜和基底对激光吸收都很强时,在液膜表面和内部,以及液膜与基底交界面处,都会产生汽化、蒸发和爆炸。但是激光照射液体,很多激光能量先被液膜吸收掉了,到达基底的激光能量会变弱,这降低了交界面处的爆裂,其原理如图 3.4.3 所示。舒克拉(S. Shukla)工作小组[10]曾经利用脉冲 TEA：CO$_2$ 照射附着水薄膜的 Si 表面,将铝粒子清除掉。虽然使用的激光脉冲的能量密度很大,在 10 J/cm^2 数量级,但是清洗效率并没有基底强吸收的高。水对 10.6 μm 的 CO$_2$ 激光的吸收深度仅为 20 μm,因此若水膜的厚度为几微米,仅有一部分的激光被水吸收,并且吸收的能量分布在体积比较大的水中,导致液膜内部产生沸腾气泡。其余的激光穿过一层厚的水膜到达 Si 基底,界面得到加温。所以需要较多的能量才可以产生蒸发、爆炸。这就是此种方法清洗效率相对较低的原因。

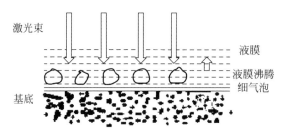

图 3.4.3　激光为基底和液膜同时吸收的
湿式激光清洗的示意图

　　以上三种方式适用的场合不同,在实际的清洗中可以根据不同的微粒材料和大小、基底材料和激光波长来进行选择。

参考文献

[1] 常见材料反射率[EB/OL]. https://wenku. baidu. com/view/189e8e7baeaad1f346933fe6. html. 2018-06-29.

[2] MARK F. Optical properties of solids[M]. Oxford：Oxford University Press,2001.

[3] 王家金.激光加工技术[M].北京：中国计量出版社,1992.

[4] KELLEY J D, HOVIS F E. A thermal detachment mechanism for particle removal from surfaces by pulsed laser irradiation[J]. Microelectronic Engineering, 1993, 20 (1-2)：159-170.

[5] MITTAL K L. Particles on surfaces[M]. New York：Marcel Dekker,1995.

[6] LU Y F, SONG W D, ANG B W, et al. A theoretical model for laser removal of particles from solid surface[J]. Applied Physics A-Materials Science & Processing,1997,65(1)：9-13.

[7] 宋峰,刘淑静,牛孔贞,等.激光清洗原理与应用研究[J].清洗世界：2005,21(1)：1-6.

[8] 田彬,邹万芳,刘淑静,等.激光干式除锈[J].清洗世界：2006,22(8)：33-38.

[9] 施曙东.脉冲激光除漆的理论模型、数值计算与应用研究[D].天津：南开大学,2012.

[10] SHUKLA S,EXARHOS G J,GUENTHER A H,et al. Pulsed laser cleaning of sub-and

micron-size contaminant particles from optical surface: cleaning versus ablation and demage [J]. International society for opties and photonics,2005,5991: 59910N.

[11]　EXARHOS G J, GUENTHER A H, LEWIS K L, et al. Proceedings of the society of photo-optical instrumentation engineers (SPIE)[C]. Laser-Induced Damage in Optical Materials,Nation Institute of Standards and Technology in Boulder,Colorado 2005,5991: N9910-N9910.

[12]　LU Y F,SONG W D, ZHANG Y,et al. Theoretical model and experimental study for dry and steam laser cleaning[C]//Laser Processing of materials and Industrial Applications. Beijing,1998.

第 **4** 章

激光清洗设备

随着激光清洗理论的不断完善,各种控制方法的日趋成熟,相关产业的发展和工业化进程的日益进步,激光清洗技术也越来越趋于成熟。在这个大背景下,激光清洗的相关研究逐渐由理论、实验转向仪器设备开发,并出现了不少发明专利、实用新型专利。在国外,一些专业的激光清洗公司早已经成立,大型的激光器生产公司也开始关注清洗应用,开始设计生产激光清洗设备,并带来了一定的经济效益与社会效益。在国内,随着对环境保护的要求越来越高,尤其是我国 2016 年将激光清洗方面的研究列入重点专项计划以来,成立了很多新的激光清洗方面的公司或者原先的公司转型从事清洗行业。

专门的激光清洗公司基本上分布在美国、德国、法国、意大利、韩国和新加坡等几个国家,已有成品的激光清洗设备出售。国外已有的专业激光清洗公司有:Adapt Laser(美国)、Laser Clean All(美国)、Clean Laser(德国)、Norton Sand Blasting(美国)、Quanta System(意大利)、El En Group(意大利)、Rofin(德国)、Quantel Laser Blast(法国)、IMT-Innovative Manufacturing Technology(韩国)、LE Champ(新加坡)等。以上公司多采用高重复频率、大功率激光器(Nd:YAG)作为清洗用激光器,功率从 10 W 到上千瓦不等,普遍采用侧泵半导体模块作为泵浦源的固体激光器,近年光纤激光器日益成为激光清洗中经常使用的激光器。其中小功率型号实现了背包式设计,而大功率型号配合自动控制系统可实现较高效率的清洗。激光调 Q 方式多采用主动调 Q,包括电光调 Q 和声光调 Q 方式。也有自由运转脉冲激光器和长调 Q 激光器[1]。

激光清洗设备在进行清洗工作时采用手持式、机械臂式或光纤导光式,手持柄能够改变光斑尺寸,通过开关启动发射;机械臂式或光纤导光式可以通过并口或串口与计算机连接,直接用软件对激光的各种参数(启动与停止清洗,单脉冲能量,重复频率,紧急处理和安全控制等)予以控制。另外在激光出光处还可以加入可视对准光束、安全耦合器以及紧急制动等功能。

4.1 激光清洗设备系统简介

激光清洗设备外在形式可以多种多样,有的采用机床的固定式,有的采用工作台的移动式,还有小型背包式等,虽然外在表现不同,但内部构造基本可以划为几个子系统:激光器系统、光束传输与整形系统、控制系统、移动系统、回收系统和辅助系统[1-6]。

1. 激光器系统

激光器系统是激光清洗设备的核心部件,主要由激光头(光路系统)、驱动电源、冷却等单元构成。激光器的波长具有多种选择,在实际工作中可以根据不同的清洗对象来决定。在第 2 章,我们已经详细介绍了激光器工作原理,以及常用的清洗激光器。目前市场上常用的有 Nd:YAG 激光器、CO_2 激光器和光纤激光器等。其中 CO_2 激光器的主要特点是输出功率大,能量转化效率高,波长一般为 $10.6~\mu m$,非金属材料对此波长的吸收效果好,价格便宜,常用于清洗非金属材料上的油漆等。但 CO_2 激光器维护成本高,寿命较短,尤其是目前还没有直接传输 CO_2 激光的光纤,不利于长时间在复杂的室外环境作业,影响了其工业应用。

而光纤激光器是直接采用光纤作为增益介质的激光器,其转化效率高,产生热量小,光纤输出利于操作,但现阶段光纤激光器的价格较高,尤其是调 Q 脉冲光纤激光器的价格较昂贵。此外光纤激光器的模式很好,不一定适合于很多清洗情况,因为基模高斯光的中间区域的峰值功率过高,容易损伤基底,而高斯光束的外围部分的峰值功率较低,可能难以清洗掉污染物。此外,还需要对光束进行整形(比如平顶化),这又增加了技术难度和经济成本,且降低了效率。

固体激光器技术成熟、成本低,尤其是技术和产业上相当成熟的 Nd:YAG 激光器,能够用光纤传输,是目前最常用的清洗设备的激光光源。国际上的专业激光清洗公司,基本采用这种激光器作为激光清洗的光源。

固体激光器主要分为闪光灯泵浦和半导体激光(LD)泵浦,现阶段闪光灯泵浦激光器正逐渐被淘汰。半导体泵浦方式分为端面泵浦和侧面泵浦(图 4.1.1 和图 4.1.2)。端面泵浦的优点是泵浦光与谐振腔内模式容易匹配,增益介质对泵浦光吸收较好,输出的激光光束质量好,缺点是当功率增大时,泵浦光照射的端面温度高,会导致增益介质内部出现温差,形成热应力,影响稳定性。侧面泵浦主要是使用增益介质的侧面吸收泵浦光,吸收光的表面积大,散热好,利于输出大功率的激光,但光束质量差一些,大功率输出的激光器一般采用 LD 侧面泵浦的方式。

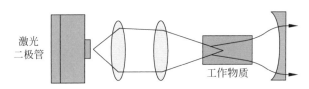

图 4.1.1　LD 端面泵浦示意图

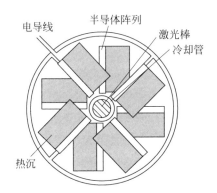

图 4.1.2　LD 侧面泵浦示意图

驱动电源主要给激光器提供电源,信号控制接口可以通过控制模块实时调节电源驱动输出电流大小(改变激光器输出功率)、电源输出形式(脉冲式或者连续式,对应激光输出的形式,由脉冲电源控制的脉冲激光峰值功率并不高)。冷却系统是激光器中必不可少的。清洗用的激光器功率一般较大,主要采用水冷方式进行冷却。水冷系统含有水箱、散热管、水泵、闭合流动管(包含阀门、三通等结构件)、风扇等器件。水冷系统应具备足够的冷却能力及充足的水压和水流量,可以实现多路输出,给多个部件制冷,并具备实时的温度检测与水位检测,流量控制与温度调节(通过控制系统来完成)。

2. 光束传输与整形系统

1) 三种常用的光束传输方式

激光需要通过光束传输系统才能到达待清洗表面,从而发挥作用。激光的传输基本有三种方式,分别为自由空间传输、多关节导光臂传输和高能光纤传输。其中自由空间传输就是让激光器输出的激光直接照射在待清洗物品表面上,此方法中激光能量损耗小、成本低,但只适合短距离的激光操作,且形式固定,无法根据实际情况改变方向。多关节导光臂传输是利用各个关节处镀膜反射镜来反射激光实现光束的偏折,不过具有较高的损耗(10%~40%)。工作距离越长,需要的机械臂就越多,损耗也就越大。图 4.1.3 为多关节导光臂示意图与实物图。另外一种光束传输方法是使用高能光纤传输,光纤的优点是可以折弯、使用方便,损耗相对较小,但在操作中应注意折弯半径、耦合过程中端面损伤阈值和输出激光质量变差等现象。光纤传输的缺点是耦合要求高、传能光纤价格高,使用过程中,高峰值功率下激光传输时对光纤端面的损伤也是高能光纤传输需要解决的一个问题。表 4.1.1 列出了不同芯径下的高能光纤传输连续激光的能力。对于激光清洗,使用的激光都是脉冲输出的,而且以调 Q 脉冲为主,所以,其峰值功率很高,一般连续激光传能光纤无法使用,必须使用能够抗高峰值功率高能量的传能光纤。

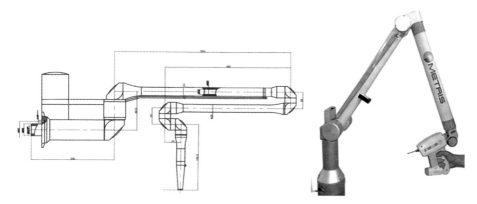

图 4.1.3　多关节导光臂示意图与实物图

表 4.1.1　不同芯径的高能光纤传输连续激光的能力

纤芯大小/μm	100	200	300	400	600	800	1000	1500
功率/W	85	340	650	650	650	650	650	650
	85	340	650	650	—	—	—	—
	85	340	750	750	750	750	750	750
	85	340	750	750	—	—	—	—

2) 光纤传输方式中光纤与激光器的耦合

使用光纤传输激光能量,在激光清洗操作时简单方便,是未来激光清洗设备发展的主流方向。在使用时,光纤与激光器输出光束的耦合是很重要的,一方面,需要保证光传输效率,另一方面,耦合不好,很容易损伤传能光纤。

如图 4.1.4 所示,采用光纤耦合时,需要使激光的束腰半径和远场发散角在光纤耦合端面处满足光纤的耦合条件:

$$d_{in} < d_{core} \tag{4.1.1}$$

$$\theta_{in} < 2\arcsin(NA) \tag{4.1.2}$$

式中, d_{in} 是入射光的光斑直径, d_{core} 是光纤的芯径, θ_{in} 是入射光的发散角,NA 是光纤纤芯的数值孔径,一般为 0.22。则可以认为

$$\theta_{in} < 2NA \tag{4.1.3}$$

而光束的质量因子为

$$M^2 = \pi d_{in}\theta_{in}/(4\lambda) \tag{4.1.4}$$

将式(4.1.1)和式(4.1.2)代入式(4.1.4)中,可以得到

$$M^2 < \pi d_{core}NA/(2\lambda) \tag{4.1.5}$$

根据式(4.1.5),选择光纤的芯径,以得到较好的耦合效率,综合考虑峰值功率等因素,如选择光纤芯径为 $1000~\mu m$,长度为 $5~m$,耦合效率可达到 91%。

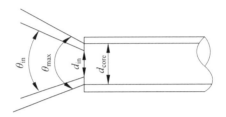

图 4.1.4　光纤耦合条件

3) 光束整形输出

从激光器输出的激光,因为激光谐振腔的参数不同,输出激光的模式也不同。激光在传输过程中,光束质量会变差(尤其是在光纤中传播时)。在清洗中,希望光束均匀,单位面积的能量达到清洗阈值,但是又不至于破坏基底。

整形一般分为两种,一种是能量分布整形,一种是输出光的横向分布形状整形。就能量分布整形而言,是将激光输出的高斯分布的激光转变为能量分布相对均匀的平顶光,提高激光的利用率。输出光的横向分布形状整形是为了得到点状或线状光斑,以获得足够的能量密度,提高清洗效率,可以直接通过柱面镜进行聚焦得到线状光斑,或者先通过凸透镜聚焦得到点状光斑,再通过扫描装置成线状。通过柱面镜直接聚焦的方法适合于大功率输出的激光清洗设备,因为其相应的峰值功率密度都很大,可以达到清洗物体的清洗阈值;而凸透镜聚焦后再扫描的方法适合低功率输出的激光清洗设备,既可以提供较高的峰值功率密度,又能得到较好的线状光斑。光束的扫描方式包括平台扫描、振镜扫描和转镜扫描等三种。如图 4.1.5 所示结构为扫描示意图。

图 4.1.6 是一个平台扫描装置,平台扫描多配合光束整形装置(简单的如柱面镜),将起始圆形光斑转变为长条形光斑,然后通过平台的平动带动(或相对运动)长条光斑,实现面扫描。

振镜扫描装置是激光加工系统中的常用方式,利用相互垂直的两块摆镜,实现点状光斑的面扫描,基本结构如图 4.1.7 所示。

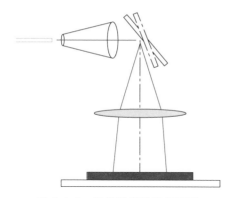

图 4.1.5 扫描激光输出示意图

图 4.1.6 平台扫描装置

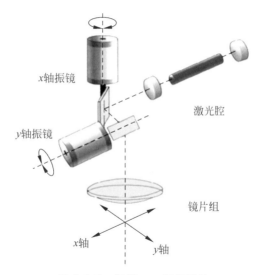

x轴振镜

激光腔

y轴振镜

镜片组

x轴

y轴

图 4.1.7 振镜 x-y 扫描结构

振镜目前广泛应用于各类激光加工设备中,比如在激光打标机中。振镜主要由 x-y 扫描镜、场镜及控制软件等构成,扫描镜由电机带动[3]。如图 4.1.7 所示,从激光器输出的激光束入射到两个反射镜(x 轴和 y 轴振镜)上,计算机提供的信号通过驱动放大电路驱动电机,按一定电压与角度的转换比例,控制反射镜摆动一定的角度,从而在 x-y 平面控制激光束可分别沿 x 轴、y 轴扫描,以达到激光束的偏转,再通过场镜聚焦,射到清洗对象上。整个过程采用闭环反馈控制,由位置传感器、误差放大器、功率放大器、位置区分器、电流积分器等控制电路主控整个过程。

由于振镜是往复摆动,在两侧摆动到最大值时速度为零,不是匀速摆动,因此当振镜摆动到最大、需要反向运动时,存在停顿(机械停顿),导致激光的过度照射,引起功率密度的不均匀,这是振镜扫描的一个固有问题。为克服振镜摆动的机械停顿,在一些对功率密度均匀性要求较高的激光加工装置中采用转镜扫描,其基本结构如图 4.1.8 所示。由于转镜是单方向匀速转动,不存在机械停顿的问题,所以光束能量密度的均匀性可以保证得较好。图 4.1.9 给出了转镜在清洗装置中的应用示意图。

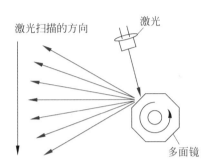

图 4.1.8　转镜扫描的基本结构

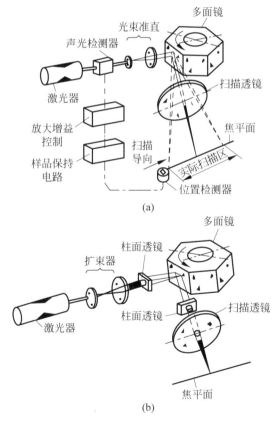

(a)

(b)

图 4.1.9　转镜在清洗装置中的应用

3. 移动系统

移动系统是在清洗过程中完成清洗激光与待清洗物品的相对移动,可以通过移动光纤头或其他光束传递元件,也可以通过移动清洗工件来实现。常用的方式有手持头、机械臂及三维位移平台。手持头的特点是操作方便,但人工操作难免均匀性差,对操作者的要求比较高,同时要注意操作人的安全防护。机械臂是把激光头固定在机械手上,通过机械移动来进行清洗,操作的稳定性较高,扫描的均匀度也有一定的提高,但机械手的移动灵活性较差,会出现死角等情况。三维位移平台通过固定激光清洗头,可以实现 x-y-z 三轴的清洗,适合于板状或规则表面物体的清洗,可以有效提高清洗效率。如果清洗对象较小且比较规整,则可以将清洗对象置于移动平台上,而激光束不动。

4. 回收系统

清洗过程中,从基底材料上剥离的污染物必须回收,剥离的污染物可能是气态或固态(粉末或碎片)。一般来说,因为激光清洗过程中振动机制占据主导地位,所以清洗下来的污染物以固态为主。可以加装吸尘装置予以回收。要注意吸尘装置的密闭性,而且不能影响清洗系统。吸尘装置可以一直打开,也可以根据需要在适当的时候打开。

5. 监测系统

激光清洗能否达到预期效果,需要进行检测。除了和常规的喷砂清洗、化学清洗一样,采取离线检测手段(即清洗完成后,再通过某种方式予以检验清洗效果),还可以在线监测,即在清洗过程中实时监测清洗效果。监测系统一般包括观察窗和信号测量装置。信号包括振动信号、光谱信号、声波信号等。其中观察窗是基本的结构,操作者可以直接观察清洗对象的表面以确定清洗程度。观察窗的基本结构如图 4.1.10 所示。人眼通过观察用显微镜可以在激光作用的同时观察清洗对象表面,一定要注意人眼安全,如果不能保证安全,则不能使用人眼直接观察,而是通过电荷耦合元件(CCD)等成像装置代替人眼,实现清洗过程的实时记录。信号监测则通过自动方式,在 4.4 节中予以详细介绍。

可以通过各种方法来离线检测和在线监测清洗效果。光谱法是一种有效的、相对精确的方法。

6. 控制系统

控制系统对于自动化程度较高的设备是必不可少的部件,可以是单纯的旋钮＋数码管的形式,也可以是全自动触控的形式。控制模块应具有以下功能:①控制整个激光清洗设备的运行;②监控各种参数,包括各部位的温度(多处的水温、激光腔的温度)、湿度、振动、通电情况等,具有完善的报警及保护装置;③通过输出

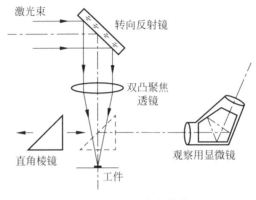

图 4.1.10　观察窗结构

信号控制激光输出的参数,调节输出时扫描装置的速度(及位移设备的移速),实时显示及记录设备状态,具有远程通信功能。通过控制系统的上述功能,激光清洗设备可以有条不紊的工作,帮助工作人员高效率完成工作,及时处理可能发生的故障并减轻维护工作量和降低作业成本。

7. 其他系统

其他系统包括电源模块、保护模块、冷却模块等。除了给激光器供电外,激光清洗设备的其他系统包括控制系统、光束输出整形系统和调 Q 系统等也需要电力供应,电源模块主要有交流 380 V 或 220 V 及直流 24 V、5 V、12 V 等输出。

对于湿式激光清洗装备,还有液体喷洒模块,根据实际需要,在待清洗物体上喷洒一定量的液体。

为了安全起见,整个设备应具有断水、断电、过流、过热和漏电保护,各种保护的信号与控制模块相连。

4.2　Nd∶YAG 脉冲式激光清洗机示例

Nd∶YAG 调 Q 激光清洗机是目前最常用的激光清洗机,已有不少商业设备。本节以作者团队制作的激光清洗机为例,来介绍激光清洗机的构造和主要技术参数。从第 5 章开始,将介绍其具体的应用。

4.2.1　电光调 Q Nd∶YAG 激光清洗设备

脉冲泵浦电光调 Q Nd∶YAG 激光器是常用激光光源,10 ns 级脉冲宽度、10^7 W/cm² 级的脉冲峰值功率密度,单脉冲能量很容易达到 0.5~1 J,是激光清洗理想的光源参数。我们利用这种激光器进行了大量的清洗实验研究,积累了一些

经验,并在此基础上研制了激光清洗机。本机作为第一代试验机,主要是摸索激光
清洗设备的一些技术问题,包括稳定性、光束传输、光束整形、整机封装、器件互连、
清洗操作等,并且方便一线工厂进行清洗实验。虽然使用性能有限,但制作过程中
遇到并解决了很多问题,积累了相关经验,为二代机的研发奠定了基础。

1. 主要技术指标

1) 整机额定参数

输入电压:交流 220 V,允许±10%的波动;输入功率 1000 W。

2) Nd:YAG 脉冲激光器

激光波长:1064 nm;激光脉冲宽度:约 200 μs(自由运转),约 10 ns(调 Q 运
转);激光单脉冲能量(2 Hz 时):820 mJ(自由运转),560 mJ(调 Q 运转);激光工作
频率:2 Hz、10 Hz、30 Hz、60 Hz;指示激光:波长 650 nm(红光);冷却:水箱闭合回
路冷却。

3) 传输系统:七关节导光臂

全长 1650 mm,1064 nm 激光总传输率:80%。

4) 光斑整形输出头

内含焦距为 25 mm 的柱面镜,实现线状光斑输出。

5) 三维平移台(Mach2 软件控制)

三个方向的移动范围:400 mm×300 mm×200 mm。

6) 控制系统

电源供电、温度监控、功率监控。

2. 激光清洗机的结构

本机的主体部分为激光器,激光头与主机箱分体式设计,激光头上安装导光臂
用来传输激光,最后将导光臂末端的清洗头夹持在一台三维移动平台上,实现对一
些较小样品的清洗。

1) 整体结构

激光清洗整体结构如图 4.2.1 所示。具体包括:1—主机箱(供电系统、控制
系统、冷却系统);2—激光腔;3—导光臂;4—三维平移台。

2) 控制面板

通过控制面板上的按键来控制激光清洗机,控制面板如图 4.2.2 所示。

(1) 电源部分 (POWER):1—总电源开关(两档钥匙开关);2—电源指示
(POWER ON);3—紧急制动开关 (EMERGENCY)。

(2) 冷却系统 (COOLING):4—水流指示灯 (CIRCULATION);5—过温蜂
鸣报警器(OVER HEAT);6—水温显示与设置 (TEMPERATURE)。

(3) 激光电源开关部分 (LASER):7—激光电源开关(POWER ON);8—预燃
按钮(SIMMER);9—工作按钮(WORK);10—氙灯充电电压显示(CHARGE VOLT)。

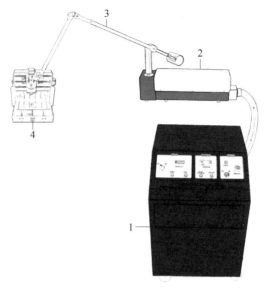

图 4.2.1　整机结构示意图

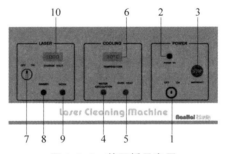

图 4.2.2　前面板示意图

3）激光腔内结构

如图 4.2.3 为激光腔内结构，主要组成部分为：1—聚光腔（全腔水冷式漫反射腔）；2—全反镜；3—部分反射镜；4—布儒斯特窗；5—磷酸氘钾 KD_2PO_4（KD^*P）电光 Q 开关；6—650 nm LD 指示激光器；7—两个 $45°/1064$ nm 全反射镜（用于将激光反射进导光臂）。

4）冷却系统

由于激光器功率较低，沉积的热功率也较低，因此冷却系统采用的是水循环加水—空气换热方式，利用换热器将循环水的温度降至环境温度，如图 4.2.4 所示。整个冷却系统具有水流保护、过热保护和液位保护，任何一项出现异常，激光器将自动调整为休眠状态，闪光灯停止工作，并且自动报警。水流开关的报警设置在流速低于 2 L/s；温控器的报警温度设定在 35℃；水位开关的报警设置在存水低于 8 L。

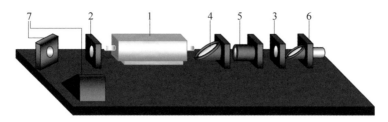

图 4.2.3　激光腔内结构

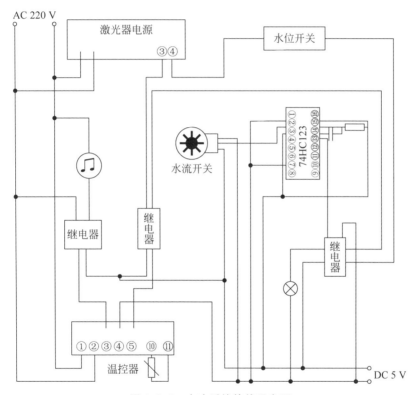

图 4.2.4　水冷系统接线示意图

5）导光臂

我们使用的是 7 关节重锤式导光臂,如图 4.2.5 所示,每个关节处是一片 45°/1064 nm 全反射镜,在现有导光臂的输出头部分外接了一个整形用激光输出头,内含柱面镜和防护镜片,能把圆形激光光斑整形成线状光斑。

3. 清洗设备的特点

1）参数可选择。可以根据具体的清洗需求,通过选择控制面板上的旋钮或输入相关参数,即可选择输出激光能量、重复频率、峰值功率、平均功率等参数。

图 4.2.5　导光臂

2）安全性。设备具有温控器显示当前冷却水温、水流指示灯（water circulation，蓝色灯）和水温上限设定的蜂鸣器（over heat，红色灯）报警。一旦水路、电路或监控参数有问题，激光清洗机器将自动进入休眠状态。

3）可控性。三维平移台通过计算机上的 Mach2 软件进行控制，载入扫描程序；设定起始位置和高度，根据样品漆层或锈层的厚度，预实验确定平移台的扫描速度，改变软件界面右侧的 F 因子（可设置为 100），执行程序扫描，待样品清洗结束，停止程序运行。

4.2.2　声光调 Q 的准连续式激光清洗机

在现有技术条件下，电光调 Q 的 Nd：YAG 激光器的脉冲重复频率很难提高到千赫兹级别，因此其清洗效率受到很大的限制；同时，由于脉冲宽度 10 ns 的高峰值功率激光缺乏实用的传输光纤，使其实际应用性受到影响。以连续泵浦声光调 Q 的 Nd：YAG 激光器作为清洗机的激光光源，可以解决这两个问题。采用声光调 Q 技术后激光单脉冲能量较低，而脉冲宽度变得较宽，脉冲峰值功率相比电光调 Q 激光器要低两个数量级以上，可以用光纤传输；但必须将激光器的输出光斑聚焦后才能达到清洗阈值，为了便于清洗操作我们希望得到线状光斑，而像上述电光调 Q 激光器那样对光斑直接整形的方法是不可行的，需要引入光斑线扫描系统，通过振镜对聚焦后的脉冲激光进行一维扫描，使重复频率千赫兹级的脉冲激光形成一条准连续的线状光斑。在此设计思想之上我们研发了准连续激光清洗机。

我们采用了全机一体式结构，这样的设计更具实用性，使用更加方便。由于激光头与冷却系统封装在一起，这就要求激光腔具有极高的稳定性和抗震性能，因此我们对光路元件也做了特殊的设计。在清洗操作方面，由于使用光纤传输激光，使操作的灵活性大大提高。我们还设计了集聚焦、扫描和污染物回收于一体的手持式清洗头,结构紧凑,使清洗操作更加方便。

1. 主要技术指标

1）整机额定参数

输入电压:交流 220 V 或 380 V,允许 ±10% 的波动;输入功率:3～10 kW。

2）清洗光源:Nd:YAG 激光器

激光波长:1064 nm;泵浦源:LD;调 Q 方式:声光 Q 开关;激光脉冲重复频率:3～10 kHz;激光脉冲宽度:150～350 ns;激光平均功率:50～500 W;指示激光:波长 650 nm;输出功率:100 mW;冷却方式:压缩机制冷,全模块水冷。

3）光束传输

熔融石英传能光纤,长度:5 m;纤芯直径:800 μm;接头型号:SMA05。

4）光斑整形

聚焦+振镜线扫描方式,实现准线状光斑输出。

5）操作方式

手持式清洗/机械夹持式清洗。

6）控制系统与辅助装置

温度监控、电源、吸尘装置等。

2. 清洗机的结构

图 4.2.6 为激光清洗机外观侧视图和俯视图。采用一体式结构,将激光器、驱动电源、冷却系统、控制系统、传能光纤、手持清洗头有机地封装在一台移动式的机箱内。在非工作状态下可将光纤线缆盘绕在机箱前端(设有专门的线缆盘绕装置),尾端的手持清洗头可放置在图中 4 处的储藏箱内,从而提高设备移动时的整体性。

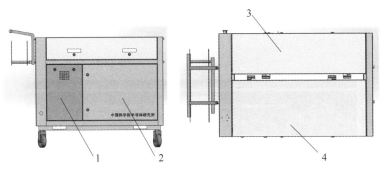

1—机箱下层控制系统部分;2—机箱下层冷却系统部分;
3—机箱上层清洗头及光纤放置部分;4—机箱上层激光器放置部分。

图 4.2.6　整机结构

1）控制面板

图 4.2.7 为控制面板,包括功率设置、激光待机和发射按钮、指示光按钮等。

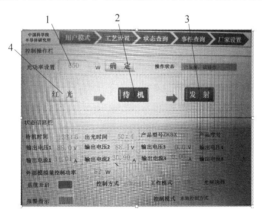

1—功率设置；2—激光器待机按钮；3—激光发射按钮；4—红光指示按钮。

图 4.2.7 控制面板示意图

2）激光头内部结构

如图 4.2.8 所示,激光头外壳采用全封闭的结构,可以保持内部环境的清洁和干燥,底部为网格状钢板型材,具有较强的稳定性。内部的元件主要有聚光腔、谐振腔、Q 开关、指示激光器、光纤耦合器等,其中谐振腔与聚光腔采用钢管串接方式使各调整架之间的相对稳定性加强,能够降低冷却系统的振动影响。激光头的具体结构如图 4.2.9 所示,包括激光谐振腔、声光 Q 开关、光纤耦合器、指示激光器、冷却等部分。

图 4.2.8 激光头内部元件

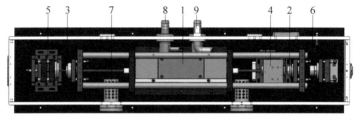

1—聚光腔(紧包裹式镀金腔)；2—全反镜；3—部分反射镜＋耦合聚焦镜；
4—声光 Q 开关；5—光纤耦合器；6—650 nm LD 指示激光器；
7—干燥器；8—聚光腔冷却水进出水口；9—Q 开关冷却水进出水口。

图 4.2.9 激光头光路结构

3）手持清洗头

如图 4.2.10 所示,手持清洗头是工作激光的输出末端,内部含有聚焦和振镜系统。通过光纤传输过来的激光先聚焦,该聚焦镜和光纤头处的聚焦镜组成整形系统,使之最终通过总光程后到达清洗面处的单脉冲光斑直径为 0.5 mm 左右;会聚之后的激光将经过扫描振镜的扫描并反射到(入射角为 60°)斜下方的反射镜上,再经过反射镜后激光将沿着水平方向出射,并在垂直于纸面的方向形成扫描线,最终达到整形和线状光束扫描的目的。

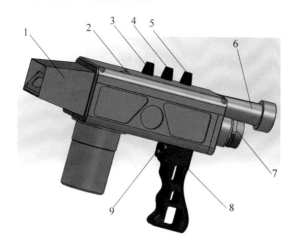

1—场镜保护罩；2—指示灯；3—功率调节旋钮；4—线宽调节旋钮；
5—速度调节旋钮；6—吸尘装置接口；7—传能光纤尾端；8—手柄；9—操作开关。

图 4.2.10　手持清洗头结构

3. 仪器的特点

与电光调 Q 激光清洗机一样,本机也具有参数可选择性、安全性和方便性。此外,本机采用一体式结构和光前传输。

1）参数可选择性。可以根据具体的清洗需求,通过选择控制面板上的旋钮或输入相关参数,即可选择输出激光能量、重复频率、峰值功率、平均功率等参数。

2）安全性。通过总的控制系统进行操控,带有水路、电路、机械等参数监控,比如电流出现异常、温度达到设定值上限、冷却水过少,或者手持清洗头的工作开关未关闭,则各自的报警灯亮起,蜂鸣器报警,同时停止射频输出和激光输出,整机处于待机状态。

3）方便性。将激光头与冷却系统封装在一起,通过光纤传输,振镜聚焦成准连续的线状光斑。结构更加紧凑,使用起来更加方便。

除了作者团队在激光清洗设备的研发工作外,国内也有很多单位进行了该领域的研究,如中国科学院安徽光学精密机械研究所、华中科技大学、中国科学院工程热物理研究所、沈阳自动化研究所,以及一些公司等。

4.3 激光清洗设备的生产现状

在激光清洗领域,美国和欧洲一直处于领先地位,随着技术的不断积累,他们已经从实验室研究走向了设备研制与开发实用阶段,并取得了一定的社会效益和经济效益。

4.3.1 激光清洗设备的国外研究现状

国外的清洗公司主要分布在美国、德国、法国、意大利、韩国和新加坡等几个国家,见表 4.3.1。目前激光清洗机产品基本分为低功率、中功率和大功率三个级别。主流的激光器都是采用 Nd：YAG 激光器,配合主动调 Q 技术(以声光调 Q 为主),实现高重复频率、高功率的激光输出,以满足清洗的要求。其中德国的产品比较成熟,研发了多种型号的激光清洗机,并且国内有多家代理商,他们公司 20 W 的产品已经可以集成在背包内,工作人员可以非常方便地操作与使用,还开发了多种手持头和操作平台。对于大功率产品集成了机械手,配合自动操作系统进行远程操控。而意大利的 El En Group 公司面对文物清洗领域,制造了适合文物清洗使用的短自由运转激光器和长调 Q 激光器,也取得了不错的效果。表 4.3.2 中列出了国外开发的部分激光清洗机产品的性能参数。

表 4.3.1 国外部分激光清洗行业公司

序号	公　　司	国　　家
1	Adapt Laser	美国
2	Laser Clean All	美国
3	Clean Laser	德国
4	Norton Sand Blasting	美国
5	Quanta System	意大利
6	El En Group	意大利
7	Rofin	德国
8	Quantel Laser Blast	法国
9	IMT-Innovative Manufacturing Technology	韩国
10	LE Champ	新加坡

表 4.3.2　国外部分激光清洗设备及性能参数

	法国	意大利	德国	波兰	荷兰	德国
制造公司	Quantel LaserBlast	El En Group	JET	Military Univ. of Technology	Art Innovation	Rofin
型号	60/500/ 1000/2000	EOS1340	TMCS	ReNOVALaser	LCS	Rofin DQ 系 列 DQ×10 DQ×50 DQ×80 DQ×100 型号
激光器	Nd：YAG	Nd：YAP	TEA-CO$_2$	Nd：YAG	Excimer	Nd：YAG
波长	1064 nm	1341 nm	10.6 μm	1064/532 nm	248 nm	1064 nm
脉冲宽度	10～12 ns	60～120 μs	μs 量级	8 ns	20 ns	38 ns
激光功率	8～72 W	14 W	kW 量级	5.5 W	30 W	450～900 W
传输方式	光纤	光纤	光纤	导光臂	导光臂	光纤
应用领域	建筑物	雕塑	轮胎模具	艺术品	绘画	油漆/油脂

4.3.2　使用 Nd：YAG 激光的激光清洗机

1. LaserBlast 系列

LaserBlast 系列（Quantel Laser Blast，法国）包括 LaserBlast 60、LaserBlast 500、LaserBlast 1000、LaserBlast 2000 等四种机型，采用灯泵电光调 Q Nd：YAG 激光器作为清洗激光光源，输出功率分别为 8 W、20 W、40 W 和 72 W，使用芯径较大的光纤进行光束传输。LaserBlast 系列的激光器为基模输出，激光光束进行了两方面整形，一是高斯光整形成平顶光，二是圆形光斑整形成矩形光斑。该系列激光清洗设备的脉冲能量高、脉冲宽度窄，很容易达到污染物的清洗阈值，清洗效果较好，但重复频率较低，清洗速度不高。如图 4.3.1 所示为 LaserBlast 500 型和 LaserBlast 1000 型清洗设备[7]。

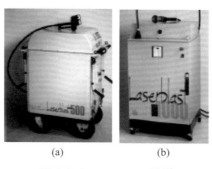

(a)　　　　　　(b)

图 4.3.1　LaserBlast 系列

（a）LaserBlast 500 型；（b）LaserBlast 1000 型

2. DQ 系列

Rofin 公司 DQ 系列(Rofin,德国)采用高频率调 Q 的技术输出高重复频率、窄脉冲宽度的激光,采用光纤进行光束传输,推出了 DQ×50、DQ×80、DQ×100 等三种型号,输出参数见表 4.3.3。重复频率在 6 kHz 时,脉冲宽度为 38 ns,功率范围为 500~1000 W,有足够大的峰值功率和平均功率,既保证了清洗效果又具有足够的清洗效率。其是激光烧蚀、激光清理、激光绝缘以及表面处理的理想工具,可用于拼焊板、太阳能电池或者 LCD 展示屏的激光去膜、玻璃及其他材料的颜色烧蚀、工具和模具的清理。图 4.3.2 为 DQ×80 外观图[8]。

表 4.3.3 DQ 系列相关参数

输出功率	500 W,800 W,1000 W
波长	1064 nm
最大脉冲能量	75mJ@6kHz(500 W)120mJ@6kHz(800 W) 150mJ@6kHz(1000 W)
脉冲重复频率范围	6~15 kHz
脉冲宽度	38ns@6kHz(±10%)
脉冲稳定性	±3%
准直处的光束质量	<25 mm・mrad(500 W),>30 mm・mrad (800 W 和 1000 W)
光纤芯径	600 μm(500 W),800 μm(800 W 和 1000 W)

图 4.3.2　DQ×80 的外观

3. EOS 系列

意大利 En El Group 公司专业研制 EOS 系列,是针对不同清除对象的文物激光清洗机,主要针对石质文物的清洗开发了长调 Q(LQS)和短自由运转型(SFR)的激光清洗机。图 4.3.3 中列出 EOS-1000-LQS、EOS-1000-SFR 和 EOS COMBO 三款机型的外观图,表 4.3.4 列出了这三款机型的相关参数[9]。

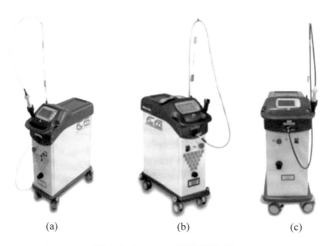

(a)　　　　　　　　(b)　　　　　　　　(c)

图 4.3.3　EOS 系列的外观

(a) EOS-1000-LQS;(b) EOS-1000-SFR;(c) EOS COMBO

表 4.3.4　EOS-1000-LQS、EOS-1000-SFR 和 EOS COMBO 的相关参数

参数	EOS-1000-LQS	EOS-1000-SFR	EOS COMBO
波长	1064 nm	1064 nm	1064 nm
脉冲宽度	100 ns	50～130 μs	SFR 模式:30～110 μs LQS 模式:100 ns
单脉冲最大能量	130 mJ	1 J	SFR 模式:2 J LQS 模式:150 mJ
能量	130 mJ(单脉冲),250 mJ(双脉冲),380 mJ(三脉冲)	50～500 mJ(50 mJ 一档),600～1000 mJ(100 mJ 一档)	SFR 模式:200～1400 mJ(100 mJ 一档),1600 mJ,1800 mJ,2000 mJ;LQS 模式:150 mJ(单脉冲),300 mJ(双脉冲),450 mJ(三脉冲)
重复频率	单脉冲,1～10 Hz 15 Hz,20 Hz	单脉冲,1～10 Hz 15 Hz,20 Hz	单脉冲,1～10 Hz 15 Hz,20 Hz
光斑直径	1.5～6 mm	1.5～6 mm	1.5～6 mm

续表

参数	EOS-1000-LQS	EOS-1000-SFR	EOS COMBO
光束传输	芯径为 1000 μm 的光纤（3 m）	芯径为 1000 μm 的光纤（3 m）	两根芯径为 1000 μm 的光纤（分别为 3 m 和 10 m）
手持头	可变聚焦	可变聚焦	可变聚焦
光束能量分布	均匀	均匀	均匀
指示光	3 mW（635 nm）	3 mW（635 nm）	3 mW（635 nm）
电源供应	230 V-50/60 Hz 8.5 A	230 V-50/60 Hz 8.5 A	230 V-50/60 Hz 12 A
尺寸	23 cm×65 cm×68 cm	23 cm×65 cm×68 cm	33 cm×95 cm×75 cm
重量	40 kg	40 kg	80 kg
Nd∶YAG 激光控制方式	操作面板	操作面板	操作面板
冷却回路	封闭性热交换器（空气/水）	封闭性热交换器（空气/水）	封闭性热交换器（空气/水）

4. CL 系列

Clean Laser 公司是德国一家专门做激光清洗设备的公司,其激光清洗设备的功率从 20 W 到 1000 W 不等,并研制了多种激光清洗手持头、机械臂,具有多种激光清洗解决方案,现阶段国内代理的设备基本是 Clean Laser 的。其中 20 W 的产品高度集成化,做成背包式,使用方便;20～100 W 的产品为占地面积小的桌面型;100～1000 W 的产品是推车型工作站式,便于移动工作。图 4.3.4 中列出了各功率范围的代表产品[10-11]。

(a)

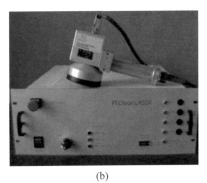
(b)

图 4.3.4　CL 系列产品

(a) 20 W 背包型；(b) 100 W 桌面型；(c) 1000 W 推车型

(c)

图 4.3.4　（续）

除了各个功率的机型外，该公司还根据不同的产品开发了不同的手持头，以适应不同的工作环境，集成了多种传感器及冷却装置，具有光学整形功能（线状平顶光）。另外还开发了多种辅助型支架，可清洗油漆、铁锈、灰尘、油污、指纹等。近年来 Clean Laser 公司致力于研究可以实现塑胶射出模和橡胶硫化模具在线激光清洗的设备。可以适用于不同环境下不同物品的清洗，极大提高了清洗效率，减小了激光清洗的局限性。图 4.3.5 中列出了不同型号清洗头的外观图。

图 4.3.5　CL 系列手持头（从左到右依次为 OSH20、OSH50、OSH80）

该公司的激光清洗设备比较适合工业应用，其中 150W 的产品适合于多种清洗领域，其内部结构如图 4.3.6 所示，包含了各个模块。图 4.3.7 是用户操作显示界面的示意图。图 4.3.8 为该型号产品的冷却系统，图（a）为压缩空气制冷，图（b）为压缩机制冷。压缩空气制冷主要用于手持头内部的制冷及吹散污染物的残余物，保持清洗表面的清洁。压缩机制冷主要冷却激光器模块中的水流，保证激光器模块正常工作。

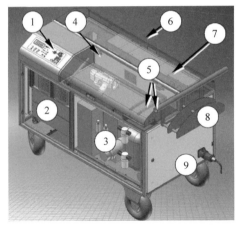

1—用户操作显示界面；2—中央控制单元；3—冷却系统；

4—激光输出装置储存间；5—光纤信号线保护套；6—激光谐振腔保护罩；

7—激光谐振腔；8—保护套悬挂处；9—总电源线。

图 4.3.6　激光清洗机内部结构

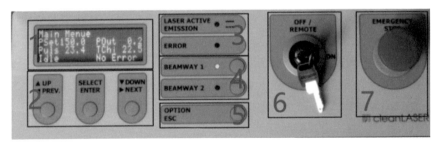

1—LCD 显示面板；2—菜单导航按钮（向上、选择、向下）；

3—状态指示灯（激光发射、错误）；4—光路切换按钮；5—选择退出按钮；

6—开关钥匙；7—紧急停机按钮（只限于紧急情况下使用）。

图 4.3.7　用户操作显示界面装置

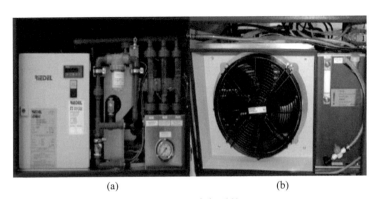

(a)　　　　　　　　　　　　　　(b)

图 4.3.8　冷却系统

（a）压缩空气制冷；（b）压缩机制冷

4.3.3　使用 CO_2 激光的激光清洗机

1. JET 公司的 TMCS 轮胎模具激光清洗系统

激光清洗系统(Tire Mode Cleaning System，TMCS)(图 4.3.9)是德国的 JET 激光系统股份有限公司(JET Laser System GmbH)生产的用于清洗轮胎模具表面残留的橡胶的激光清洗机。TMCS 激光清洗机使用 CO_2-TEA 激光器，其脉冲宽度为 $\mu s\sim ms$ 量级，对于 1 cm^2 激光辐射范围，清洗深度可达到 0.01 mm。该仪器具有极高的清洗质量，可以自动清洗模具的每个部分，凹槽下部的精密五维坐标扫描装置引导激光输出，在保证模具完全不受损的情况下，可以彻底清除模具侧面的每个角落，同时将清除的残渣及时抽走和过滤。可移动的机身能够实现在线或离线清洗，免去了拆卸和牵引模具的麻烦，根据模具的大小、复杂程度以及硬化周期，清洗一套模具的时间一般在 $45\sim90$ min。同时方便灵活的清洗方式可以清洗由普通方式压制的两部分组合而成的模具，标准的 JET 清洗单元可以清洗胎圈直径为 $33\sim53$ cm 的轮胎模具，对于其他尺寸更大的模具则需要拆卸成适当尺寸的部件进行离线清洗。整个清洗过程完全自动完成，不需要任何手动清洗过程，为工作人员提供了良好的安全保障。

图 4.3.9　CO_2-TEA 激光清洗机的外观

2. JET 的激光清洗设备

由 JET 公司生产的 Flex JET Cable Stripping System 和 Bless Tube Decoating System 激光清洗系统可以用来剥离金属管、光缆等物体上的各种涂层或包层(例如 PA、PVC、PTFE)。其系统采用的是 CO_2 激光器，结构设计巧妙，完全实现自动化操作，可以剥离出各种形状和大小的图案，能够精确地沿边缘清除掉所要清除的包层，精度可以达到 100 μm，典型清洗速度可以达到 50 mm^3/s。

4.3.4　使用准分子激光的激光清洗机

1. JET 公司的激光清洗系统

MoldJET 激光清洗系统(图 4.3.10)是德国 JET 公司的产品，主要用来清除轮胎模具外的其他各种类型的模具。与前面介绍的 TMCS 系统类似,MoldJET 系统也具有计算机数字控制装置、过滤装置、冷却装置等辅助系统,但由于 MoldJET 激光清洗机使用脉冲宽度更短的准分子激光器,所以它能够用来清除一些与模具结合得更加牢固的细小微粒。MoldJET 系统的激光清洗头由一个四维坐标扫描装置构成,能够以不同的挺进角清洗模具表面的每个部分。整台仪器在方便清洗其他类型模具的同时,兼具 TMCS 的优良特性。

2. USHIO 公司的准分子 VUV/O$_3$ 激光清洗系统

美国 USHIO 公司生产的准分子 VUV/O$_3$ 激光清洗系统可以满足微电子行业的高精度清洗作业要求。其激光器系统采用的是特殊设计的准分子激光器,具有单模辐射且带宽极窄的特点,可以辐射波长为 172 nm 的真空紫外脉冲激光,其单光子能量可以达到 166.7 kcal/mol,大于常见有机物化学键(如 O—O,O—H,C—H 等)的结合能。同时极高的能量转换效率(10%)可以保证其能够高效清除半导体晶片上的各种微小有机污染微粒。该仪器还可以控制每次输出脉冲的能量,用于清除各种不同性质的微粒而不损坏基底。此外该系统能够使输出光方向与产品生产线上的待清洗基底平面始终保持垂直。该产品能满足液晶单元、半导体单元等各种电子元件的清洗要求,其中 UVS-4200 型为用于半导体清洗的激光清洗机(图 4.3.11),可用于半导体元件的沉积前表面清理,提高与气溶胶、光刻胶的可湿性和黏着力,刻蚀线路清洗等各种电子工艺[12]。

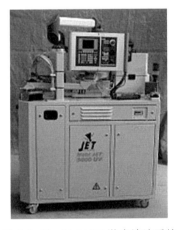

图 4.3.10　MoldJET 激光清洗系统

图 4.3.11　UVS-4200 型激光
清洗系统的外观

4.3.5 使用光纤激光的激光清洗机

高功率光纤激光器和放大器的领导者 IPG 公司也研发了用于激光清洗的光纤激光器。近年来,IPG 公司使用 6 kW 连续光纤激光器完成了全机身除漆。针对市场上对激光清洗的不同需求,IPG 公司推出了新型脉冲光纤激光器,它们有圆形/方形光斑、固定/可调脉冲宽度、更高的脉冲能量(可达到 100 mJ),以及更高的输出功率(峰值功率可达到兆瓦级别)。方形光纤相较于圆形光纤,可以用最小的重叠区获得最大的清理面积,提高清洗效率,获得更高的清洗效率。典型的光纤激光清洗机外观如图 4.3.12 所示。

图 4.3.12 YLPN-100-25×100-1000-S 型光纤激光清洗机

利用 IPG 公司的光纤激光清洗机对汽车高强度钢拼焊接板涂层进行清洗,如图 4.3.13 所示。选用 600 μm×600 μm 方形光纤、平均功率为 1000 W、脉冲能量

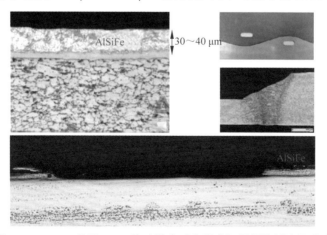

图 4.3.13 IPG 公司 1 kW 脉冲激光对高强度钢拼焊接板涂层清洗

113

为 100 mJ 的光纤激光器,与焊接同步沿涂层清除,清除速度为 8～10 m/min,去除均匀,表面平整,可以有效清除涂层,提升后期焊接工序的稳定性。

4.4 激光清洗的在线监控方式

激光清洗操作中,当污染物在激光作用下从表面脱离之后,污染物下层的基底层将继续受到激光的照射,这时依据基底材料的光学性质、热学性质和表面结构的不同,一般有两种不同的表现。第一种,出现自截止现象,以相同的激光参数继续照射基底,基底基本上没有发生什么变化。这种现象一般出现在基底为光滑的高反射性金属表面或者对入射激光透明的材料上,但是反射的激光可能会对其他光学元件甚至周围的操作人员带来损伤。第二种,激光将与基底材料发生相互作用,出现熔化、汽化等物理状态的改变,或分解、结晶、非晶化、钝化等化学变化,这种情况也会带来损伤。两种现象的差异在于基底表面吸收的激光能量密度是否达到了材料本身发生相应物理变化或化学变化所需要的阈值条件(最低激光能量密度)。

激光清洗过程中基底表面特性的变化(表面的微观图像、反射率、硬度等),反映为基底与入射的激光作用产生的声波或激光参数的变化,可以通过声波信号、光波信号进行监测,从而判断表面是否清洗干净。如专利申请号为 201210582928.6 的发明专利,提出了用色度来区分清洗对象的污染层和基质层。在激光清洗过程中,为实现无损伤清洗的目的而引入监测系统实时监测激光清洗效果,对清洗区域进行参数测量,并依据参考值修改输出激光参数、扫描速度进行反馈补偿,对激光清洗过程进行控制,即所谓在线监控或原位监控,对于激光清洗自动化,具有非常重要的意义[13-15]。

4.4.1 激光清洗监控方式

随着激光清洗技术的发展,提出了多种监测方式,根据能否在激光清洗进行的同时获取清洗参数,并对清洗效果进行评估,将这些监测方法分为两类,一类称为离线监测方式,另一类称为在线监测方式。监测中使用的检测手段主要分为四类,第一类是清洗对象表面成像检测,就是通过相机、摄像机的镜头代替人眼对清洗对象的表面进行观察,技工本人对清洗效果进行评估,相应地调节激光参数和清洗方式。这种方式在实际应用中使用得最多。第二类是对清洗对象表面的一些参数进行测量,如表面的硬度、粗糙度、反射率、电位等。第三类是采集激光清洗中产生的振动信号,对振动信号(声波)的强度、转变等进行分析从而确定清洗阶段和清洗效果,典型的如激光除锈中对声波强度的测量和更广泛使用的飞行时间测量等。第四类是采集激光清洗中产生的光信号,通过光谱特征确定清洗当前层的物质组成,从而判定清洗效果、阶段、效率等,典型的有 XRD 谱、激光诱导荧光谱和激光诱导击穿光谱(laser induced breakdown spectroscopy,LIBS)等。以上这些检测手段既可以用于离线监测,也可以用于在线监测。激光清洗中使用的各种检测方法总结见表 4.4.1。

表 4.4.1　激光清洗中使用的检测方法

英　文　名	中文名	简写
Surface analyzed by Auger electron spectroscopy	俄歇电子能谱	AES
Atomic force microscopy	原子力显微镜	AFM
Acoustic wave monitoring	声波监测	AWM
CCD camera	CCD 相机	CCD
Surface profiometer	表面形状仪	SP
Dark field microscopy	暗场显微镜	DFM
Emission current monitoring	发射电流监测	ECM
Energy dispersion X-ray analyzer	能量色散 X 射线分析仪	EDXA
Surface analyzed before and after by electron probe microanalysis	电子探针微观分析	EPM
Photodiode monitoring of laser induced fluorescence	激光诱导引起的荧光监测	Fluor
Fourier transform infrared spectroscopy	傅里叶变换红外谱	FTIRS
Gamma spectrometry (measure sample activity)	γ 射线谱	γ
Heterodyne interferometer (surface displacement)	外差干涉分析仪	HI
Before and after images,image analysis software	清洗前后图像分析	IAS
Low-energy diffraction spectroscopy	低能衍射谱	LEED
Laser induced plasma spectroscopy	激光致等离子体谱	LIPS
Light scattering with He-Ne laser and spectrometer	光散射	LS
Optical /chromatic monitoring	光/色监测	OCM
Optical microscope /optical micrographs	光学显微镜	OM/OMG
Optical reflectance	光反射	OR
Automated optical surface analyzer(limit of resolution $1\mu m$)	光学表面分析	OSA
Particle counter /censor ANS100 light scattering particle counter	微粒计数器	PC/CANS
Comparing particle densities before and after	粒子数密度比较	PD
Probe deflection technique	探针偏转技术	PDT
Polarized light microscopy	偏振光显微镜	PLM
Photomultiplier	光电倍增管	PM

英　文　名	中文名	简写
Particle measuring system inc,SAS 3600 particle counting system	微粒计数系统	PMS
Polaroid camera	波拉德照相机	Pol
Profilometer	轮廓曲线仪	Profile
Scanning electron microscopy	扫描电镜	SEM
Secondary ion mass spectrometry	次级粒子质谱法	SIMS
Spectrocolorimeter	分光比色计	Spect
Surface photo voltage monitoring	表面光电压监测	SPV
Si photodiode monitors specular reflection of He-Ne beam from substrate	镜面反射	SR
Surface roughness	表面粗糙度	Surf
Video-based PC driven system counts particles $>\sim75~\mu m$ diameter	成像微粒计数器	VB
Visual observation of contaminant removal	视觉观察	Visual
Video monitor	成像监测	VM
Voltage readings	电压读取	VR
X-ray photoelectron spectroscopy	X 射线光电子谱	XPS

考虑到当前激光清洗中主要采用的两种去除机制：一种低于材料汽化阈值,借助热弹性膨胀或者界面两端的压力差产生清洗作用;另一种高于材料汽化阈值,通过烧蚀使材料发生相变、电离,产生等离子体,进而从基底表面脱离。后一种去除机制的适用性广,只要激光能量密度能够达到材料的汽化阈值,各种污染物的去除都可以在这种机制下进行。激光烧蚀去除过程中,同时产生振动和发光两种信息,所以通过声波和光波监测,是最常用的两种方法。下面给予重点介绍。

4.4.2　声波强度测量的实时监控

在热弹性振动机制中,样品表面受热膨胀、弹性振动以及污染物脱离基底时都会在空气中激发声波,因此在清洗过程中会有声波甚至超声波产生。在激光除锈实验中腐蚀被脉冲激光清洗的同时也会伴随有声波产生,该声波的频率范围可能从几赫兹到超声频段。实际监控不必全频段范围监控,只需要对于某些特定频率的声波强度进行监控即可。具体做法是使用声记录器件(麦克风、录音机等)对清洗过程中的信号进行采集,然后进行傅里叶变换,将时域的强度信号转变为频域的光谱特征,利用特定的光谱峰变化标示激光清洗的某种特定阶段,从而实现对清洗信息的获取。

如图 4.4.1 所示,利用德国 Vallon 公司生产的 AESM-98 声发射仪进行实验研究。采用调 Q 脉冲 Nd∶YAG 激光,波长为 1.06 μm,脉冲宽度为 20 ns,脉冲重复频率为 5 Hz,经光阑聚焦匀化后垂直辐照到工件表面,功率密度为 9.8×10^7 W/cm^2。声发射信号由宽带传感器（10 Hz～15 kHz）检测,经前置放大器对信号放大后由声发射仪显示其声发射信号强度变化。用几个脉冲依次连续作用于一点,通过实验研究激光清洗过程中产生的声发射信号强度变化与基体表面清洁度的关系。通过这种方法,可以较容易地测量出清洗阈值。

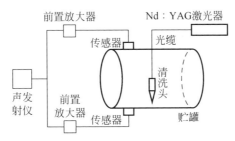

图 4.4.1　声波监控激光清洗工作原理图

4.4.3　冲击波监控

表层污染物被去除的过程中会产生冲击波,当表层污染物被去除之后,激光继续照射下层的基底,由于基底和污染物在光学、热学性质上的差异,所产生的声学波的频率不同。声学波向外传播,同样引起表面空气密度的周期性变化,形成相位光栅,对掠入射光束产生偏转作用,只是由于声学波的传播速度固定为空气中的声速,所以偏转的角度为恒定值,与冲击波偏转角不同。这种冲击波与声学波之间的转变就体现为偏转角的变化,对应激光作用对象由污染层转变为基底层,标志着清洗阶段的变化,同时也实现了判断清洗阶段的定量化。

冲击波是一种传播速度大于声速的介质波,并不是频率在超声波段的声学波。相应地,在空气中形成的相位光栅与声波的不同,因此可以利用飞行时间测量方法(time of flight,TOF)检测这两种波动形式的转化点。冲击波和声波的飞行时间有明显的变化。这种冲击波向声学波的转变,说明激光的作用机制和作用阶段发生了变化。对烧蚀清洗而言,这种转变是激光清洗结束的标志。飞行时间测量监控装置的测量原理如图 4.4.2 所示。

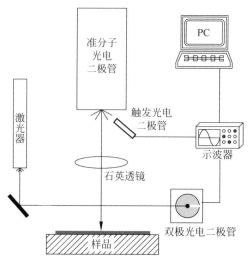

图 4.4.2　飞行时间测量监控装置

4.4.4　激光诱导荧光谱实时监控

声波强度监测方法关注的是声波信号的强弱变化；飞行时间测量方法关注的是冲击波与声学波之间的转变；激光引起的荧光谱（laser induced fluorescence，LIF）和激光引起的等离子体光谱（laser induced breakdown spectroscopy，LIBS）关注的是激光清洗过程中的特征光谱信息，只是侧重点不同，前者集中在可见光波段，后者集中在紫外波段。在这几种信息当中，TOF 关注的冲击波到声学波的转变和 LIBS 关注的元素的特征光谱两项具有普适性，即对相当多类型的材料在激光清洗过程中均可以作为清洗判据的监控方式。

采用高光谱成像技术对清洗中的样品进行观测，可以实时监控不同波长下的清洗物品的反射率。具体的装置示意图如图 4.4.3 所示。

图中控制系统与激光清洗设备相互通信，控制系统可以改变激光输出的平均功率（通过调整激光器的输入电流实现）和重复频率（影响脉冲宽度，进而影响峰值功率）。输出的激光通过光学系统进行激光光斑的整形（光斑大小和光强分布），激光控制装置也可以控制光学系统，通过改变透镜组的距离来调节激光打在样品上的光斑大小，以调节激光脉冲的能量密度。光源与高光谱采集系统相连，进行激光清洗中的光源和采集工作，之后将采集的数据交由高光谱数据处理系统进行处理分析并反馈给激光控制系统，形成闭环反馈。具体的操作步骤如下：

（1）将基底材料（无污染物）和清洗对象（表面有污染物）置于高光谱监测系统中，获取它们的高光谱图像；

（2）将清洗中的样品同样放在相同条件下的高光谱监测系统中，得到清洗过程中样品的高光谱图像；

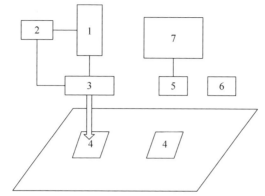

1—激光清洗设备；2—控制系统；3—光学系统；4—清洗对象；
5—高光谱采集系统；6—光源；7—高光谱数据处理系统。
图 4.4.3 高光谱成像技术监测装置示意图

（3）将所得的高光谱数据及图像进行处理；

（4）利用下述公式对上述图像进行处理，得到不同波长下反射率的校正比值：

$$CL(\lambda) = \frac{RT(\lambda) - RC(\lambda)}{RG(\lambda) - RC(\lambda)} \tag{4.4.1}$$

式中，$CL(\lambda)$ 为某一波长对应的反射率校正比值，$RT(\lambda)$、$RC(\lambda)$ 和 $RG(\lambda)$ 分别是清洗区域内的发射率、表面待处理物质的反射率和原始基质的反射率，当 $CL(\lambda) \geqslant 90\%$ 时判断该区域内被清洗干净，输出相应的数据。具体流程如图 4.4.4 所示。

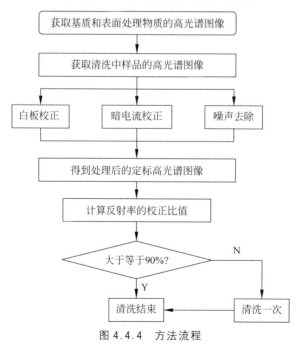

图 4.4.4 方法流程

上述步骤(3)中高光谱数据及图像的处理包括白板校正、暗电流校正和噪声去除等步骤。白板校正使用的是平场域纠正法,使用高光谱成像仪扫描反射率为99.99%的白色标准校正板后得到全白的高光谱图像。高光谱检测的反射率变化如图4.4.5所示。

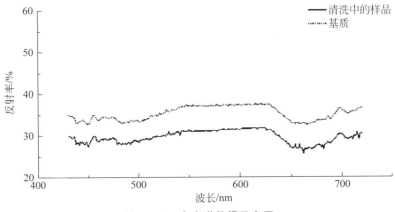

图 4.4.5　高光谱数据示意图

4.4.5　激光诱导击穿光谱实时监控

激光诱导击穿光谱监控装置包括激光源、光谱仪(分光元件和 CCD)、元素特征谱表三个主要部分,如图4.4.6所示。激光源用于等离子体的激发,多采用紫外激光;光谱仪用于测量等离子体不同波长发光的强度,绘制等离子体光谱,其中分光元件可以是棱镜也可以是光栅(光栅为主);最后将等离子体光谱与元素特征谱表进行对比,确定激光作用于当前层的元素组成,从而对清洗信息进行确定。

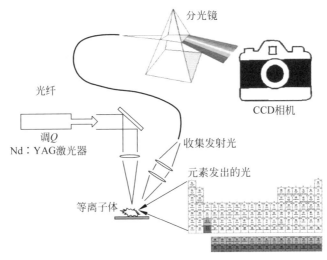

图 4.4.6　LIBS 装置示意图

激光照射清洗对象,在激光能量密度超过材料的汽化阈值条件下,一般经历吸收、加热、汽化、等离子体化、发光、刻蚀等六个阶段,如图 4.4.7 所示。材料在吸收激光的能量之后,经历较为复杂的相变过程,如熔化、汽化、升华、破碎化、等离子体化等,生成的等离子体通过韧致辐射发射连续谱,由于这时高于电离态,连续谱信息与发光元素之间无法建立直接联系,为无用信息;延迟一段时间之后的元素特征光谱才是有用信息,可用于光谱比对。元素的特征光谱线就像人的指纹或者虹膜,能够进行元素的"身份验证",以此作为判断依据,能够较为准确地通过清洗作用当前层的变化判断激光清洗的程度。激光诱导击穿发光的过程如图 4.4.8所示。

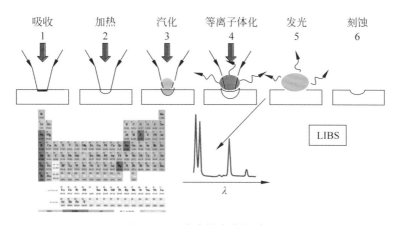

图 4.4.7　脉冲激光烧蚀过程

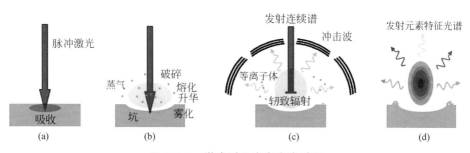

图 4.4.8　激光诱导击穿发光过程

LIBS 实施装置由激发、延时、摄谱三个主要功能单元构成,如图 4.4.9 所示。整套装置需要考虑各方面的因素,包括靶材表面的反射率、热容量、熔点、沸点、热导率、气氛环境的组成、压强、激光器的脉冲能量、脉冲宽度、光斑尺寸、波长、延迟时间、光谱仪与光探测器选择等。由于需要测量的是元素的特征光谱,所以在具体的 LIBS 装置中激光源与光谱仪之间要有一个必需的延时装置,通过控制单元实现。市场上的成品延时装置如图 4.4.10 所示,可以精确调节激光器与探测器之间的时间延迟量。除了单脉冲激发等离子的机型之外,由于两个脉冲激发产生等离子体能够获得更强的光谱强度,所以实际应用中还提出了两种双脉冲型 LIBS 装置,其中垂直双脉冲型在实际应用中的效果最好。

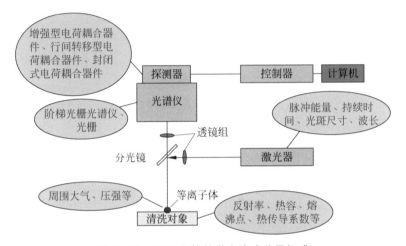

图 4.4.9　LIBS 监控的激光清洗装置组成

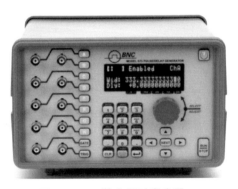

图 4.4.10　数字延时发生器

气氛环境的组成与压强将会影响等离子体烧蚀羽的膨胀特性,如图 4.4.11 所示。图 4.4.12 为铜合金的连续谱与特征谱的典型曲线。红线是延时 50 ns 下的连续谱,从中无法获得相应的元素信息,黑线和蓝线分别为延时 $0.5~\mu s$ 和 $5~\mu s$ 的元素特征谱,虽然特征谱的强度有所差异,但谱形相同,说明 LIBS 方法的可重复性和有效性。

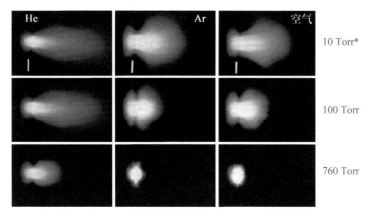

图 4.4.11　不同压强、不同气氛环境下的烧蚀羽的膨胀

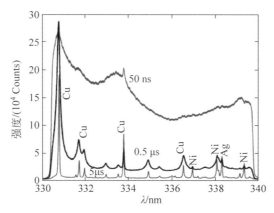

图 4.4.12　铜合金的 LIBS 图谱

4.4.6　光声信号综合实时监控

上述几种测量方法中,TOF 测量的是激光汽化到非汽化的转变,起决定性影响的是各层的表面反射率,所以 TOF 测量能够区分的主要对象是反射率存在较大差异的表面;LIBS 测量的是元素的特征光谱,能够区分核心元素不同的材料。但当激光清洗对象较为复杂时,尤其是表现为多层材料时,单一的 TOF 测量和 LIBS 测量无法实现监测功能。如钢铁基底-铁锈-涂层的三层结构,TOF 测量无法区分涂层去除与锈层去除的区别,但可以区分铁层表面与锈层的差别;与之相对的,LIBS 不能区分锈层与基底层的元素差别(因为核心元素都是铁、氧),但可以区分涂层与铁锈的差别,再比如文物的金属-腐蚀物-土壤结块的三层结构,或金属-腐蚀

＊　1 Torr＝133.32 Pa。

物-石蜡的三层结构等,具有与钢铁基底-铁锈-涂层相似的问题。这些较为复杂的清洗对象,如果能够将 TOF 测量与 LIBS 测量结合起来可以实现逐层监测。同时由于 TOF、LIBS 进行到基底层时,虽然仍会产生等离子体,但属于痕量反应,对基底造成的损伤很小,这一特点使得 TOF 与 LIBS 结合的监测技术非常适合于文物保护领域。

结合 TOF 和 LIBS 两种测量技术的特点,可以采用一种同时具有光声谱监测的激光清洗装置,通过同时获取激光等离子体产生的振动信息和光谱信息,分析当前的清洗阶段,对清洗参数进行控制,实现选择性的无损清洗,尤其适用于较为复杂的多层清洗对象。且由于激光汽化清洗机制的普适性,光声谱监测装置具有较大的适用范围。

光声谱的特点为:①适合多层复合结构。相比于单一的声谱监测针对不同界面的反射率信息和光谱监测针对不同界面的元素组成信息,光声谱监测方式可以测量同组分、多界面的多层结构的激光清洗过程,如钢铁基底-铁锈-油漆、钢铁基底-底漆-面漆、新出土文物的金属基底-腐蚀产物-土壤结块等的三层甚至多层结构中。利用 LIBS 光谱的定性成分检测分析能够区分不同的物质层(原子光谱变化),而通过 TOF 能够区分不同的物理结合层(界面反射、吸收变化),从而能够完全掌握在多层材料的清洗过程中的清洗状态,尤其适合激光清洗文物制品的在线监测。②通用性。由于激光汽化清洗方式适用于各种污染物的去除,利用等离子体冲击波特性和发光特性的光声谱监测方法也相应地具有较为广泛的适用范围,成为光学成像法之外的又一种通用型在线监测技术。

4.5 激光清洗的在线监控示例

本节以一种具有监测系统的激光清洗装置作为示例,通过同时收集、记录激光清洗过程中产生的光信号和振动信号,定量分析清洗的程度,判断清洗进行的阶段(无效果、欠清洗、完全清洗、过清洗、清洗损伤等),实现清洗对象表面的可选区域无损清洗,是激光光谱学、激光热弹性波、等离子冲击波等的综合应用。

光声谱监测装置作为激光清洗程度信息的采集、分析、判断、控制系统,实时调节清洗过程中的激光参数,实现可观测的清洗效率,避免激光清洗过程中的过清洗损伤,或控制材料表面温度的快速升高、快速降低过程,以实现表面硬化、钝化等有益附加作用等。该清洗监测装置相比于常规的振动、光谱信息采集系统的单一性和局限性,能够同时获取激光汽化-电离过程中的光声谱信息,通过光谱、声谱的特征信息组合(二元信息法)表征不同的清洗状态和清洗阶段,使反馈控制系统的判断更加简化、准确和迅速,有利于激光对污染物的无损清洗或可控改性。本节将以此为例,叙述激光清洗的在线监测。

4.5.1　光声谱监测系统

1. 监测系统结构

这种具有光声谱监测的激光清洗设备包括激光器装置、光束传输装置、光束整形、聚焦、操控装置、光声谱监测装置、回收装置和机械传动装置。

各组成装置的机械连接和电气连接描述如下：激光器装置采用脉冲激光器，脉冲激光器发出的激光束经耦合装置（透镜组）进入光束传输装置，光束传输装置的作用是通过导光臂或传能光纤实现激光束较长距离的低损耗闭腔传输。光束经整形、聚焦、操控装置，对光束进行能量密度的重新分布、形状限制、聚焦、多光斑交叠率和光斑扫描路径的设置，光束操控系统中的 x-y-z 三维扫描系统与机械传动装置的 x-y 二维平动共同控制清洗光束与清洗对象之间的相对运动。回收装置位于清洗对象表面靠近激光束作用的区域，回收清洗对象表面汽化、破碎的污染物粉尘颗粒，以避免清洗操作对环境可能造成的固体废弃物污染。光声谱监测装置由振动监测单元和光谱监测单元两部分组成。振动监测单元由探测激光器、角度仪、光电探测器和示波器组成，角度仪记录下探测激光经过激光作用区域上方后偏转的角度，以声学波引起的偏转角作为参考角度，探测到的等离子体冲击波提供清洗信息。光谱监测单元由光电探测器、分光元件、延时器和示波器组成，针对不同层的核心元素进行特征光谱的信号测量，将光电探测器靠近激光的作用区域，测量激光等离子体的特征发光。等离子体的特征发光包括两个阶段，首先是连续谱发射，为无用信息；其次通过延时器设置激光的脉冲发射时间与示波器触发时间之间的延时间隔，将连续发光阶段给屏蔽掉，只使用示波器测量连续谱之后的离散特征光谱。

光声谱监测装置由声信号测量单元和光信号测量单元两部分组成。清洗用激光器作为激发等离子体的一号光源，与清洗用激光束平行共线或垂直的激光器作为可选的二号光源，其作用是通过双脉冲技术有效提高激光等离子体的发光强度，使光谱特征更加明显。声信号测量单元采用的探测激光器是 He-Ne 激光器或可见波段的半导体激光器，多个光电探测器与激光作用点等角宽度分布放置，记录激光等离子体引起的冲击波和声学波在空气中传播引起的密度变化所引发的空气相位光栅对探测激光的角度偏转。光信号测量单元通过使用单色仪、光电探测器、示波器测量等离子体的发光光谱，连接脉冲激光器与示波器之间的延时装置过滤掉等离子体开始阶段的连续谱发光，并记录清洗当前区域物质的特征光谱线。最后通过比对元素的原子发光光谱确定激光当前作用区域的元素组成。

2. 光声谱监测设备

光声谱监测装置如图 4.5.1 所示，在激光汽化-电离机制下，当激光使表层材

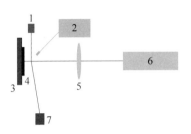

料汽化、电离，产生等离子体后，将同时产生等离子体光谱的光信号和冲击波的振动信号。光信号测量单元使用多通道光纤光谱仪，其光电探测器靠近激光作用区域接收激光等离子体过程中的光谱信号，通过延时开启光谱仪的快门开关记录等离子体的特征发光光谱；声信号测量单元使用 He-Ne 激光器作为探测激光器，使用多个等角距离分布放置的光电探测器作为偏转光束的接收器，测量由于冲击波或声学波传播引起的空气相位光栅对掠入射 He-Ne 激光的偏转作

1—激光器（比如半导体激光或 He-Ne 激光）；
2—光电探测器；3—移动平台；4—清洗对象；
5—聚焦整形系统；6—清洗用激光系统；
7—污染物回收及散射光阻隔装置。

图 4.5.1　光声谱监测装置示意图

用。等角距离分布的光电探测器组由至少三个光电探测器组成，一个在探测激光的传播方向上，一个在声学波的偏转角度上，其他光电探测器共同完成测量冲击波引起的偏转角。光声谱监测装置作为清洗状况的在线检测装置将测量信息反馈给控制系统，通过控制系统调节激光参数（激光能量密度、重复频率、扫描速度、开启与停止等），实现激光无损伤清洗。

采用数字化光声谱监测装置为激光清洗操作提供清洗状态信息。在正式清洗操作之前，首先确定清洗对象各层的元素组成，必要时可通过预清洗的方式进行检测。然后选取每层物质特征元素的若干个特征峰作为待检测对象，每一个特征峰都对应一路光信号强度检测，虽然光谱检测的分支增多，但每个分支的分光元件的透过波长锁定，不再需要光栅扫描的过程，使检测的时间减少。这时将光谱信号转化为若干个二进制数字信号，通过一段二进制数就可以表征出当前等离子体中的光谱信息，利用的正是等离子体特征光谱的离散性。同样在声信号测量单元中，选取两个特征光电探测器角度作为声信号的表征，分别是 He-Ne 光的平行位和声学波的偏转角位，四种组合就可以给出声波监测的各种情况，分别是 00（冲击波产生），01（声学波产生），10（没有清洗光束作用），11（无效信号）。这里 0 表示没有接收到信号，1 表示接收到探测激光器的信号。表征光谱、声谱的二进制数组合在一起共同表征当前的清洗状态。这种方式对监测信息的获得更加迅捷，尤其适合高重复频率激光清洗系统。

4.5.2　激光清洗的声波监测示例

采用声波进行激光清洗的监测，简单、方便、实用。本节将介绍激光除锈中的声波监控效果。

图 4.5.2 为轻度腐蚀样品在入射激光能量密度为其清洗阈值情况下的声波强度图(a)与声波频谱图(b)。其中每个脉冲作用的时间间隔约为 1.3 s,经声波采样设备得到的声波信号首先通过软件进行降噪处理,然后将时域的声波信号用MATLAB 软件进行快速傅里变换(FFT)处理。由于采样频率为 8 kHz,根据奈奎斯特(Nyquist)采样定理,实际能够真实还原的频率应为 4 kHz,同时由于低频噪声已经被去掉,因此声波的频段主要集中在 2～4 kHz。

从声波强度图 4.5.2(a)可知,清洗过程中各个脉冲引起的声波强度变化没有明显的规律,且波形大体接近,因此仅通过强度声波信号的变化很难对清洗效果进行分析和判断。从声波频谱图 4.5.2(b)可知,频谱线中位于 3178 Hz 和 3600 Hz附近的两个峰强度相对最大。对于前两个脉冲,其频谱线中 3178 Hz 处的谱峰强度大于 3600 Hz 处的,结合阈值实验结果可以认为,这是激光除锈的初期阶段由于腐蚀未被清除干净所具有的特征频谱。到了第三个脉冲时,3178 Hz 和 3600 Hz的谱峰突然变小,而其他处谱峰的强度则相对增大,频谱线发生这种异常变化的原因很可能是激光因空气中的灰尘在焦点处发生了击穿,入射激光能量降低影响清洗效果而造成的。到了第四和第五个脉冲,3600 Hz 处的谱峰强度大于 3178 Hz处的,由于此时铁锈基本被清除干净,因而可以认为是清洗完成的特征频谱。在实际应用中可以将脉冲 1、2 与脉冲 4、5 所代表的两种特征频谱的转变作为除锈是否完成的判断标准。

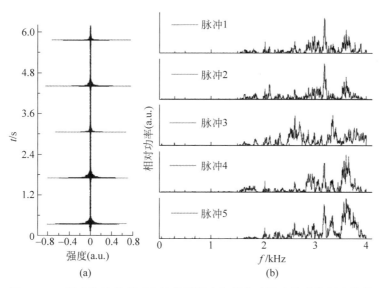

图 4.5.2　轻度腐蚀情况下声波信号强度与频率随激光脉冲作用次数的
　　　　　变化关系

图 4.5.3 为重度腐蚀样品在入射激光能量密度为其清洗阈值情况下的声波频谱图,从频谱图中可以发现,由于重度腐蚀样品与轻度腐蚀样品的形状、质量等物理性质不同,造成其特征频谱与轻度样品有所区别:在前几个脉冲作用的情况下,谱线中 2900 Hz、3240 Hz 以及 3670 Hz 附近范围都具有较强的谱峰,此时声波的谱峰较多;但是随着激光脉冲的作用腐蚀逐渐减少,2900 Hz 和 3670 Hz 的谱峰强度相对减弱,到了第 5 个脉冲,3240 Hz 的谱峰最强,而 3000 Hz 的谱峰有所增强;到了第 8、9 个脉冲,腐蚀基本被清除干净,此时 3000 Hz 的谱峰强度已经超过 3240 Hz 处;第 10 个脉冲的时候 3000 Hz 的谱峰强度最大,其他的谱峰相对较小。从以上的频谱变化可以推测:对于实验中的重度腐蚀样品,3000 Hz 的谱峰与钢铁自身的振动频谱相关,随着腐蚀的减少直至被清除干净,其谱峰由弱逐渐增强,而其他的谱峰则会相对减弱,因此可以把 3000 Hz 的谱峰相对于其他谱峰的强度变化作为除锈是否干净的简单判断标准。

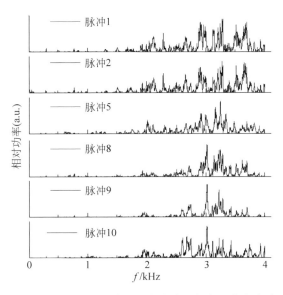

图 4.5.3　重度腐蚀情况下声波信号频率随激光脉冲
作用次数的变化关系

综上,实验中对于激光除锈采集了 4000 Hz 以下的声波信号,并通过分析发现尽管声波信号的强度没有明显的变化规律,但其频谱的变化与清洗效果具有特定的规律,可用于清洗进程的简单判断。然而由于条件所限没有对超声频段进行分析,且已有的实验表明干式激光清洗在超声波段也具有明显的信号。同时从双层热弹性振动模型中可以简单推算出：当被清洗样品为金属基底时，其在清洗过程中由自身弹性振动直接引发的振动频率基本在 0.1～10 MHz。因此，如果要对清洗过程进行更加深入细致的研究和准确的判断，还需要对 4000 Hz 以上乃至超声频段进行检测分析。

4.5.3　激光诱导击穿光谱监控效果

LIBS 在激光清洗中的应用较为广泛和成功。通过定性分析可进行材料的成分监测，如图 4.5.4 所示为激光清洗大理石的 LIBS 谱，曲线(a)～曲线(h)是保持脉冲能量密度不变，脉冲个数增加，烧蚀深度增大；可以表征出 Fe、Si、Ca 三种元素的变化，具体为 Fe、Si 降低，Ca 增加，与硬质层(soil)-石灰石($CaCO_3$)的化学组成相一致。

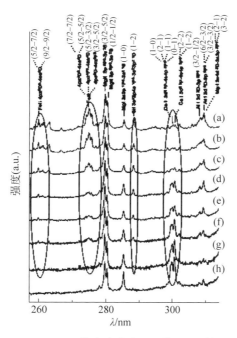

图 4.5.4　激光清洗大理石的 LIBS 谱

通过定量分析，可关注材料某条谱线的强度变化，从而对清洗效果进行评定，如图 4.5.5 所示，图(a)～图(c)分别为 3、15、30 个脉冲的作用结果，通过对 Si 288.16/Al 309.27 强度的定量监测可评估出当前激光清洗进行的程度（清洗深度）。目前 LIBS 在激光清洗，尤其是文物清洗方面的应用越来越广泛和成熟。

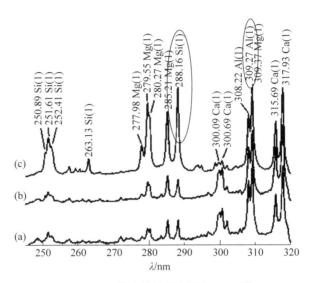

图 4.5.5　激光清洗石灰石的 LIBS 谱

参考文献

[1] 宋峰,田彬,邹万芳,等.激光清洗设备介绍[J].清洗世界,2006,22(4)：27-32.

[2] 易新,郭强,查根胜,等.高稳定度大能量三波长脉冲激光系统研究[J].量子电子学报,2017,34(4)：436-440.

[3] 汪会清,史玉升,黄树槐.三维振镜激光扫描系统的控制算法及其应用[J].华中科技大学学报,2003,31(5)：70-71.

[4] 宋业英,朱明珠,魏兴春.大功率激光清洗设备[J].中国化工贸易,2014(10)：117-118.

[5] 魏兴春,石磊,朱明珠,等.手持半导体泵浦固体激光清洗机[J].光学与光电技术,2013,11(3)：20-23.

[6] 路磊,王菲,赵伊宁,等.背带式双波长全固态激光清洗设备[J].航空制造技术,2012,10：83-85.

[7] 李鸿鹏,郭宝录.Nd：YAG 脉冲激光清洗技术研究[J].光电技术应用,2018,33(2)：63-67.

[8] 查根胜,孟献国,贾先德,等.一种灯泵 Nd：YAG 四波长激光清洗机的光路控制系统设计[J].量子电子学报,2018,35(2)：165-172.

[9] 易新.高稳定度大能量四波长输出激光清洗机的研究[D].北京：中国科学院大学,2016.

[10] 刘朋飞.大功率全固态激光清洗机的研制[D].长春：长春理工大学,2013.

[11] 路磊.全固态 1064nm/532nm 双波长激光清洗机关键技术的研究[D].长春：长春理工大学,2012.

[12] BARRIGA P，ZHAO C，BLAIR D G. Optical design of a high power mode-cleaner for AIGO[J]. General Relativity and Gravitation,2005,37(9)：1609-1619.

［13］OHTAKE H，ONO S，LIU Z L，et al. Enhanced THz radiation from femtosecond laser pulse irradiated InAs clean surface［J］. Japanese Journal of Applied Physics Part 2-Letters，1999，38(10B)：L1186-L1187.

［14］DUBUISSON C，COX A G，MCLEOD C W，et al. Characterisation of inclusions in clean steels via laser ablation-ICP mass spectrometry［J］. ISIJ International，2004，44(11)：1859-1866.

［15］ARAYA A，MIO N，TSUBONO K，et al. Optical mode cleaner with suspended mirrors ［J］. Applied Optics，1997，36(7)：1446-1453.

第 ⑤ 章

激光清洗在电子元器件中的应用

5.1 激光清洗电子元器件的起源

在电子线路板的制造中,伴随着蚀刻、沉积、喷镀过程而附着在线路板上的微小微粒等污染物会极大地降低电子效率,甚至引起元器件的损坏。这些附着的微粒包括制造过程中的硅、氧化硅、氧化铝和聚苯乙烯等。细微微粒会造成大规模集成电路、微型高密度存储设备短路或者性能明显降低,导致微型机械表面产生划痕甚至裂纹等致命损伤,是半导体、微电子、微型机械等高新技术中迫切需要解决的问题。随着半导体和微电子设备尺寸越来越小,所需要去除的微粒也越来越小,以致达到微米、亚微米量级[1-2]。而这么小的污染微粒,附着在线路板上的黏附力远大于它的重力,给清洗带来了极大的困难。

二十世纪七八十年代,美国 IBM 公司进行了大量的光刻技术研究和开发,其中电子束平版印刷(EBP)技术,具有电子束的高分辨率和套刻能力,印刷速度又快,非常适合于存储芯片的高速量产[3]。这种技术是先制造一个掩模版,再用电子束以 1∶1 的比例将掩模版上的图案投影到光刻胶上。掩模版是由硅晶片制造的,是 EBP 光刻技术的关键。当时掩模版图案的最小线宽是 $0.3~\mu\mathrm{m}$。

接着就是光刻曝光过程,掩模版被投影到基片上。以 1∶1 的复制比例将掩模图案印刷到基片上。在印刷过程中,如果掩模版有污染,比如存在任何尺寸大于最小线宽 1/4 的缺陷包括污染微粒,都会导致印刷的失败。当时(二十世纪八十年代中期)动态随机存取存储器(DRAM)的线宽大约为 $1~\mu\mathrm{m}$,如果掩模版上有大于 250 nm 直径的微粒,就会对印刷质量带来影响,所以必须将掩模版上的污染微粒清除掉。$1~\mu\mathrm{m}$ 大小微粒的黏附力,包括范德瓦耳斯力、静电力或毛细作用力,大约

是其重力的 10^6 倍[4]。

对于较大直径的污染微粒,传统、简单、实用的清洗方法是水洗,但是对于 $1~\mu m$ 大小及更小的微粒,水洗难以奏效。所以,IBM 公司的研究人员尝试采用新的方法,比如用超声波清洗技术去除掩模版上的微粒,但是,膜层会立即破裂,进而再次污染掩模版。他们还尝试了一些其他的清洗方法,效果也不好。

1982 年,德国 IBM 德国制造技术中心(German Manufactureing Technology Center,GMTC)的扎卡(W. Zapka)发现,在短脉冲激光照射下,附着的微粒可以被清除掉,而不损伤硅掩模版面的图案。此后,扎卡和唐(A. C. Tam)在美国的 IBM 阿尔马登实验室尝试了蒸气式激光清洗。相对于"干式"激光清洗来说,微粒去除更加干净,效率也更高[5-6]。此后,进一步的研究和应用表明,激光清洗可以比较容易、高效地解决掩模版上的微粒清除问题,是目前最有效的清洗方法。

对半导体材料上的微粒,包括掩模版上的硅、氧化硅、金属球等污染物,电子线路板上的各类灰尘,在清洗过程中要保证基底安全、绝缘,激光清洗技术是相对合适的一种技术。

5.2　激光清洗微电子元件的主要机理

5.2.1　微粒的黏附

由第 3 章可知,细微微粒在基底表面的附着力主要有三种:范德瓦耳斯力、毛细力和静电力[7-8]。

当基底表面干燥,而且基底表面上的微粒尺寸小于几微米时,微粒与基底表面的主要附着力是范德瓦耳斯力。范德瓦耳斯力的存在会进一步导致应力的产生。

当基底表面潮湿时,微粒与基底之间空隙处会积聚很薄的液体层,液体层使得微粒与基底之间产生的主要凝聚力变为毛细力。其大小为[9]

$$F_c = 4\pi\sigma r$$

式中,σ 为液体的表面张力系数,r 为微粒半径。

由于微粒与基底之间存在电荷输送,两者带有异号电荷,因而有相互吸引的双层静电力,可按下式计算[9]:

$$F_e = (\pi\varepsilon U^2 r)/z$$

式中,ε 是介电常数,U 是接触电势,r 是微粒半径,z 是微粒与基底之间的微观间隙。

由上面计算可得,附着力与微粒的尺寸有关,F_e 正比于 r,微粒质量正比于 r^3,由牛顿第二定律 $a = F_e/m$,可得 a 正比于 r^{-2}。微粒尺寸越小,清除它所需的力越大,清除就越困难。

5.2.2　近场光学聚焦现象

激光清洗微电子元件上的微粒时,由于微粒大小和所使用的激光波长数量级接近,所以就出现了一种特殊的现象——近场光学聚焦现象[10],这种现象在很大程度上影响着微电子元件的激光清洗效果。如图 5.2.1 所示,当激光入射到清洗对象时,小微粒的作用类似于一个透镜,对激光产生聚焦作用,因此中心的光强远远大于入射光强,这就是近场聚焦现象。近场聚焦现象增强了基底的热膨胀,同时因为局部光强过大,有可能导致基底的损伤。

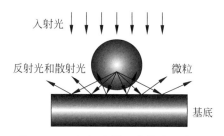

图 5.2.1　近场光学聚焦效应示意图

对于尺寸小于 100 nm 的微粒,其下方基底上的近场区域内,激光强度可以增强几十倍,近场聚焦效应明显。卢克扬楚克(Luk'yanchuk)等[11]对亚微米微粒的这种强烈的近场聚焦效应做了理论分析。莫斯巴彻(Mosbacher)等[12]对其做了实验验证。

5.2.3　干式激光清洗微粒的机理

干式激光清洗微粒,是激光直接辐照基底的表面,基底或微粒受热瞬时膨胀产生巨大的反弹力去除微粒。对于基底对激光强吸收而微粒弱吸收、基底弱吸收而微粒强吸收、基底与微粒都强吸收时,都有较好的清洗效果[13-14]。

基底对激光强吸收而微粒透明或弱吸收时(图 5.2.2(a))。基底迅速吸热快速膨胀,吸附在基底表面的微粒短时间内获得速度和加速度,脉冲过后,基底快速冷却收缩,微粒由于惯性因素脱离基底表面。在能量密度均匀的脉冲激光辐照下,基底表面温度升高可近似描述为[15]

$$\Delta T = (1 - R)F/(\rho c \mu) \qquad (5.2.1)$$

式中,R 为基底表面对激光的反射率,F 为激光能密度,ρ 和 c 分别为基底的密度和比热容;μ 为基底在激光作用过程中的热扩散长度。基底表面由温度升高而引起的法向热膨胀量为[15]

$$H = \alpha \mu \Delta T = (1 - R)F\alpha/(\rho c) \qquad (5.2.2)$$

式中,α 为材料的热膨胀系数。虽然热膨胀量很小,但因脉冲时间很短,微粒获得的加速度很大,因而可以将微粒去除。

微粒对激光强吸收而基底弱吸收时(图 5.2.2(b))。在激光辐照下,微粒吸收能量后快速升温,微粒内的温度升高不均匀,距离辐照表面越远,温度升高越小。温度的快速升高使微粒快速热膨胀,在微粒内引起热应力,其数值等于单位面积上的附着力,根据应力与应变的关系,可推导得到清洗条件为[14-15]

$$\frac{\sigma(d,t)}{E} + r\Delta T(d,t) = \varepsilon(d,t) > 0 \tag{5.2.3}$$

式中：σ、ε、ΔT 分别为 t 时刻接触点微粒表层的热应力、相对位移、升高的温度；E 为微粒的弹性模量；r 为微粒的热膨胀系数。

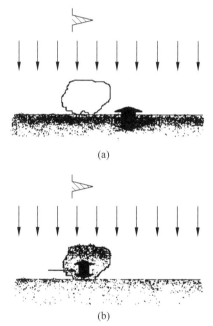

(a)

(b)

图 5.2.2　干式激光清洗两种极端情况的图示

（a）仅基底吸收；（b）仅微粒吸收

5.2.4　湿式激光清洗微粒的机理

湿式激光清洗主要是通过液体吸热、沸腾、蒸发、爆炸带走要清除的微粒。湿式激光清洗相比干式激光清增加了因液体表面张力引起的去除微粒需要的阻力,因此具有更好的清洗效果,可以在更低的能量密度下清除更小的微粒,且不易对基底造成损伤。例如干式激光清洗难以清除 Si 基底上 $0.5~\mu\mathrm{m}$ 以下的 SiO_2 微粒[16],而湿式激光清洗却可以有效去除 Si 基底上 $0.1~\mu\mathrm{m}$ 的 SiO_2 微粒[17]。

对于微米、亚微米级细微微粒,主要的黏附力是范德瓦耳斯力和毛细力[18]:

$$F_{ad} = \frac{hr}{8\pi z^2} + \frac{h\delta^2}{8\pi z^3} + 4\pi\sigma r \qquad (5.2.4)$$

湿式激光清洗需要通过喷嘴将液体薄膜沉积到被微粒污染的表面上,激光直接加热液体或基底吸收激光能量后再传热给液体,液体急剧升温并发生超急速暴沸,大量气泡成核并急剧变大挤压液体产生压力波,为微粒脱离提供强大动力,对半径为 r 的微粒产生的清洗力为[18]

$$F = \pi r^2 \times \sqrt{2c\rho f v(p_v - p_\infty)} \qquad (5.2.5)$$

式中,ρ 为液体密度,c 是压力波在液体中的传播速度,p_v 是气泡内蒸气的蒸气压强,p_∞ 是周围液体压强,f 是液体中气泡体积百分比,v 是气泡长大速度。式(5.2.5)是在假设液体是静止的、无黏性、不可压缩、无限延伸且气泡压力随时间不变的前提下推导而来的。激光加热微薄液体发生暴沸,这个过程短暂而复杂,热和流体严重偏离经典的热力学、动力学理论,这方面还有待进一步深入研究[19-22]。

对入射激光强吸收的基底材料和在入射激光波长下透明的液体薄膜,湿式激光清洗可以实现高清洗效率。不透明固体表面(硅或铬)上的液体(水或乙醇)薄膜受到纳秒脉冲激光辐射的加热而快速蒸发的过程中,其内部气泡有成核中的瞬时发展和相变,液体-固体表面的气泡成核和生长可能引起激光反射率损失[20]。通过热传导计算,可得出固体表面在爆炸蒸发发生之前达到了高于液体沸点数十摄氏度的温度。利用麦克斯韦-加内特(Maxwell Garnett)[23]的有效介质理论对理论上的瞬态反射信号进行分析,可以发现峰值瞬态压力可达 1 MPa。

在具有足够高激光通量的照射下,液体或基底界面处的气泡生长更有可能发生。在这种情况下,气泡内的蒸气压约等于液体温度下的饱和蒸气压。气泡生长速度的上限可以描述如下[18]:

$$v(T) = \left[\frac{2}{3}\frac{p_v(T) - p_\infty}{\rho_1(T)}\right]^{1/2} \qquad (5.2.6)$$

式中,$v(T)$ 和 $\rho_1(T)$ 分别是气泡生长速度和温度 T 下的液体密度,p_∞ 是环境液体压强。在液体与固体界面附近的区域中,许多生长的气泡充当蒸气层,其体积分数为 f,膨胀速度为 v,压缩其相邻液体并产生应力波。通过该蒸气层的膨胀获得的相邻液体的单位面积上的能量是

$$dE_v = (p_v - p_\infty)f v dt \qquad (5.2.7)$$

对于产生的应力波,单位面积的能量由下式计算:

$$dE_w = \frac{p^2}{2\rho c}dt \qquad (5.2.8)$$

式中,ρ、c 和 p 分别是液体密度、传输速度和应力波压强。根据能量守恒,气/液界面处的应力波压强为

$$p = \left[2\rho c (p_v - p_\infty) f v\right]^{1/2} \qquad (5.2.9)$$

为了去除微米和亚微米级微粒,在这个短的行进距离之后可以忽略压力衰减,并且可以容易地计算由该压力对具有半径为 r 的黏附微粒引起的清洗力。

湿式激光清洗中的一个特例,是将液体逐渐喷洒在基底表面,需要控制液体的射流来控制液膜的厚度,使得激光辐照后液膜立即汽化,所以又称为蒸气式激光清洗。而一般的湿式激光清洗是直接将衬底浸在高湿度的液体中,不需要在清洗中控制液膜厚度。

陈浩等[24]模拟了 CO_2 脉冲激光湿式清洗印刷电路板,模拟中使用了这样的假设:忽略激光的脉冲宽度对过程的影响,激光光束均匀。水膜厚度为 10 μm,光斑的半径为 5~10 mm,由于光斑的半径远大于水膜的厚度,所以可用准二维的方法来模拟。这样可减少计算量,对精度的影响也比较小。激光脉冲能量密度是 1 J/cm^2,由于水对 CO_2 激光的吸收系数很大,快速升温到 300℃,内部的瞬时压强可以达到 10 MPa,水膜剧烈膨胀产生爆炸。此外模拟结果还表明,水膜中的压强峰值约为 6 MPa,液体内部比表面的压强大,而且下降得比较慢。印刷电路板附近的压强在 100 ns 以内大于 5 MPa,100 ns 以后下降得比较快,在 100 ns 时,水膜的变形已经很大,因此脉冲宽度应该控制在 100 ns 以内,否则脉冲能量将无法有效利用。此外还发现水膜爆炸产生的压强远远大于微米级微粒的吸附压强,比半径 0.1 pm 的微粒的吸附压强大,所以在这种假设的条件下,可以轻易地清除微米级的微粒,对于 0.1 μm 级的微粒也可以进行清洗。由于印刷电路板基板材料的破坏阈值一般为几十兆帕,因此水膜由于激光作用发生爆炸所产生的压力不会对印刷电路板基底产生破坏。

5.3　干式激光清洗电子元器件

自从 1991 年扎卡和唐报道了干式激光清洗微粒以来[5-6],在随后的十来年中,人们对干式激光清洗微粒进行了深入研究,并将之应用于电子掩模版的清洗中。波长、脉冲宽度、能量密度、入射角对清洗效果都有影响。研究的基底大多是 Si,主要是因为半导体工业的微粒去除最迫切,其他的基底包括 PI、PMMA、Ge、NiP、锂、石英玻璃等。研究的微粒材料有 S、Cu、W、SiO_2、Al_2O_3、橡胶等,形状有球形、扁平形以及无规则形状,尺寸从几十纳米到几百微米[15]。

1. 激光能量密度

激光能量密度对清洗的效果起着重要作用。陆(Lu)等[14,16]的研究表明,激光清洗时具有清洗阈值与损伤阈值。能量密度低于清洗阈值时,清洗效率几乎为零;能量密度高于清洗阈值后,随着激光能量密度的增加,清洗效率会上升;而当能量密度高于损伤阈值时,基底会产生损伤。所以,为了避免基底损伤,能量密度需要控制在清洗与损伤阈值之间。陆永峰等使用波长为 248 nm,脉冲宽度为 23 ns,最大脉冲重复频率为 30 Hz 的 KrF 准分子激光器清洗 Si 衬底上的微粒。实验发现,调整激光能量密度从 $0\sim350$ mJ/cm^2 变化,激光清洗效率随激光能量密度急剧增加,激光能量密度超过 350 mJ/cm^2 时,基底会发生热损伤。

探究激光能量密度等参数对清洗效果影响时可利用图像处理技术,这种方法高效、快速、准确。王续跃等[25]使用波长为 248 nm 的 KrF 准分子激光器对抛光硅片上 1 μm 大小的 Al_2O_3 微粒进行清洗实验。激光参数:波长 248 nm、脉冲宽度 30 ns、频率 5 Hz,统计微粒数准确度在 97.6%,统计清洗效率的准确度在 99.2%。由实验结果可知,清洗效率随激光能量密度的增加而增加,激光能量密度为 30 mJ/cm^2 时开始有清洗效果,激光能量密度为 90 mJ/cm^2 时清洗效率高达 89.4%,随着能量密度的继续增加,清洗效率在 90% 左右基本稳定。

2. 激光波长

激光波长影响基底、微粒对激光的吸收率,从而影响去除效果。

傅里叶(Fourrier T.)等[26]用 KrF 准分子激光器(Lambda Physik LPX 205)清洗 PMMA 基底上的 PS 和 SiO_2 微粒。探究了波长为 248 nm 与 193 nm 时的清洗情况。激光参数:最大脉冲能量 470 mJ、脉冲长度约 31 ns、重复频率 $1\sim30$ Hz。波长为 248 nm 时,PMMA 基底对激光几乎透明,用它清洗 PMMA 上的透明微粒 SiO_2 基本没有去除效果;而 PMMA 对波长为 193 nm 的激光的吸收能量密度约为 25 mJ/cm^2,20 个脉冲后 PMMA 上 400 nm 的 SiO_2 微粒的清除率达 80%。

宋(Song W. D.)[27]用 KrF 准分子激光器或 YAG 激光器清洗石英基底上的 Cu 微粒、硅树脂。实验使用空气传播微粒计数器实时监测固体表面上的有机污染物,测得 248 nm 的准分子激光清洗硅基底上硅树脂的清洗阈值约为 20 mJ/cm^2;而通过光学显微照片观测得到清洗阈值约为 16 mJ/cm^2。再使用 1064 nm、532 nm 和 355 nm 的 Nd:YAG 激光研究波长对 Si 衬底上硅树脂的清洗阈值的影响。当采用 355 nm 激光清洗时,清洗阈值约为 92 mJ/cm^2,采用 532 nm 激光时清洗阈值 122 mJ/cm^2,采用 1064 nm 时清洗阈值为 540 mJ/cm^2。可见,清洗阈值随着激光波长的增加而增加。实验还测量了 355 nm、532nm 和 1064 nm 不同波长下在石英衬底上激光清洗不同尺寸的 Cu 微粒的清洗阈值。通过空气悬浮微粒计数器检测微粒获得的清洗阈值接近光学显微照片得到的清洗阈值。从实验结果可以看出,石英衬底上 Cu 微粒的清洗阈值随着激光波长的增加而增加。因此,对于硅树脂与铜微粒的激光清洗,355 nm 的激光清洗效果最好,532 nm 的效果次之,而 1064 nm 的效果最差。一般情况下,波长越短,材料对激光的吸收率越高,清洗效率越高[28]。

3. 激光脉冲宽度

激光脉冲宽度影响材料的热扩散长度及作用时间,从而影响去除效果。多普勒(Dobler)等[29]使用倍频($\lambda = 532$ nm)Q 开关 Nd：YAG 激光清洗硅晶片,激光脉冲宽度为 $10 \sim 20$ ns。研究发现,微粒加速度随脉冲宽度变化,没有理论模拟中采用标准高斯光预计得那么强烈,因为激光脉冲形状不是理想的高斯光,但可确定脉冲宽度越短,则微粒获得的加速度越大,微粒越容易清除。拟合曲线可得到微粒能够获得的最大加速度与脉冲宽度的平方成反比,而同时脉冲宽度过短,能量在表层积聚,也容易造成基底损伤。

4. 脉冲次数

傅里叶和宋等[26-30]研究了脉冲次数对清洗效果的影响。傅里叶用波长为 193 nm,能量密度为 25 mJ/cm^2 的 KrF 准分子激光清洗 PMMA 表面 400 nm 的 SiO$_2$ 微粒,单个脉冲清洗效率为 35%,在 SEM 图像中没有观察到形态变化,5 个脉冲后清洗效率达 80%,继续增加脉冲次数至 20 个,清洗效率没有明显增加。可见开始时清洗效率随着脉冲次数增加而增加,但脉冲次数对清洗效率的影响有饱和性,开始的脉冲清洗效率较高,后面的脉冲清洗效率低,脉冲达到一定数量后不再具有清洗效果。宋[27]用 KrF 准分子激光器或 YAG 激光器清洗石英基底上的 Cu 微粒时,波长为 355 nm、脉冲持续时间为 7 ns,激光能量密度为 643 mJ/cm^2 时,在 5 次脉冲清洗期间记录从样品中喷射的微粒数。发现检测到的微粒数量随着脉冲的增加而减少。在 50 次脉冲后,检测到的微粒数接近于零,这意味着大多数微粒已经被除去。

5. 激光入射角的影响

虽然短脉冲激光能有效清除细微微粒,但因为激光光斑尺寸较小,清洗速度相对较低,且激光对基底的过度辐照会引起基底的损伤,福里克(Vereecke)和李(J. M. Lee)等[31-32]的研究表明,在面积和能量不变下,增大激光的入射角,清洗效率显著提高。激光垂直入射时,若微粒对激光不透明,微粒正下方的表面会被遮住,不能被激光直接照射。而增大入射角时,激光束可以直接照射微粒的下方,从而在微粒和基底的交界面处发挥作用,且不同入射角时的黏附力和激光引起的清洗力也会有所不同,清洗效率比垂直入射时有所提高。李等[32]用波长为 532 nm、脉冲宽度为 10 ns 的 Q 开关 Nd：YAG 激光清洗铜基底上直径约 10 μm 的铜微粒,入射角为 10°和 90°时的清洗区域分别为 1.35 cm^2 和 0.13 cm^2,大约是 10 倍的关系。这意味着在掠入射时,清洗效率要大得多。10°时的实际激光能量密度为 0.10 J/cm^2,远小于 90°时的能量密度 1.08 J/cm^2。实验采用 10 个脉冲。垂直入射时,清洗阈值约为 0.15 J/cm^2,均匀增加激光能量密度,清洗效率提高,在 1.0 J/cm^2 的激光能量密度下清洗率达到 100%。然而,在约 0.8 J/cm^2 时基底就有了损伤,这意味着难以实现从表面完全去除铜微粒。掠入射时,清洗阈值约为 0.01 J/cm^2,比垂直入射时小一个数量级。清洗率同样随着激光能量密度的增加而提高,在 0.08 J/cm^2 以上时清洗率达到 100%。可见,在掠入射时的激光清洗效果更好,可以更容易和有效地从表面去除微粒,而不会导致基底损伤。

除此之外,对于一部分透明材料如石英,激光正面与反面入射对清洗结果有很大影响。正面入射时微粒下方的表面被遮住,温度升高较小;而从反面入射时微粒与基底接触处不会被遮住,温度升高较大。陆、宋等[14,33]的研究表明,反面入射的清洗率高于正面入射。陆等[16]使用波长为 248 nm、脉冲宽度为 23 ns、激光频率为 10 Hz 的准分子脉冲激光器对石英衬底进行 Al 微粒去除的实验。发现在激光功率密度为 50 mJ/cm^2 时,正反面的微粒清除率均接近于零,随着激光能量密度增大,清洗率上升。能量密度增大到 100 mJ/cm^2 时,虽然从正面对激光照射的清洗率仅为约 24%,但从反面进行激光照射时的清洗率为 100%,可见从反面照射的激光对于去除 Al 微粒比从正面照射更有效。实验换用更小的微粒,发现对于正面照射,较大的微粒比小微粒更难以除去,而通过反面照射更容易除去大微粒。

6. 材料的影响

基底与微粒的不同材料对激光的吸收率不同,从而影响清洗效果。郑[2]用波长为 248 nm、脉冲宽度为 23 ns 的准分子激光器,成功地清除了 Si、Ge、NiP 基底上的透明微粒 SiO$_2$,实验发现在干式激光清洗中表面粗糙度有重要影响,表面粗糙度导致黏附力降低。因此,随着粗糙度的增加,微粒可以很容易地去除。傅里叶[26]用波长为 248 nm、能量密度为 25 mJ/cm^2 的 KrF 准分子激光器为光源对聚酰亚胺(PI)基底与聚甲基丙烯酸甲酯(PMMA)基底的 SiO$_2$ 微粒和聚苯乙烯(PS)微粒进行激光清洗。发现 PI 基底上在激光小于损伤阈值时透过能量密度约为 19 mJ/cm^2,激光对于几百纳米的微粒具有很高的清洗效率,SP 微粒去除效率约为 (95±5)%,从 PI 中去除透明 SiO$_2$ 微粒与硅晶片的清洗率相当。而 PMMA 基底对 248 nm 激光几乎全通透,透过能量密度约为 160 mJ/cm^2,SP 微粒去除效率约为 80%,SiO$_2$ 几乎无法清除。

此外,陆[14]采用波长为 248 nm 的激光,成功清除了石英基底上的 Al 微粒。克瑞(Kerry)[34]用波长为 1.06 μm、脉冲宽度为 20 ns、能量密度为 650 mJ/cm^2 的激光清洗锂基底上微米级的钨微粒,100 个脉冲后清除率达 95%,而同样的激光参数对锂基底上橡胶微粒的去除率却不足 5%。这可能与材料的弹性模量成正比,橡胶的弹性模量远小于钨的。由此可见不同材料对激光清洗率的影响。

7. 微粒本身的影响

激光与微粒会相互影响。对于透明微粒,当激光波长和微粒尺寸接近时,由于光散射、光共振、近地效应、凸镜效应等,微粒与基底接触处的激光会大大加强,可以达到 1 个至 2 个数量级,这虽然利于微粒脱离基底,但同时也容易损伤基底。郑等[2]的研究表明,微粒对激光的加强作用与激光波长、微粒尺寸、激光入射角度、基底表面形貌等有关。不仅是球形微粒,不规则的 Al_2O_3 微粒也有光加强作用。

陆等[14]使用波长为 248 nm、脉冲宽度为 23 ns、最大脉冲重复频率为 30 Hz 的 KrF 准分子激光清洗 Si 衬底上的微粒时,发现不同微粒大小对清洗阈值有很大影响。对于尺寸分别为 0.5 mm 和 1.0 mm 的微粒,阈值激光能量分别约为 100 mJ/cm² 和 225 mJ/cm²。对于尺寸分别为 2.5 mm 和 5.0 mm 的较大微粒,阈值激光能量均低于 5 mJ/cm²。在实际应用中,激光能量密度不能超过 350 mJ/cm²,否则在照射区域的基底部分可能会发生热损伤。而陆等发现即使使用这种激光能量密度,激光干式清洗也不能完全去除 0.5 mm 的微粒。

傅里叶等[26]用 KrF 准分子激光器(Lambda Physik LPX 205)清洗 PI 基底上的 PS 和 SiO_2 微粒。发现通过 193 nm 和 248 nm 辐射可去除 PI 上的 400 nm 和 800 nm 的微粒,单脉冲效率高达(95±5)%;还可清除直径低至 110 nm 的球形微粒。在表面损伤阈值附近的单脉冲效率随着微粒尺寸减小而大大降低,对于最小的微粒清洗率仅为(10±10)%。

5.4　湿式激光清洗电子元器件

大量的实验表明湿式清洗的效率比干式清洗的效率更高。湿式激光清洗是在干式激光清洗的基础上,在需要清洗的微电子元件喷上一层薄液体后再进行激光清洗。因此对清洗效率的影响因素有相同的,如微粒大小、基底性质、脉冲宽度;但是也存在不同的因素,其中波长对清洗效率影响的原因与干式清洗就不同。而且液体薄膜的成分也是影响清洗效率的一个因素。本节主要介绍不同点。

1. 激光波长

激光波长影响基底、液体层对激光的吸收率,从而会影响清洗效果。

关于湿式激光清洗,IBM 公司的扎卡等[5]研究人员在 Si 表面沉积一层液体薄膜,然后再分别用紫外激光(脉冲宽度为 16 ns,波长为 248 nm 的 KrF 激光器)和红外激光(脉冲宽度为 10 ns,波长为 2.94 μm 的 Er：YAG 激光器)清洗表面尺寸大概为 0.35 μm 的 Al_2O_3 微粒和金属微粒。发现比干式清洗效率高了很多,因而,他们开始了湿式激光清洗硅板上的微粒的研究。

通过实验发现紫外和红外激光能同样有效地清洗 0.35 μm 的 Al_2O_3 微粒。但是只有紫外光能更有效和彻底地清洗更难清洗的金属微粒,红外激光只能部分清洗金属微粒,即使提高红外激光的能量密度也不能彻底清洗干净。而且随着能量密度的提高,可以观测到金属微粒开始融化。对于红外激光清洗,是液体薄膜吸热沸腾爆炸从而把微粒带走,而且很薄的液体层对于红外激光不完全透明,这使得激光在上面会发生反射,要清洗的金属微粒也对激光有较高的反射。而对于紫外激光清洗,主要是 Si 基底吸收热量从而使交界面处的液体薄膜爆炸,把各种各样的微粒清洗干净。因此,为了能更有效地清除微粒,一般选择适当的激光波长使基底吸收激光能量为主,而不是液体薄膜或者微粒吸收能量为主。

唐等[21]用不同波长的激光研究了 Si 基底上微粒的去除行为。液膜层为透明的水膜,基底强烈吸收波长为 248 nm 的激光能量后将热量传递给液体,基底与液体界面处的液体层过热发生暴沸,此波长下微粒的去除效果最好。对于波长为 10.6 μm 的激光,液体、基底都部分吸收,激光在液体中的穿透深度约 20 μm,所以若液体层厚度仅为几微米,部分激光被液体吸收,部分激光穿过液体层被基底吸收,基底吸收激光能量后再将热量传递给液体,基底和液体界面处的液体层过热发生暴沸,但因能量不够集中,要达到与 248 nm 激光同样的去除效果,需要更多的激光能量。对于波长为 2.94 μm 的激光,只有液体的上表面强烈吸收激光,所以只在液体上表面而不是基底和液体界面处发生暴沸,微粒去除效果不理想。

对于蒸气式激光清洗,莫斯巴彻等[35]使用 5 mW 的 He-Ne 激光对 Si 晶片上的球形 Al_2O_3 微粒进行蒸气式激光清洗实验。激光参数:频率 1 kHz、照射区域大小 100 μm、微粒直径 80~600 nm。在探究不同波长激光的清洗阈值的实验中,结果表明,对于脉冲宽度为 2.5 ns 的脉冲激光,以及对于波长分别为 532 nm 与 583 nm 的激光,清洗阈值都是 50 mJ/cm^2。不同激光参数的清洗阈值由气泡何时成核确定,注意到当波长减小到紫外时,会存在不同的清洗阈值。

国外的其他研究机构也分别用 KrF 准分子激光器、Er:YAG 激光器和 TEA CO_2 激光器对不透明的金属基底上的细微粒进行清洗,发现还是紫外波长的激光清洗效果更有效。现在大部分用于清洗微电子元件的激光是波长为 248 nm 的 KrF 准分子激光。这个波长的光能穿过水、乙醇或它们的混合物,使界面有效地吸收热量从而获得高的清洗效率。

2. 激光脉冲宽度

激光脉冲宽度会影响基底以及液体中的热扩散长度,从而影响清洗效果。脉冲宽度越短,则热扩散长度越短,液体与基底界面处的液体层过热程度增加,可以获得更大的清洗力,但脉冲宽度如果过短,可能会损伤基底表面。一般认为,纳秒激光效果比微秒激光的好,毫秒激光则基本没有清洗效果。

陆等[18]使用 5 mW 的 He-Ne 激光对 Si 晶片上的球形氧化铝微粒进行蒸气式激光清洗实验,对比了纳秒脉冲与皮秒脉冲激光清洗效果的不同。当脉冲持续时间从纳秒减小到皮秒时,脉冲作用期间在 Si 晶片中深度扩散的热能量降低,裸 Si 表面的熔化阈值将略微降低;较短的脉冲长度会影响气泡的成核。当应用皮秒脉冲时,由于较短的脉冲长度,可以实现更高的液体温度,导致更高的气泡生长速度并因此具有更高的清洗效率;如果液体层的加热发生在比皮秒脉冲持续时间和 Si 的时间加热更长的时间尺度上,将导致清洗阈值的小幅降低。

实验结果表明,同为纳秒脉冲激光,2.5 ns 与 8 ns 脉冲清洗阈值均为 50 mJ/cm^2,但对于 2.5 ns 脉冲,能量密度达到约 75 mJ/cm^2,清洗率超过 90%;对于 8 ns 脉冲,能量密度需要达到约 100 mJ/cm^2。至于皮秒脉冲,陆等[18]发现了更低的清洗阈值,约 20 mJ/cm^2。而 Si 晶片熔化开始的阈值约为 220 mJ/cm^2。可见皮秒脉冲可以在能量密度低于熔化阈值 1/3 的情况下进行有效的清洗。清洗阈值的降低以及通过施加皮秒脉冲可以有效去除微粒这一事实表明,基底加热的时间不会太长,不会有足够的热扩散到液体中。

3. 激光能量密度

激光能量密度影响液体或基底对能量的吸收,从而影响清洗效率。莫斯巴彻和陆等[17-18,35]的研究表明,湿式、蒸气式激光清洗同样存在清洗阈值与损伤阈值。能量密度低于清洗阈值时,没有清洗效果;能量密度高于清洗阈值后,随着激光能量密度的增加,清洗效率也会不断增加;而能量密度高于损伤阈值时,基底会产生损伤。

4. 液体薄膜

液体的物性影响微粒的去除效果,目前使用的液体薄膜主要是水、乙醇、甲醇、异丙醇或它们的混合物,它们的微粒去除阈值和去除效率的具体值不同,但影响规律是相似的[18,21]。对于不同基底、不同种类和大小的微粒都有一个最佳液体薄膜的选择,这需要通过实验找到最优化的液体成分。IBM 研究机构的唐[21]通过实验发现,在使用 KrF 准分子激光器的条件下,硅基底上较大的 Al_2O_3 微粒使用纯乙醇液体清洗效果较好,较小的 Al_2O_3 微粒使用水清洗效果较好。

唐等[21]的研究表明,总体而言,水作为激光清洗的液膜的效果好于乙醇,但水的表面张力较大因此不容易浸润基底表面,从而难以形成连续的液膜层。若采用水和 10%～20% 的甲醇、乙醇或异丙醇溶液可以获得更好的清洗效果,加入甲醇、乙醇或异丙醇的目的主要是增加基底表面的湿润度,以便在基底表面形成连续、均匀的液膜层。

陆等[18]通过计算,发现使用 248 nm 波长和 23 ns 的激光清洗硅表面微粒,使用丙酮和乙醇两种液膜,对于尺寸为 1 μm 的微粒,清洗激光能量密度阈值分别为约 80 mJ/cm² 和 90 mJ/cm²。对于粒径为 0.3 μm 的微粒,在激光照射期间使用乙醇作为液膜可以具有较小的清洗阈值。由于两种液膜的热力学性质存在一些差异,这两种液体的清洗行为是不同的。随着激光能量密度的增加,清洗力和黏附力之间的差异在乙醇膜上比丙酮膜更快的增加。这种大的力差将导致高的清洗效率。

5. 微粒材料、尺寸

莫斯巴彻、陆、朗等[12,17-18,35]的研究表明,对不同材料、尺寸的微粒,在液体性质、激光参数相同或相近的情况下,蒸气式(湿式)激光清洗具有几乎相同的清洗阈值,该值对应于液体开始暴沸需要的能量密度,与气泡成核的开始与长大等性质有关,与微粒的材料及尺寸关系并不大。莫斯巴彻等用波长为 532 nm、脉冲宽度分别为 8 ns 和 2.5 ns,以及波长为 583 nm、脉冲宽度为 2.5 ns 的激光,清洗晶体 Si 基底上直径为 60~800 nm 的 Al_2O_3 微粒,发现清洗阈值基本都在 50 mJ/cm²,说明存在同样的去除阈值。朗等用波长为 532 nm、脉冲宽度为 8 ns 的激光对 Si 基底上 PS 微粒进行激光清洗实验,实验用微粒直径为 140~1300 nm,使用的液膜分别为水和异丙醇,同样发现两种液膜层分别存在着一样的清洗阈值。

罗菊等[36]研究了 Si 基底上 Al 微粒的激光清洗,采用 Nd∶YAG 脉冲电光调 Q 激光器,脉冲宽度为 12.8 ns,重复频率为 5 Hz,单脉冲能量为 430 mJ。在多脉冲作用下,发现大微粒会发生破碎而转变成小微粒,一些微粒达到熔点后发生相变形成光滑球体。他们认为这是激光照射后产生的等离子体的热力学效应作用的结果。

由前面的分析可以看出在微电子元件的激光清洗中,有各种因素影响实际的清洗效果,这就需要在具体应用时针对实际情况和清洗要求,合理地选择清洗模式和参数,以达到更高的激光清洗效率。

5.5 激光清洗电子元器件的应用情况

通过大量的实验研究,激光清洗微电子元件已经进入实际应用的阶段。本节将简单介绍实际应用的情况。

1. 激光清洗聚酰亚胺薄膜、电子线路板、硅片

使用准分子激光剥离有机聚合物的技术发展迅速,如今已贯穿电子元器件封装的全过程。聚酰亚胺薄膜是高速度、高密度电子元件多层封装薄膜内部连接结构的介电材料。用准分子激光可以清除 Ti、Cr、W、Ni 和 Pb 等微粒对聚酰亚胺薄膜的污染。准分子激光同时还能清洗微电子系统电路表面的 Cu_2O 钝化薄膜。硅

片表面的 Al_2O_3、SiO_2 和 PSL(聚苯乙烯乳胶)微粒用多模脉冲 CO_2 激光器清洗效果不错[37-39]。利用飞秒激光烧蚀硅材料表面得到抗反射结构,不仅可以有效消除激光表面的氧化层,而且可以制造出小尺度微米结构。应用聚焦椭圆激光光斑,可实现大面积和能量连续衰减的多重激光清洗,解决了清洗过程中产生新氧化层的问题[40]。用调 Q 开关 Nd：YAG 激光器去除锆基板上的铀二氧化物和钍二氧化物微粒,该过程还可尽量减少二次废物的产生,已成为消除放射性表面污染的最具吸引力的技术。使用 Nd：YAG 激光作用于浸在水中的晶圆片背侧,激光能量在晶圆中引起激波,激波传输到水中,产生一个流动的气泡流。冲击波和气泡流能去除 $0.5\ \mu m$ 的 Al_2O_3 微粒。使用脉冲能量为 2 mJ 和脉冲持续时间 100 ns 的 Nd：YAG 激光器用于碳清洗实验[41-42]。激光清洗后金膜下的表面粗糙度没有任何变化。利用纳秒脉冲 Nd：YAG 激光对熔融石英衬底金层进行激光清洗研究。研究了脉冲宽度、光束入射角、光斑重叠、激光强度和通道数对清洗效率的影响。结果表明,在 3 min 内,激光可以有效地清洗干净沉积厚度为 48 nm 的金层。虽然激光冲击波清洗工艺提供了一个有前景的替代传统干洗工艺纳米级微粒去除的方法,但其对有机微粒去除一直无法解释。该工作[43-45]从物理上阐明了在硅基板上使用聚苯乙烯乳胶微粒的激光冲击清洗去除有机微粒无效的原因。光学元件表面污染会使激光光束质量变差,并对光学元件造成损伤。微粒和油脂污染是光学表面常见的两种污染。在这项工作中,采用 1064 nm 激光诱导等离子激波清洗技术去除 K9 玻璃表面的 SiO_2 污染微粒,结果表明,去除率可达 95% 以上。利用 KrF 准分子激光去除硅片表面光刻胶的激光清洗技术,接触角测量结果表明,清洗效率达 90% 以上[46]。

2. 集成电路组件消闪和退标

随着 IC 集成度提高,针脚越来越多,孔也越来越小。传统的清洗方法难以清除小孔中的模闪(moldflash),即细微黏连。用准分子激光消闪(deflash)具有明显的优势,成为最适合的消闪技术。使用波长为 532 nm、脉冲宽度为 7 ns 的 Nd：YAG 激光器清洗 $7\ \mu m$ 的模闪,如图 5.5.1(a)所示,发现激光能量密度为 300 mJ/cm^2 时,4 个脉冲就能完全清洗干净模闪,如图 5.5.1(b)所示。在使用激光退标(demarking)的同时也把标记表面的灰尘、油脂和氧化物等清除干净了,而且再标记的耐久性更好[47]。

3. 激光清洗喷墨打印的软性电路

随着印刷技术的发展,为了获得更好的印刷质量,喷墨孔变得越来越小。这使得去除污染物变得越来越重要。图 5.5.2 显示的是聚酰亚胺薄膜上的软性电路在激光清洗前后的效果对比。其中图(a)的黑线是污染区域,图(b)是放大的污染区域,可以看到有很多微小的喷墨孔。用激光清洗只要把清洗面积定位在细小的喷墨孔周围区域,激光就不会和导电电路相互作用。激光清洗能不损坏聚酰亚胺薄

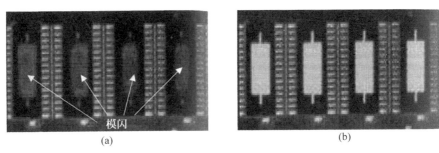

(a)　　　　　　　　　　　　　(b)

图 5.5.1　Nd：YAG 激光器清洗模闪示意图

膜和导电电路,高效、高产、低成本地清洗喷墨打印的软性电路[48-49]。采用波长为
1.06 μm（Nd：YAG）和 10.6 μm（CO_2）的激光直接和间接烧灼的方法可对纸基
表面导电铝膜(25 nm)选择性去除。用激光脉冲对纯天然和人工污染的纸张样品
进行处理,测定不同激光处理条件下纯纸和污纸的损伤阈值和清洗阈值,实验结果
表明,飞秒激光辐射比纳秒情况下清洗效率更高[50-51]。

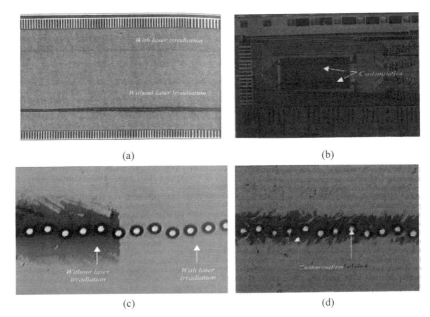

(a)　　　　　　　　　　　　　(b)

(c)　　　　　　　　　　　　　(d)

图 5.5.2　激光清洗聚酰亚胺薄膜上的软性电路

4. 激光清洗光电器件

有前景的纳米电子和光电子材料受到了广泛的研究。这些光电材料表面吸附
了大量的氧和水分子,降低了设备的性能,从而阻碍了精确的应用。通过激光照射
光电材料器件并探究对传输和光响应的影响,表明这种激光作用过程是一种直接

去除物理吸附污染的有效方法[52]。

　　以上介绍表明：激光清洗为微电子行业中器件尺寸小、细小微粒不容易清除的情况提供了一种有效且可靠的技术。同时激光清洗不存在对基底材料的磨损和腐蚀，环保性能良好，还能在狭窄空间进行清洗作业。可以预见，随着激光清洗技术的发展，它在微电子元件清洗领域中的应用会更加广泛和深化。

参考文献

[1] ZHAO Z M. The application of laser cleaning technology in microelectronics in industry field[J]. Cleaning Technology,2004,2(8)：29-34.

[2] ZHENG Y W，LUKYANCHUK B S,LU Y F,et al. Dry laser cleaning of particles from solid substrates experiments and theory[J]. Journal of Applied Physics,2001,90(5)：2137-2142.

[3] MAUER J L，PFEIFFER H C，STICKEL W. Electron optics of an electron-beam lithographic system[J]. IBM Journal of Research & Development,1977,21(6)：514-521.

[4] MITTAL K L. Particles on surfaces，detection，adhesion and removal，Vol. 1[M]. New York：Plenum Press,1988.

[5] ZAPKA W，ZIEMLICH W,TAM A C. Efficient pulsed laser removal of 0. 2 μm sized particles from a solid surface[J]. Applied Physics Letters,1991,58(20)：2217-2219.

[6] TAM A C，DO N,KLEES L,et al. Explosion of a liquid film in contact with a pulse-heated solid surface detected by the probe-beam deflection method[J]. Optics Letters, 1992, 17(24)：1809-1811.

[7] KELLEY J D，HOVIS F E. A thermal detachment mechanism for particle removal from surfaces by pulsed laser irradiation[J]. Microelectronic Engineering, 1993, 20(1-2)：159-170.

[8] MITTAL K L. Particles on surfaces[M]. New York：Marcel Dekker,1995.

[9] KANE D M. Laser cleaning II[M]. Singapore：World Scientific,2006.

[10] BORN M,WOLF E. Principles of optics[M].7th ed. Cambridge：Cambridge University Press,1999.

[11] LUK'YANCHUK B S，HUANG S，HONG M H. 3D effects in dry laser cleaning[J]. Proc. SPIE,2002,77(2)：4760.

[12] MOSBACHER M，CHAOUI N,SIEGEL J,et al. A comparison of ns and ps steam laser cleaning of Si surfaces[J]. Applied Physics A,1999,69(1)：S331-S334.

[13] 古海云.ULSI硅单晶衬底片表面吸附微粒机理及去除技术研究[D].天津：河北工业大学,2001.

[14] LU Y F，SONG W D,LOW T S. Laser cleaning of micro-particles from a solid surface-theory and applications[J]. Materials Chemistry and Physics,1998,54(1)：181-185.

[15] 陈菊芳,张永康,孔德军,等.短脉冲激光清洗细微微粒的研究进展[J].激光技术,2007,

31(3)：301-305.

[16] LU Y F，ZHENG Y W，SONG W D. Laser induced removal of spherical particles from silicon wafers[J]. JAP,2000,87(3)：1534-1539.

[17] MOSBACHER M，DOBLER V，BONEBERG J，et al. Universal threshold for the steam laser cleaning of sub-micron spherical particles from silicon[J]. Applied Physics A,2000, A70(6)：669-672.

[18] LU Y F，ZHANG Y，WAN Y H，et al. Laser cleaning of silicon surface with deposition of different liquid films[J]. Applied Surface Science,1999,138(1)：140-144.

[19] TAM A C，PARK H K，GRIGOROPOULOS C P. Laser cleaning of surface contaminants [J]. Applied Surface Science,1998,127-129：721-725.

[20] YAVAS O，LEIDERER P，PARK H K，et al. Optical reflectance and scattering studies of nucleation and growth of bubbles at a liquid-solid interface induced by pulsed laser heating [J]. Physical Review Letters,1993,70(12)：1830.

[21] TAM A C，LEUNG W P，ZAPKA W，et al. Laser-cleaning techniques for removal of surface particulates[J]. Journal of Applied Physics,1992,71(7)：3515-3523.

[22] JIN R X，HUAI X L，LIU D Y. The applicability of classical theory for rapid transient explosive boiling[J]. Journal of Engineering Thermo Physics,2003,24(6)：1013-1015.

[23] MARKEL V A. Introduction to Maxwell Garnett approximation：tutorial[J]. Journal of the Optical Society of America A,2016,33(7)：1244-1256.

[24] 陈浩,朱海红,程祖海.激光湿式清洗印刷电路板推力的数值模拟[J].中国激光：2006,33（增刊）：432-434.

[25] 王续跃,许卫星,司马媛,等.利用图像处理技术评价硅片表面清洗效率[J].光学精密工程，2007,15(8)：1263-1268.

[26] FOURRIER T，SCHREMS G，MUHLBERGER T，et al. Laser cleaning of polymer surfaces[J]. Appl Phys,2001,A72(1)：1-6.

[27] SONG W D，HONG M H，LEE S H，et al. Real-time monitoring of laser cleaning by an airborne particle counter[J]. Applied Surface Science,2003,208(2)：306-310.

[28] LI J C. Calculation of laser diffraction and heat interaction [M]. Beijing：Science Press,2001.

[29] DOBLER V，OLTRA R，BOOUILLON J P，et al. Surface acceleration during dry laser cleaning of silicon[J]. Applied Physics A-materials Science & Processing,1999,A69(7)：335-337.

[30] MOSBACHER M，MUNZER H J，ZIMMERMANN J. Optical field enhancement effects in laser-assisted particle removal[J]. Applied Physics A-materials Science & Processing，2001,A72(1)：41-44.

[31] VEREECKE G，ROHR E，HEYNS M M. Influence of beam incidence angle on dry laser cleaning of surface particles[J]. Applied Surface Science,2000,157(1)：67-73.

[32] LEE J M，WATKINS K G，STEEN W M. Angular laser cleaning for effective removal of

particles from a solid surface[J]. Applied Physics A-materials Science & Processing,2000, A71(6)：671-674.

[33] SONG W D, HONG M H,KOH H L,et al. Laser-induced removal of plate-like particles from solid surface[J]. Applied Surface Science,2002,186(1)：69-74.

[34] KERRY J D, STUFF M I,HOVUS F E,et al. Removal of small particles from surfaces by pulsed laser irradiation[J]. Proc SPIE,1991,1415：211-219.

[35] LANG F, MOSBACHER M,LEIDERER P. Near field induced defects and influence of the liquid layer thickness in steam laser cleaning of silicon wafers[J]. Applied Physics A,2003, A77(1)：117-123.

[36] 罗菊,冯国英,韩敬华,等.激光等离子体去除微纳微粒的热力学研究[J].物理学报,2020, 69(8)：084201.

[37] 徐世珍,窦红强,韩丰明,等.K9玻璃表面微粒污染物的激光清洗[J].实验室研究与探索, 2017,36(6)：5-8.

[38] 张魁武.激光清洗技术评述[J].应用激光,2002,22(2)：264-268.

[39] 陈东升.激光与聚合物的相互作用(Ⅲ)银选择性活化化学镀在聚酰亚胺薄膜上制作精细线路[D].上海：上海交通大学,2007.

[40] CHEN T，WANG W J,TAO T,et al. Multi-scale micro-nano structures prepared by laser cleaning assisted laser ablation for broadband ultralow reflectivity silicon surfaces in ambient air[J]. Applied Surface Science,2020,509：145182.

[41] KUMAR A，BISWAS D J. Particulate size and shape effects in laser cleaning of heavy metal oxide loose contamination off clad surface[J]. Optics and Laser Technology,2018, 106：286-293.

[42] TSAI C H, PENG W S. Laser cleaning technique using laser-induced acoustic streaming for silicon wafers[J]. Journal of Laser Micro Nanoengineering,2017,12(1)：1-5.

[43] SINGH A，CHOUBEY A,MODI M H,et al. Cleaning of carbon layer from the gold films using a pulsed Nd：YAG laser[J]. Applied Surface Science,2013,283：612-616.

[44] CHOUBEY A，SINGH A,MODI M H,et al. Study on effective cleaning of gold layer from fused silica mirrors using nanosecond-pulsed Nd：YAG laser[J]. Applied Optics, 2013,52(31)：7540-7548.

[45] YE Y Y, YUAN X D, XIANG X，et al. Laser cleaning of particle and grease contaminations on the surface of optics[J]. Optik,2012,123(12)：1056-1060.

[46] BAEK J Y, JEONG H, LEE M H，et al. Contact angle evaluation for laser cleaning efficiency[J]. Electronics Letters,2009,45(11)：553-554.

[47] WANG X，WU Z，ZENG K,et al. Vision orientation and laser scanning optical coaxial device of laser deflash machine,has telecentric field lens positioned on lower part of scanning head,at same vertical axis as central line of scanning head：CN201632772-U[P]. 2010-11-17.

[48] 徐修雷.激光打印文件检验分析[J].科学与信息化,2019,1：190-191.

［49］ 唐元冀.激光切割在工业上应用的现状[J].激光与光电子学进展,2002,39(1)：53-56.

［50］ RAHIMI R，OCHOA M，ZIAIE B. A comparison of direct and indirect laser ablation of metallized paper for inexpensive paper-based sensors［J］. Acs Applied Materials & Interfaces,2018,10(42)：36332-36341.

［51］ PENTZIEN S，CONRADI A，KOTER R，et al. Cleaning of artificially soiled paper using nanosecond,picosecond and femtosecond laser pulses［J］. Applied Physics A-Materials Science & Processing,2010,101(2)：441-446.

［52］ ZHANG S N，LI R J，YAO Z X，et al. Laser annealing towards high-performance monolayer MoS_2 and WSe_2 field effect transistors［J］. Nanotechnology,2020,31(30)：30LT02.

第 6 章

激光清洗在除漆方面的应用

6.1　激光除漆的基本介绍

　　涂装是工业生产以及日常生活中保护基底材料的重要手段,船舶、飞机、汽车、桥梁、家具、艺术品等表面都会涂覆漆层以防止基底受损。无论基底是钢铁、铝合金等金属材料,还是塑料、橡胶等非金属材料都需要涂装。涂有漆层的仪器设备、建筑设施、交通工具等经过一段时间后,由于受到环境的影响,涂装的油漆层会损坏,进而基底裸露造成损伤。为了避免基底受到腐蚀,需要进行定期重新涂装,其中除漆是再次涂装之前最为重要的工序。图 6.1.1 为轮船除漆作业示意图。

图 6.1.1　轮船除漆

传统的工业脱漆方式主要采用喷丸清洗、化学清洗、高压水射流清洗,小面积或者不规则元件也会用手工打磨方式即机械摩擦法除漆。

（1）机械摩擦法

利用一些专用的设备或手工工具,如钢丝刷、砂轮、砂布等,清除设备表面的漆层,这是一种最早的除漆方法。这种方法效率很低,清洗效果不佳,并且需要耗费大量人力,目前只用在设备中结构较为复杂的区域,并作为喷丸法的补充。

（2）喷丸法

利用高压空气泵喷射出砂粒、塑料球、金属粒等小丸作用在漆层上,产生强大的冲击力使漆层断裂进而脱落。喷丸法是目前效率最高、使用最为广泛的除漆方法,多用在大面积除漆的场合,如船舶等大型设备表面。图 6.1.2 为喷丸除漆的示意图,该方法在除漆过程中会产生大量的粉尘,且噪声很大,严重影响作业人员的身体健康。

图 6.1.2　喷丸除漆

（3）高压水射流法

通过高压泵将普通水加压到数十乃至上百兆帕的压强后,以 $200\sim500$ m/s 形成能量集中的高速水射流,喷射到设备表面来清除表面漆层,如图 6.1.3 所示。该方法存在的问题是清洗时需要大量的水作为介质,而且清洗后的设备表面容易迅速起锈。另外带有油漆碎片的污水处理也是一个问题,如果直接排放到江河湖海中,将给水资源带来污染;如果二次处理,则会增加很大的成本。通常为了提高清洗效率,一般在水里添加小的砂粒、塑料球、金属粒,与喷丸法结合使用,使环境污染问题变得更为严重。

图 6.1.3　高压水射流除漆

（4）化学试剂法

利用化学清洗剂，通过浸、喷、淋等方法与漆层发生化学反应来分解金属表面的油漆层，以达到除漆的目的。一般需要对表面进行多次处理，清洗周期长，清洗操作过程复杂，而且易对金属表面产生腐蚀。这些化学脱漆剂不能回收，会对土壤、河流造成二次污染，甚至可能会破坏大气层，危害人体健康。

以上几种除漆方法中，国内主要使用喷丸法和化学试剂法进行除漆，其中喷丸方法使用最为广泛。目前，工业领域中的除漆需求主要在船舶业和航空业。以船舶修造行业为例，随着我国经济的飞速发展和对外贸易的迅速增长，中国的船舶数量大幅增加，全国共有船舶维修企业近千家，大约 90% 的企业使用喷丸法除漆。而飞机等航空器对于安全要求很高，每隔一段时间就需要除漆重新涂装。以上几种除漆方法对环境都会造成严重的污染，同时影响经济的发展以及人类的健康。因此，搜索一种高效、低成本且环保的新除漆方法成为迫切需求。激光除漆法是一种有望替代传统喷丸法、化学试剂法和高压水射流法的新方法。它具有对船体无损伤、无需原料、零排放、低污染等优点。

早在 20 世纪 80 年代激光脱漆法就得到了研究人员的关注，其中最早尝试利用激光进行除漆的是美国的伍德卓飞（Woodroffe）等[1]，他们使用脉冲能量为 1 kJ、脉冲宽度为 20 μs、重复频率为 10 Hz 的 CO_2 激光器进行脱漆实验，验证了激光除漆的可行性。在随后的几十年中，有许多科研小组对激光除漆给予了充分关注，从激光器类型、激光波长、调 Q 方式的选择到峰值功率密度的控制等，进行了一系列的研究，使激光除漆技术取得了长足的进展，并且已经在生产实践中得到了实际应用。

6.2　激光除漆的理论研究

激光清洗方式主要有两类：干式激光清洗和湿式激光清洗。激光清洗的机制有烧蚀效应、振动效应、声波震碎（冲击波）效应、等离子体效应，以及光压效应。一般认为，对于激光除漆而言，干式激光清洗的效果优于湿式激光清洗的，因而被广泛采用。但是关于干式激光清洗的理论研究重点主要侧重于各种微粒的清除，而对于样品表面的薄膜、涂层的清除则相对较少。目前公认的激光除漆的效应主要是烧蚀效应、振动效应和冲击波效应三个方面。当激光能量密度足够高时，会产生烧蚀效应并且伴随着振动效应，以及冲击波效应，包含物理化学变化，当激光能量密度比较低时以振动效应、等物理变化为主，无论哪种机制遵循的都是激光与物质相互作用中的能量守恒定律以及牛顿运动定律。

烧蚀效应是激光辐照油漆引起油漆面温度升高，达到油漆的熔点、沸点甚至燃点以上，致使漆层熔化、汽化、燃烧或者发生分解反应，使漆层发生断裂或者分解而去除[2]。对于连续激光，热量会在油漆表层积聚导致温度上升；对于脉冲激光，油漆会被瞬间加热，然后吸收脉冲激光的能量后蒸发和消融。还有一类是激光使基底受热，通过形变使漆层脱落，这可归类于振动效应[3]。因此，在研究激光除漆机理中建立的多为热传导方程。阿卜杜拉（Abdullah）等[4]通过基底损伤分析指出，在低功率激光应用中，大多数涂层的主要分子成分发生化学键断裂，碳氧双键甚至碳单键与三个氧键发生交换和重新排列，这种光化学相互作用将使涂层表面断裂和增韧。在中高功率时，光热相互作用占优势，引发了涂层的热分解过程。

陈菊芳等[2]讨论了CO_2激光除漆的机理。对于CO_2激光，激光辐照基本不会引起油漆分子的光化学分解，因此，CO_2激光除漆的主要机理是油漆层瞬间燃烧和汽化，使漆层快速脱落，同时，热效应也会引起油漆层的快速热膨胀，实验中还有很少的漆层残留，再利用辅助气体氮气吹向基底表面，在激光除漆过程中，光束中心表面升高的温度 T_a 可近似按下式计算[3]：

$$T_a = \frac{2(1-R)F}{\kappa}\sqrt{\frac{at}{\pi}} \tag{6.2.1}$$

式中，$(1-R)$为表面对激光的吸收率，F 为平均激光功率密度，κ 为热传导率，a 是热扩散率，t 是激光作用时间。令 T_v 表示漆层的汽化温度，T_m 表示基底的熔点，$T_v < T_m$，为保证只除去漆层而不损伤基体，必须要求漆层温度 T_s 满足：$T_v \leqslant T_s \leqslant T_m$，即要求对应的平均激光功率密度：$F_v \leqslant F_s \leqslant F_m$，当 F_s 左边取等号时，就得到激光除漆的起始清洗阈值；F_s 右边取等号时，即激光清洗的基体损伤阈值。因此，当

激光功率满足上式条件时,就可以用激光除去漆层而不损伤基体。邹万芳等[5]认为纳秒脉冲激光去除油漆主要归因于热应力。他们通过求解一维热传导方程来计算温度获得理论损伤阈值,并定量分析了热应力,通过比较热应力与黏附力获得激光清洗的阈值条件,并采用 Q 开关 Nd：YAG 激光器进行实验验证了理论模型。

张志研等[6]认为,对于具有高重复频率的纳秒脉冲激光如脉冲 Nd：YAG 激光,由于激光脉冲短,一些固体油漆可立即液化,并且一些油漆可能在沸点以上过热。由于激光清洗过程中脉冲短、能量大,可能导致对于不能立即离开加热表面的蒸发的油漆,通过随后的激光脉冲进一步加热[7-9]。

6.2.1　一维热应力模型

1. 一维热传导方程

当激光照射到油漆表面时,激光会发生反射、透射、吸收,表面漆层吸收激光能量后,油漆的温度升高。然后,透过油漆层的激光照射在基底上并使其温度升高。温度的变化满足热传导方程。对油漆(x,y,z)和基材(x',y',z')分别建立直角坐标系,如图 6.2.1 所示[5]。

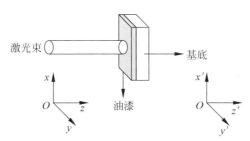

图 6.2.1　激光去除油漆的简化示意图

在工业生产中清洗对象的表面面积相比于厚度很大,因此可将对激光清洗的温升过程的研究看作激光加热无穷大薄板,可忽略薄板切线方向的热量扩散,因此可使用一维热传导方程进行描述。可做如下假设：①激光强度在 x-y 平面上是平顶形状；②z 方向的激光强度变化遵循比尔-朗伯吸收定律；③x-y 平面取为无限平面。

一维热传导方程为[9]

$$\begin{cases} \rho c \dfrac{\partial T(z,t)}{\partial t} - k \dfrac{\partial^2 T(z,t)}{\partial z^2} = Q(z,t) \\ Q(z,t) = (1-R)\alpha I_0 \mathrm{e}^{-az} g(t) \\ g(t) = \mathrm{e}^{-\left(\frac{t}{\tau}\right)^2} \end{cases} \tag{6.2.2}$$

式中：$T(z,t)$ 是涂料的温度，依赖于深度和时间；Q 是激光热源，与深度和时间相关；$g(t)$ 是时间相关的激光脉冲形状，脉冲形状是高斯型；k 是导热系数；α 是物体的吸收系数；R 是物体的反射率；I_0 是激光强度；ρ 是油漆的质量密度；c 是油漆的热容量；τ 是激光脉冲宽度。方程的边界和初始条件由式(6.2.3)给出。

$$\begin{cases} \lambda \dfrac{\partial T}{\partial z}\Big|_{z=0} = 0 \\ \lambda \dfrac{\partial T}{\partial z}\Big|_{z=l} = 0 \end{cases} \tag{6.2.3}$$

$$T(z,0) = 300 \text{ K} \tag{6.2.4}$$

式(6.2.4)意为选取室温为 300 K。

2. 油漆和基底的温度

对于油漆和基底材料，均适用上述边界和初始条件。解方程(6.2.2)，可以得到在时刻 t，位置 z 处的温度为

$$T(z,t) = \sum_{n=1}^{\infty} \frac{C_n I_0}{a_t} \left(\frac{l}{n\pi}\right)^2 \cos\left(\frac{n\pi}{l}z\right)\left[1 - e^{-a_t \left(\frac{n\pi}{l}\right)^2 t}\right] + C_0 I_0 t + 300$$

$$n = 1,2,3,\cdots, \quad 0 \leqslant t < \tau, \quad 0 \leqslant z \leqslant l \tag{6.2.5}$$

设 ΔT 为温度的增量，那么将得到

$$\Delta T(z,t) = T(z,t) - T(z,0)$$

$$= \sum_{n=1}^{\infty} \frac{C_n I_0}{a_t}\left(\frac{l}{n\pi}\right)^2 \cos\left(\frac{n\pi}{l}z\right)\left[1 - e^{-a_t \left(\frac{n\pi}{l}\right)^2 t}\right] + C_0 I_0 t$$

$$n = 1,2,3,\cdots, \quad 0 \leqslant t < \tau, \quad 0 \leqslant z \leqslant l \tag{6.2.6}$$

式中，

$$C_n = \frac{2\alpha}{\rho c l} \frac{1 - \cos n\pi e^{-al}}{1 + (n\pi/l\alpha)^2}, \quad n = 1,2,3,\cdots \tag{6.2.7}$$

$$C_0 = \frac{\alpha}{\rho c l}(1 - e^{-al}) \tag{6.2.8}$$

如果温度上升到油漆的熔点或气点，油漆会通过烧蚀效应而从基底剥离。如果温度没有能够使油漆发生相变或化学反应，则是因为温度梯度导致的热应力大于油漆的黏附力，从而导致了油漆从基底剥离。该模型只考虑了激光加热导致的温度升高，并没有考虑到漆层汽化所带走的热量损失，会减少相应的热量积累，另外有机物分解也要释放相应的能量。

3. 热应力

当物体吸收激光能量时，其温度将升高，物体开始膨胀。热膨胀在物体中产生热应力。z 方向的热膨胀长度由下式给出[10]：

$$\Delta l = l\gamma\Delta T \tag{6.2.9}$$

其中，γ 是线性热膨胀系数。参数 ρ、c、α、γ 通常随温度变化，在清除油漆过程中，温度上升范围不是很大，为了方便起见，这里认为它们是常数。当激光能量密度值接近清洗阈值时，油漆和基材的温度变化很小。对于油漆，可视为均匀的弹性体，因此在 $z=l$ 时，单位面积的油漆的热应力由下式给出：

$$\sigma_p = Y_p\varepsilon_p = Y_p\frac{\Delta l_p}{l_p} = Y_p\gamma_p\Delta T_p(l,t) \tag{6.2.10}$$

式中，ε_p 是油漆由温度变化引起的形变，Y_p 是弹性模量，l_p 是油漆的热膨胀长度，γ_p 是油漆的线性热膨胀系数。

只有从油漆层透射的光才能打在基底上。设 t_p 是油漆的透过率，入射到油漆的激光强度为 I_0，则穿透油漆层后的光强为 $I_0' = t_p I_0$。

在 $z=0$ 时，基底材料表面的热应力如下：

$$\sigma_s = Y_s\varepsilon_s = Y_s\frac{\Delta l_s}{l_s} = Y_s\gamma_s\Delta T_s(0,t) \tag{6.2.11}$$

考虑只有透射激光才能加热基底材料，在使用式(6.2.11)计算基底的热应力时，I_0 需要用 $t_p I_0$ 代替，激光除漆的条件是 $\sigma \geqslant f$。其中 σ 是油漆底层与基底表层的热应力之和(考虑到方向)，f 则是油漆和基底的黏附力。

6.2.2　激光除漆中的清洗阈值

清洗阈值是指在干式激光清洗中刚好可以将污染物清除时的激光能量密度(峰值功率密度)值，当激光能量密度小于该临界值时，无论对样品施加多少个激光脉冲和多长时间的照射，都不能将污染物从样品表面清除；而当激光能量密度大于该临界值时，对样品施加一定数量的激光脉冲或一定时间的激光照射会对污染物造成去除效果。

从方程(6.2.6)，我们知道 ΔT 在激光脉冲结束时达到它们的最大值。利用热应力和温升之间的关系式(6.2.10)和式(6.2.11)可知，最大热应力随激光能量密度而变化。当最大热应力等于黏附力时，相应的激光能量密度是激光除漆的清洁阈值。

邹万芳等[5]模拟了最大热应力随能量密度的变化。不同能量密度下对应油漆和铁基底的最大热应力曲线，如图 6.2.2 和图 6.2.3 所示。可见，随着能量密度的增加，最大热应力线性增加，且铁基底产生的热应力远远大于油漆产生的热应力，因此主要是铁基底的热应力使油漆脱离。从模拟结果知道，铁基底的最大热应力在 $(1.28 \sim 1.66)\times 10^8$ N/m² ，其对应的激光能量密度的范围为 $0.43 \sim 0.56$ J/cm²，所以激光除漆的理论清洗阈值的范围为 $0.43 \sim 0.56$ J/cm²。当激光的能量密度等于或大于清洗阈值时，油漆就能被清洗掉。

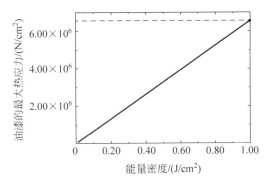

图 6.2.2　油漆的最大热应力与激光能量密度的变化关系

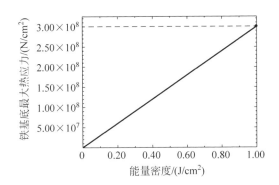

图 6.2.3　铁基底的最大热应力与激光能量密度的变化关系

　　模拟还表明,在油漆被清除之前,油漆的温度随着激光照射时间的增加而上升。激光能量密度越高,油漆脱落的速度就越快。$z=0$ 处的油漆温度随激光能量密度变化的模拟显示,油漆的温度远低于油漆 500 K 的熔点。因此,油漆的相变不会发生,这与实验结果一致。在油漆与基底分离后,油漆的温度不再升高。

6.2.3　激光除漆的损伤阈值

　　在激光清洗的过程中需要根据被清洗物品的性质将激光的能量密度(峰值功率密度)控制在一定范围内,否则能量密度过高会导致基底损伤。损伤阈值是指基底材料刚好损伤时的激光强度,当激光强度小于该临界值时,无论对样品施加多少个激光脉冲和多长时间的照射,基底表面均保持完好;而当大于临界值时,就可以对基底造成破坏。基底的温度变化不同于油漆层的温度变化。在清洗阈值后,基底温度迅速上升。在激光脉冲结束时,基底的温度达到最大值。比如对于 Fe 基底,达到熔点 1808 K 之前,Fe 基底在 900 K 温度下被快速氧化。从理论损伤阈值和实验损伤阈值的比较可以发现,它们之间存在一些偏差,这是因为当激光能量密度上升时,基底的参数(ρ,c,α,γ)会发生变化。根据上述分析得出结论:激光能量密度不应盲目增加,必须选择适当的激光能量密度,以平衡油漆层去除效率和保证基底的安全性。

邹(Zou)[5]分别作出油漆和基底黏附力为 $1.28\times10^8\,\text{N/m}^2$ 和 $1.66\times10^8\,\text{N/m}^2$,脉冲结束时($t=\tau=10$ ns),某样品铁基底的温度随能量密度变化的曲线图,如图 6.2.4 所示。

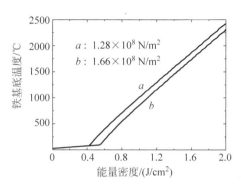

图 6.2.4　样品铁基底的温度随能量密度的变化关系

从图 6.2.4 可以看出,铁基底的温度随能量密度的增加而增加,而且具有一个转折点,在这之后铁基底的温度骤增,这个转折点对应的能量密度就为清洗阈值,大于这个能量密度油漆就能被清洗,油漆脱落导致激光直接照射在铁基底上,所以铁基底温度骤增。铁的熔点是 1535℃,可以从图中找出黏附力为 $1.28\times10^8\,\text{N/m}^2$ 时,损伤阈值为 $1.36\,\text{J/cm}^2$;黏附力为 $1.66\times10^8\,\text{N/m}^2$ 时,损伤阈值为 $1.46\,\text{J/cm}^2$。所以对于样品损伤阈值的范围为 $1.36\sim1.46\,\text{J/cm}^2$,当能量密度高于损伤阈值,基底将被破坏(由于油漆脱落后铁基底的温度变化很大,ρ、c、λ、a,和 γ 都不能看作常量了,所以根据这个模型算出的损伤阈值与实际具有偏差,图 6.2.4 仅作参考)。

6.2.4　三维清洗模型

如果要考虑激光在 x 和 y 方向上的空间分布,那么需要采用三维模型。高辽远[11]采用 COMSOL Multiphysics 建立了纳秒脉冲激光清洗 2024 铝合金表面丙烯酸聚氨酯漆层的三维有限元模型。根据傅里叶热传导定律和能量守恒定律,建立直角坐标系下的瞬态三维热传导控制方程[12]如下:

$$\kappa\left(\frac{\partial^2 T_s}{\partial x^2}+\frac{\partial^2 T_s}{\partial y^2}+\frac{\partial^2 T_s}{\partial z^2}\right)=\rho c\,\frac{\partial T}{\partial t} \qquad (6.2.12)$$

式中,κ 为材料的热传导系数,T_s 为材料的瞬时温度,t 为热传导时间,ρ 和 c 分别为材料的密度和比热容。

通过数值求解,分析了不同参数对激光清洗温度场和清洗深度的影响,并进行了实验验证。结果表明:扫描速度以搭接率的形式影响清洗效率,扫描速度越慢,清洗速率越小,当搭接率为50%时具有合适的清洗效率;随着激光能量密度增加,油漆层表面和基体表面的最高温度线性升高,当激光能量密度达到 25 J/cm^2 时,激光辐照区域的油漆层材料完全被去除,铝合金基体的烧蚀深度为 50 μm;在激光能量密度为 25 J/cm^2,搭接率为 50% 的实验参数下,基体表面沟槽峰谷高度为 50.234 μm,在此参数组合下可以获得符合涂装工艺要求的表面。

6.3 激光除漆实验研究方法

6.3.1 激光除漆装备

激光除漆装备和一般激光清洗机一样,包括激光器、光束整形和传输、移动、回收以及监测等系统。如图 6.3.1 所示,有些公司已经开发出了商用激光脱漆机,如美国 HDE 公司设计了一台由机车拖动的剥漆工作站,可用于去除桥墩和车辆的漆层。使用的激光器为 1800 W 的 Nd:YAG 激光器,用直径 0.6 mm 的光纤把激光送到几十米外的工件上除漆。美国新泽西州的一家公司采用一种专用的脉冲 CO_2 激光器来烧蚀漆层。该激光系统可以利用单个脉冲将 5 μm 厚的油漆层汽化,而基底仍保持不会受到损伤。如果将激光束的面积扩大,在 1 h 内可以将厚度为 1 mm、面积为 36 m^2 的油漆层完全剥离,并利用真空系统及过滤器对废渣进行处理。如果采用多个激光系统,一架波音 737 飞机的全部外漆可以在 32h 内被完全清除[13]。

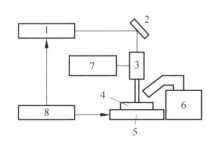

1—激光器;2—反射镜;3—激光束整形器;4—工件;5—移动平台;
6—吸尘器;7—辅助气体;8—计算机。

图 6.3.1 激光除漆装备简图

在实验室内,最主要的是激光器、整形传输装置和移动定位装置。

将清洗头装卡在三维扫描系统上,可以实现 x、y、z 三维扫描。从基底上清洗下来的油漆需要回收,最简易的方法是利用吸尘设备。有些激光除漆机还具有实时监测设备来监测油漆是否清除干净。

与激光去除半导体电路板上的微粒不同,激光除漆中主要使用两种激光器:连续和脉冲式 CO_2 激光器,以及 Nd：YAG 调 Q 激光器,近年来也有使用光纤激光器的。例如田彬等[14]使用脉冲 Nd：YAG 激光器进行除漆实验;罗红心等[15]使用大功率连续 CO_2 激光器用于飞机激光除漆研究;朱伟等[16]使用 1064 nm 的脉冲光纤激光器进行除漆实验。

6.3.2　激光除漆中的参数研究

在激光除漆中,不同扫描速度、离焦量、平均功率、扫描道间搭接量、漆层厚度对除漆的影响、激光除漆对基底物理性质的影响,对于实际应用具有重要意义。表征激光除漆效果用到的仪器有:观察清洗效果用的金相显微镜、扫描电子显微镜(SEM)、立体显微镜(SM)、共聚焦显微镜(CM)、分光光度计等;表征材料清洗后其他方面物理性质用的拉力实验机、显微维氏硬度计(HV)、电导率测试仪等。

更精确的分析可使用光谱分析,如基于 LIBS 技术,测量得到油漆去除过程中等离子体的发光光谱,计算出油漆样品去除前后等离子体的电子密度和温度,研究油漆中特征元素对应的光谱特征峰强度随时间的变化情况[17-18]。

6.3.3　不同种类基底和油漆的激光清洗

对于清洗对象,最关键的是基底材料和油漆的种类。对于不同的基底激光清洗,做出如下归纳。

1. 不同种类的基底

(1) 对铝合金基底激光除漆的研究

所采用的激光器有 CO_2 激光器、1064 nm 固体激光器与光纤激光器等连续激光或者脉冲激光器。铝合金基底激光除漆的损伤阈值一般低于钢铁,对于 CO_2 连续激光器损伤阈值在 $1\sim10$ kW/cm^2 量级,对于 Nd：YAG 激光器损伤阈值约为 1 J/cm^2 量级,扫描速度一般在 $100\sim1000$ mm/s 量级。

(2) 对其他金属基底激光除漆的研究

激光对其他金属基底的除漆,其研究方法与铝合金基底类似。所采用的激光器中 Nd：YAG 激光器占多数,使用激光多为脉冲激光。钢铁基底激光除漆的损伤阈值一般高于铝合金的,对于 Nd：YA 激光器损伤阈值约在 1 J/cm^2 量级,与铝合金基底不同的是,钢铁基底的激光除漆往往扫描速度较慢,扫描速度一般在 $1\sim10$ mm/s 量级。银基底的损伤阈值更小,对于准分子激光器约在数百毫焦每平方厘米数量级[19]。

(3) 对石质基底激光除漆的研究

在实际激光清洗应用中,石质基底(石材)表面的油漆多伴随有其他有机污染物。

所采用的激光器以脉冲激光器为主。由于石材表面特征与成分相对金属来说较复杂,不同实验探究的损伤阈值差别较大,从 0.01~1 J/cm² 量级不等,因此不同气氛对石材激光除漆会产生影响。另外,一部分岩石在实际使用中存在裂缝,其强度和分布会影响漆渗透深度,进而对除漆产生影响。对石材进行激光除漆时存在变色现象,比如在红外(IR)激光清洗石雕油漆表面时发生的变暗现象[20]。

(4) 对玻璃基底激光除漆的研究

玻璃器皿与其他材料不同,一般玻璃对于光的吸收率较低,透过率较大。对于某些污染物,激光从背面入射比从前面照射清洗效果更好。比尔米斯(Gabriel M. Bilmes)等[21]对标准透明玻璃和磨砂玻璃上沉积的黑色漆使用 1064 nm、脉冲宽度 7 ns 的激光进行了激光清洗研究。通过前后激光照射,对不同厚度的黑色漆层进行了激光清洗。使用激光烧蚀诱导光声学(LAIP),确定了油漆的烧蚀阈值,结果证明它与油漆厚度和基材的性质无关,且烧蚀阈值与基材(磨砂玻璃或透明玻璃)的微观结构无关。为了表征激光照射次数与清洗效率的关系,比尔米斯等[21]测量了烧蚀区域玻璃的透射率,同时测量了烧蚀过程中产生的声学信号的幅度。实验结果表明,当从背面照射玻璃样品时,激光清洗更有效。为了解释这种效应,他们提出了一种现象学模型,可以解释实验中获得的后背面照射的清洗效率。该模型对背面照射情况下发生过程的分析,与正面入射时发生的过程不同。由背面照射引起的最重要的影响是可以产生过热层,该过热层由于不可能横向膨胀而向上弯曲。由于在加热区域中积聚的高压,导致油漆从基底上脱离并喷射。该模型还预测了临界厚度的存在,大于该临界厚度,则背面清洗不再有效,还给出了清洗效率与厚度和激光能量密度之间的数学关系式。

(5) 对树脂等有机复合材料基底激光除漆的研究

基底材料为树脂、塑料等有机复合材料时,其性能与涂层比较接近,且复合材料的导热能力较差。采用激光清洗比较困难,需要控制好激光的功率、脉冲宽度和光斑尺寸等参数。对于复合材料来说,激光照射引起的温度升高会导致材料发生热分解,这也是材料的一种损伤模式。贾宝申等[10]采用红外脉冲激光对芳纶纤维增强树脂基复合材料表面环氧类保护漆层进行了去除研究,分析了激光去除的不同机制,并通过理论计算和实验分析确定了清洗方法。通过理论计算和实验测试,得到了激光去除大部分涂层的工艺参数,结合乙醇擦拭实现了树脂基复合材料部件表面环氧类保护油漆层的有效去除。结果表明,激光处理后的芳纶纤维增强树脂基复合材料没有损伤,可以满足工业应用的需求。

2. 油漆层厚度、种类和颜色

对于不同种类的油漆,其吸收特征谱是不同的。左名光、金惠宗[22]对不同油漆的吸收谱进行了探究,从油漆的谱图看来,在 2.5~15 μm 均有吸收带,较宽较强的吸收带出现在 7～9 μm 区域。实验还发现同类油漆,不同的颜色,具有相似的吸收谱图形。说明吸收特征与颜色无关。许嘉霖等[23]测试了不同油漆的红外光谱图,其主要结果列于表 6.3.1。

表 6.3.1　不同汽车油漆的红外特征峰　　　　　　单位:cm^{-1}

油漆种类	主要成膜剂	特征吸收峰
醇酸树脂漆	醇酸树脂	3460、2920、2860、1730、1600、1580、1450、1390、1260、1131、1071
丙烯酸树脂漆	甲基丙烯酸酯与丙烯酸酯共聚物	1727、1460、1382、1250、1190～1150、840、720
氨基树脂漆	氨基树脂 醇酸树脂	3300、1731、1640、1546、1120、1080～1064、813
聚氨酯漆	聚氨基甲酸酯	3260、1725、1690、1540、1220、1070
硝基漆	硝化纤维素醇酸树脂	1730、1640、1280、1150～1110、834
过氯乙烯漆	过氯乙烯树脂醇酸树脂	2930、2870、1720、1285、1130、1074、690
环氧树脂漆	环氧树脂	3450、1510、1235、1175、915、826

（1）油漆厚度与种类的影响

以铝合金基底为例,张等[6]使用 20 kHz、140 ns 准连续波 Nd∶YAG 激光器进行除漆。实验中使用了 3 层不同种类的油漆——表层 80 μm 厚丙烯酸酯质、中间 50 μm 厚聚氨酯质漆、底漆 50 μm 厚环氧酯质。使用 ANSYS 有限元分析法,模拟了漆层上激光光斑附近的温度分布与热穿透深度。实验发现,当漆层较厚时,导热率较高的铝合金基材对油漆的温度升高影响不大,模拟结果与实验结果可以较好地吻合;但是如果油漆层厚度较薄,铝合金基底吸收激光,影响油漆的温度升高,此时模拟结果与实验结果有很大差别。因此,当油漆的厚度相对较薄以至于其小于最大热穿透深度时,对于基底材料的热传导效应需要考虑更全面的模型。

（2）油漆颜色的影响

贡姆斯(Vera Gomes)等[24]在 SO_2 气氛中对岩石基底上不同颜色的油漆进行了机械法与激光清洗法除漆效果的对比研究。油漆对激光不同的吸收率将取决于这些油漆的组成:黏合剂和颜料。四种不同颜色的油漆(红色、蓝色、黑色和银色)具有不同的吸收率,其中黑色、红色和蓝色油漆由醇酸树脂和聚酯聚合物组成,银色油漆由聚乙烯型聚合物组成。测量光的吸收率发现,黑色油漆在整个波段吸收性能良好;红色、蓝色油漆吸收带位于 500～700 nm,靠近近紫外部分;银色油漆在整个范围内吸收率较低。实验发现,对于红色、黑色、蓝色油漆,清洗效果良好;对于银色油漆,清洗后花岗岩表面有一层不透明的薄膜,银色油漆颗粒散布在表面,效果不是很理想。

3. 除漆环境

一般情况下,除漆都是在空气中进行的,其微区氛围(指激光作用于清洗对象的微小区域)主要是空气和油漆分子。但也有一些复杂的情况,例如石材油漆的现场激光清洗。贡姆斯等[24]在 SO_2 比较丰富的环境中对岩石基底上的不同种类油漆进行了机械法与激光清洗法除漆效果的对比。实验中使用的花岗岩在人为制造的 SO_2 环境中暴露一段时间并老化,实验对比了四种涂鸦喷漆的清洗效果。采用了两种不同的去除程序:(1)使用具有不同微磨料的机械方法,此种方法用了三种组合,①空气、水和二氧化硅组成的微磨料,②二氧化硅和空气结合成的微磨料,③碳酸钙和空气结合成的微磨料;(2)使用波长为 355 nm、脉冲持续时间为 25 ns 的 Nd:YVO₄ 激光器。将四种喷涂漆(红色、蓝色、黑色和银色)涂在花岗岩上。随后,在富含 SO_2 的环境中暴露两个月。

采用如下清洗程序进行清洗实验:用二氧化硅和硅酸铝研磨剂、二氧化硅和碳酸钙研磨剂以及激光(在 355 nm 下工作的纳秒级 Nd:YVO₄ 激光)进行清洗。由于环境中 SO_2 的存在,清洗老化样品需要更多的时间。与清洗未老化的表面相比,老化样品不同漆层的边界不明确,因此清洗也不再是严格地一层一层地清洗,老化表面显示出更明显的全局颜色变化以及更高的残留百分比。此外,老化的清洗样品已经变得比原始花岗岩表面更具防水性,但是相比未老化的表面漆更少。实验结果表明:机械清洗法和激光清洗法都受到 SO_2 的影响。因在 SO_2 中暴露而老化的样品更难以清洗。对于机械法,清洗性能不受油漆组合物的影响。采用机械法清洗时,石材表面上的油漆残留百分比较低。其中,使用二氧化硅和空气结合成的微磨料进行机械清洗,形态会发生高度改变;而使用碳酸钙和空气结合成的微磨料时,尽管样品形变较小,但油漆残留的百分比较高;空气、水和二氧化硅组成的微磨料清洗后的样品颜色变化最小,并且就形态改变而言,该方法介于碳酸钙和空气结合成的微磨料与二氧化硅和空气结合成的微磨料之间。从实际应用来看,使用空气、水和二氧化硅组成的微磨料,无论是在油漆清洗方面还是在花岗岩的形态损害方面,都可以获得最佳的清洗效果,包括未老化和老化的油漆。Nd:YVO₄ 激光除漆在表面上留下蓝色和黑色油漆的混合色彩,并且在清洗银色油漆的表面上肉眼可检测到更明显的透明膜。而机械除漆在样品表面产生更明显的全局颜色变化,且样品表面尤其是在银色油漆的情况下,在经过各种测试后发现残留百分比和反射率变化是最高的[24]。

6.3.4 激光清洗对基底材料性能的影响

选取合适的参数进行激光清洗,在清洗之后的表面上会形成一些凹坑,这对于后续涂装油漆是有用的。相关研究举例将在 6.4 节损伤阈值部分给出。也有团队专门对此做了研究[25],采用连续波光纤激光器,最大平均功率为 2 kW,波长为 1070 nm,作为激光清洗光源。激光光斑尺寸为 5.0 mm,对铝合金基材上的涂料进行了清洗,测量了激光烧蚀弹坑的轨迹宽度和深度,研究了激光除漆的去除效率。形态学研究表明,在合适的参数下,铝合金表面可以得到较好的清洗效果。采用强度为 11.9 W/cm^2 的激光清洗,表面具有较好的耐蚀性和表面粗糙度。

吴丽雄[26]利用红外连续波激光,在真空低温环境下对聚氨酯黑漆涂层的激光清洗损伤做了研究,认为红外激光对聚氨酯黑漆的作用以热效应为主,损伤在宏观上表现为涂层色泽下降、颜色变化、烧蚀,微观上出现微裂纹和颗粒团聚;辐照升温使涂层组分和化学结构发生了改变,黏结剂聚氨酯中氨基甲酸酯基团的 C—N 键和 O—C =O 双键在激光辐照加热下容易断裂,导致材料降解、碳化,烧蚀产生热解气体和挥发物。

激光清洗还可以提高基底材料的性能。阿宾斯(Abeens)[27]采用不同脉冲能量(200 mJ、300 mJ、400 mJ)Nd∶YAG 调 Q 激光器,研究了 AA-7075-T651 铝合金(飞机上常使用)激光除漆后力学性能的变化。用脉冲能量为 400 mJ 的激光除漆后,铝合金的表面硬度峰值为 236 HV,具有厚度约为 500 μm 的变形层,最大压缩残余应力为 317 MPa,磨损率为 1.18×10^{-6} g/m。利用高分辨透射电镜(HR-TEM)对材料的微观结构进行了研究,发现材料性能的提高主要归因于 LSP 工艺对晶粒细化和位错强化的影响。

胡久等[28]对飞机喷漆蒙皮零件分别进行了激光除漆与溶剂除漆,并对除漆后零件氧化膜层厚度、膜层完整性、力学性能、电导率及除漆再喷漆后漆层结合力等性能进行测试。发现激光除漆并没有损伤基底材料的力学性能。李等[29]的实验表明,激光除漆时,经过三次激光扫描后,钢的初始表面暴露出来,经测试钢表面粗糙度的平均值约为 2 μm,其附着力达到 20 MPa,远远高于船体 3 MPa 的标准。

6.4　激光除漆中的清洗阈值和损伤阈值

清洗阈值是油漆层能够开始被去除的临界值,损伤阈值是确定基底是否损伤的临界值。这里的阈值都是指激光其他参数确定下的激光功率密度的阈值。油漆和基底的种类很多,其化学成分各不相同。激光清洗时,激光平均功率、峰值功率、单脉冲能量、光斑与焦深等参数都不同,这样,激光清洗阈值和损伤阈值就不同。一方面要通过理论模型计算,得到大概的数值区间,另一方面需要根据实验样品和激光清洗机进行实验。下面以作者团队所做实验为例进行说明[30]。

选取清洗对象的基底材料为 45 号钢,尺寸为 200 mm×50 mm×1 mm,油漆为红色醇酸漆,样品在专业喷漆车间制备。一般情况下,为了保证油漆对基底的保护效果,油漆层与基底黏附力合格的范围要求为 10～100 MPa。采用工业上常用的画格法来测试漆层的黏附力是否合格,即在油漆面上 50 mm×100 mm 的范围内,用裁纸刀划出 15 mm×15 mm 的小方格。然后将胶带贴在划了格子的漆面上,在胶带上施加 5 N 的压力,手持胶带一端,按与涂层表面垂直的方向,以迅速又突然的方式将胶带拉开,检查油漆涂层是否被胶带黏起而剥离。如果未发生油漆剥离,则为合格;如果在涂层间发生剥离,也视为合格;若在金属与涂层间发生剥离,则视为不合格。

如图 6.4.1 所示,以 Nd：YAG 声光调 Q 激光器为清洗光源,脉冲重复频率为 3～6 kHz,调 Q 后的脉冲宽度为 150～300 ns。平均功率最高 100 W。通过聚焦整形后的光斑直径约为 0.5 mm,振镜的扫描速度(样品的移动速度)约 0.55 mm/s。在这样的参数下可以使激光脉冲一个挨一个地照射到样品表面上,不会重复打在同一个地方,从而保证清洗阈值和损伤阈值测量的准确性。实验中,随着激光峰值功率密度的不断增大,样品表面的漆层也逐渐开始脱落,为有效确定清洗阈值和损伤阈值,当样品表面油漆层刚开始起皮并有脱落的趋势时为达到清洗阈值;当油漆层已经完全飞溅崩离金属表面而金属表面没有明显凹痕时为完全清洗;当金属表面有较为明显的网纹凹痕时为达到损伤阈值。通过金相显微镜观测清洗后的基底表面。

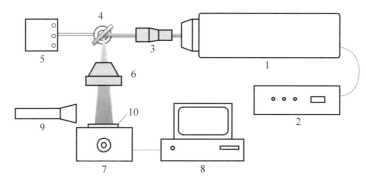

1—激光头；2—激光电源；3—整形扩束镜；4—扫描振镜；5—振镜驱动器；6—场镜；
7——维滑动平台；8—滑动平台控制系统；9—污染物负压回收装置；10—样品。

图 6.4.1　激光除漆实验系统结构

实验中,激光重复频率均为 3 kHz,光斑面积均为 0.19 cm²,改变激光平均功率(通过改变工作电流),脉冲宽度会有相应变化,清洗时观测清洗过程,清洗完成后,对于油漆完全剥离的样品,采用金相显微镜对基底表面进行观测。实验数据见表 6.4.1。

表 6.4.1　样品的实验数据

序号	平均功率/W	脉冲宽度/ns	激光峰值功率密度/(W/cm²)	实　验　现　象
1	11.5	450	4.48×10^6	油漆层一边离开基底,另一边未脱离基底
2	13.8	400	6.04×10^6	漆片开始破碎并呈粉末状从基底表面喷射出来,基底完好
3	18.9	350	9.48×10^6	漆片完全除掉,基底完好
4	24.6	300	16.68×10^6	漆片完全除掉,基底完好
5	29.6	250	24.76×10^6	漆片完全除掉,基底完好
6	35.6	200	34.43×10^6	漆层完全除净,基底出现轻微网纹,基底发生损伤
7	44.0	200	38.25×10^6	基底网纹更加明显,损伤加深
8	49.9	160	54.22×10^6	基底凹凸感明显,损伤较为严重

　　实验表明,当激光平均功率小于 11.5 W 时,油漆层没有发生变化。当激光平均功率达到 11.5 W 时,激光扫描后,扫描区域的油漆层开始起皮,如图 6.4.2(a)所示,可见此时油漆层开始剥离,但尚未断裂,手工撕开漆皮后,观测到金属基底很光滑。将此时的激光功率定为清洗阈值,单位面积的峰值清洗阈值功率为

$$I=\frac{4P}{f\cdot\pi D^2\cdot\tau}=\frac{4\times11.5}{3000\times3.14\times(0.5\times10^{-1})^2\times450\times10^{-9}}\mathrm{W/cm^2}$$
$$=4.48\times10^6\ \mathrm{W/cm^2}$$

式中,f 为重复频率,D 为光斑直径,P 为该重复频率下激光的平均功率,τ 为脉冲宽度。

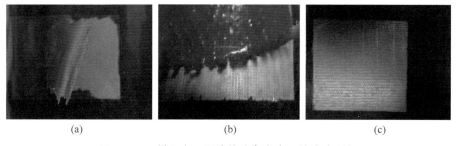

(a)　　　　　　　　　　(b)　　　　　　　　　　(c)

图 6.4.2　样品在不同峰值功率密度下的清洗现象

　　激光平均功率增大至 13.8 W 时,油漆层脱落,甚至有部分漆层开始崩碎,油漆层一边边缘已经脱离基底,但另一边仍与基底连接,金属基底表面完好,没有出现损伤,如图 6.4.2(b)所示。继续增大激光平均功率,在 13.8~29.6 W 时,油漆层已经完全崩碎并开始喷射飞离金属基底,金属基底很光滑,在显微镜下观察也没

有发现损伤。随着功率继续增大,金属基底出现网纹现象,有明显的粗糙度,图 6.4.2(c)为激光平均功率达到 35.6 W 时的基底图片,可见清洗后金属基体开始遭到破坏,认为此时已经达到除漆的损伤阈值,计算出的激光峰值功率密度为 $34.43×10^6$ W/cm^2。通过金相显微镜,可以更加清楚地观测到清洗后的金属表面的微观形貌。图 6.4.3(a)是在激光峰值功率密度为 $4.48×10^6$ W/cm^2 时清洗后的照片,可以发现清洗效果很好,金属基底表面没有损伤;图 6.4.3(b)是在激光峰值功率密度为 $6.04×10^6$ W/cm^2 时清洗后的照片,金属表面漆层完全清除,基底也没有出现损伤;图 6.4.3(c)为激光峰值功率密度 $34.43×10^6$ W/cm^2 时的形貌,油漆层虽完全清除,但金属表面已经有所破坏。

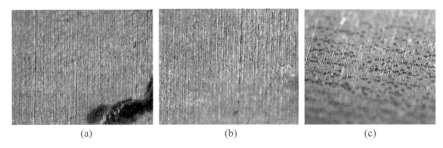

(a)   (b)   (c)

图 6.4.3 在不同激光峰值功率密度下清洗后样品的微观形貌

1. 不同基底对激光除漆清洗阈值和损伤阈值的影响

杜鹏[30]在铁和铝合金基底上通过同样的工序涂上同样的油漆。样品的参数见表 6.4.2。

表 6.4.2 样品的相关物理参数

参　　数	样品 I		样品 II		样品 III	
	基底	油漆	基底	油漆	基底	油漆
材料	45 号钢	醇酸类	45 号钢	醇酸类	铝合金	醇酸类
熔点/℃	1350		1350		660	
比热容 c/($×10^3$ J·kg^{-1}·K^{-1})	0.49	2.51	0.49	2.51	0.96	2.51
密度 ρ/($×10^3$ kg/m^3)	7.85	1.30	7.85	1.30	2.71	1.30
热导率 λ/(w·m^{-1}·K^{-1})	51.9	0.3	51.9	0.3	218	0.3
热扩散率 a_t/($×10^{-8}$ m^2/s)	1450	9.19	1.45	9.19	8.8	9.19
线膨胀系数 γ/($×10^{-6}$ K^{-1})	11.7	1.00	11.7	1.00	24	1.00
吸收率 A	0.360	0.470	0.358	0.530	0.642	0.500
反射率 R	0.640	0.410	0.642	0.410	0.358	0.410
透过率 T	—	0.120	—	0.060	—	0.090
弹性模量 Y/($×10^{10}$ N·m^{-2})	20.5	1.0	20.5	1.0	7.2	1.0

表 6.4.3 是三种样品(样品 Ⅰ 和样品 Ⅱ 是钢基底,样品 Ⅲ 是铝合金基底)的理论清洗阈值和实验清洗阈值。可见,清洗阈值的实验值与理论值在趋势上是一致的,理论值要小一些。其原因之一在于,理论模型中的光斑认为是平顶的,而实际光斑是高斯型的。

对于钢基底,样品 Ⅱ 的清洗阈值高于样品 Ⅰ 的,主要是由于样品 Ⅱ 的油漆层较厚,激光透过率低,从而需要更高功率密度的入射激光才能使基底热应力超过油漆层的黏附力。

表 6.4.3　样品理论清洗阈值与实验清洗阈值　　　　　单位: W/m^2

	样品 Ⅰ	样品 Ⅱ	样品 Ⅲ
理论清洗阈值	3.56×10^6	4.80×10^6	4.96×10^6
实验清洗阈值	4.48×10^6	6.04×10^6	6.04×10^6

基底的损伤,是因为基底表面瞬时温度超过了金属熔点。表 6.4.4 为三种样品的损伤阈值。其中理论计算值,是将漆层-基底黏附力取最大值 1.66×10^8 N/m^2 来考虑的。

表 6.4.4　样品理论损伤阈值与实验损伤阈值　　　　　单位: W/m^2

	样品 Ⅰ	样品 Ⅱ	样品 Ⅲ
理论损伤阈值	5.42×10^7	8.12×10^7	2.20×10^7
实验损伤阈值	3.44×10^7	5.42×10^7	1.67×10^7

可见,实验损伤阈值与理论损伤阈值在趋势上也是一致的。理论值要大,实验值要小。其原因在于实际的清洗机制包括烧蚀、振动和冲击波等多种因素。铝合金的熔点低,所以铝合金基底比 45 号钢基底更容易损伤。关于铝合金基底的研究,陈菊芳等[2]使用了油漆吸收较强的 10.6 μm 波长的 CO_2 连续激光进行除漆实验,油漆为 50 μm 厚的普通乳白色涂装油漆。在探究激光功率密度对清洗效果的影响时,保持扫描速度 3.0 m/min 不变,调节激光功率密度 0~3.00 kW/m^2,观察清洗效果的变化。发现油漆层经历了从无明显变化,到表层有较浅的被去除的痕迹,再到痕迹不断加深、油漆层逐渐变薄,直到最后完全清洗干净,此时若进一步增加激光功率密度,基底会出现小的弯曲变形。由此得到了激光除漆的三个功率密度阈值:起始清洗阈值——0.15 kW/cm^2,完全清洗阈值——1.78 kW/cm^2,基底损伤阈值——2.80 kW/cm^2。

对于铁基底的研究,南开大学施曙东等[31]利用波长为 1064 nm,光斑直径约为 0.6 mm,重复频率为 0.5~50 kHz 可调的声光 Q 开关 Nd∶YAG 连续激光器对钢基底表面油漆层样品进行了清洗实验与工作机理研究。实验表明对于钢质基底,厚度为 50 μm 的醇酸漆,当平均功率达 20 W 以上、搭接率大于 80% 时,样品清

洗阈值功率密度为 5.31×10^6 W/cm^2，过高的功率密度会对基底造成损伤。除此之外，施曙东等[31]还探究了清洗的机理，模拟和实验结果表明，脉冲激光去除钢基底表面油漆层，阈值清洗条件下有效清洗机理以振动效应为主，而有基底损伤时同时具有振动效应和烧蚀效应。

对于不锈钢基底的研究，刘彩飞[32]采用有限元法建立模型，模拟了喷有漆膜的不锈钢样品表面在移动脉冲激光作用下的温度场。采用 Nd：YAG 激光器，脉冲宽度为 7 ns，输出波长为 1064 nm，激光光强空间分布为高斯型。样品选用涂有厚度 0.05 mm 的红色油漆的不锈钢板。当激光能量密度为 0.8 J/cm^2 时，油漆部分开始熔融；能量密度为 1.2 J/cm^2 时，基底开始损伤，并且有熔融现象。

2. 油漆颜色和种类对清洗阈值的影响

在讨论不同参数在金属表面的除漆阈值时，除了要考虑基底的种类外，油漆自身的参数也有一定影响。如图 6.4.4 所示，同种铝合金基底，上面刷同样厚度的不同颜色(红色、绿色、黄色)的油漆，采用 Nd：YAG 声光调 Q 激光进行清洗时，红色与黄色油漆清洗干净、绿色油漆有油漆残留。这表明不同颜色的油漆的清洗阈值是不同的。

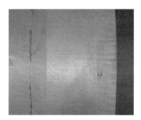

图 6.4.4　同种基底(铝合金)上的不同颜色油漆的清洗情况

华中科技大学郭为席等[33]利用波长为 10.6 μm、最高重复频率为 20 Hz、输出能量为 5.5 J 的高功率脉冲 TEA CO$_2$ 激光器进行了低碳钢的干式激光除漆实验，探究了不同成分、不同颜色的油漆的激光清洗功率密度阈值，并做了对比。实验中油漆层厚度均控制在 0.1 mm 左右，所采用的三种油漆分别为红色醇酸漆、红色金属喷漆和黄色金属喷漆。实验结果表明，频率为 1 Hz 时三种漆的完全清洗阈值均在 9.29～11.07 J/cm^2，其中除净阈值最低的是红色金属喷漆，最高的是黄色金属喷漆，红色醇酸漆居中。可以得出，对于成分相同的油漆，由于浅颜色油漆层容易反射入射的激光束，而深颜色油漆层容易吸收激光束。激光对于颜色较深的油漆层完全清洗阈值和损伤阈值较小；对于颜色较浅的油漆层完全清洗阈值和损伤阈值均较大。当油漆颜色相同而成分不同时，金属喷漆的清除阈值要略低于涂刷的油漆。前者试样为喷涂而成，表面比较平整；后者试样为涂刷而成，表面层厚度不够均匀。所以对于成分不同的两种油漆吸附存在差异，即使对于相同的激光功率密度,清洗效果也会有差异。

鲜辉等[34]探究了 Nd：YAG 调 Q 激光器在不锈钢表面去除不同种类油漆对清洗阈值的影响。采用了常用的桑塔纳自动喷漆,包括红色油漆和黑色油漆。激光器采用的参数为：脉冲宽度 10 ns、频率 1 Hz、能量密度 $0.05 \sim 1$ J/cm^2、输出光斑半径 4 mm、油漆涂层厚度大约 1.0 mm。定义除漆阈值为光斑范围内残留的油漆面积与光斑面积之比小于 0.01 时激光器输出的最小单脉冲能量密度。实验发现桑塔纳红色油漆和黑色油漆的除漆阈值分别为 0.47 J/cm^2 和 0.63 J/cm^2。

在激光清洗中,对于基底的保护也是十分重要的,如石质基底的文物。因此在研究中对损伤阈值的探究也是一项重点。齐扬等[35]利用波长为 1064 nm、脉冲宽度为 10 ns 的激光器对云冈石窟表面岩石进行不同有机污染物的激光清洗实验。其中在激光除漆方面,表面油漆样品在激光能量达到清洗阈值时开始出现脱落,具体表现是油漆层随着激光辐射逐层脱落。

研究表明,石质材料往往比金属的表面结构更复杂,因此需讨论基底结构对除漆效果产生的影响。花岗岩是常用的一种基底材料。里瓦斯(T. Rivas)等[36]使用波长为 355 nm 的 Nd：YVO$_4$ 激光器对两种花岗岩石、四种不同颜色的涂鸦漆进行了激光清洗效果的研究。四种油漆的颜色分别为群青蓝、魔鬼红、石墨黑和银铬。光参数为脉冲持续时间 25 ns、波长 355 nm、光斑直径约 2.2 mm、脉冲重复频率 100 kHz、脉冲能量约 0.1 mJ。实验中使用了 X 射线荧光、X 射线衍射、傅里叶变换红外光谱(FTIR)和扫描电子显微镜进行表征。结果表明,银色油漆与蓝色、红色和黑色油漆的表面清洗效果相比存在差异,红色、蓝色和黑色油漆可以有效地被去除,但银色油漆保持着半透明薄膜的形式。这主要归因于银色油漆的化学成分,富含铝的组合成分使银色油漆具有高反射率,这种反射率大大降低了激光可用于烧蚀的能量,从而影响了激光清洗效果。实验中对于不同成分的花岗岩,激光清洗效果没有太大区别。而真正影响清洗效果的是花岗岩的裂缝类型和分布。偏光显微镜观察和颜色测量表明,裂缝的强度和分布会影响油漆渗透深度,由此产生的色调变化会导致石头中产生全局颜色变化,最终会影响两种花岗岩的清洗效率。这种颜色变化与表面上的油漆痕迹不相符。因此,需要谨慎使用比色变化测量作为评估激光漆去除效果的方法,特别是对于具有像花岗岩一样的裂隙孔隙的岩石,因为颜色很大程度上受到表面下残留的油漆量的影响。

6.5　激光清洗参数对清洗效果的影响

激光清洗中,要求既达到清洗阈值,又不能达到损伤阈值,这是最基本的要求。当然,有时为了达到一定的粗糙度,可以控制好适度的基底损伤。要想快速清洗干净,就需要选择合适的激光参数,激光参数的改变对清洗效果有着重要影响。下面介绍激光功率密度与能量密度、光束扫描速度、搭接量等清洗参数对激光清洗效果的影响。

1. 功率密度与能量密度

激光功率密度是研究激光除漆中的重要参量。对于铝合金基底,朱伟等[16]使用 1064 nm 的脉冲光纤激光器对铝合金板进行了除热塑性丙烯酸气雾漆实验,激光器的调 Q 脉冲宽度为 10 ns,重复频率为 40 kHz。照射在清洗材料上的固定光斑直径约 5×10^{-5} m。调整激光功率从 9 W 到 13 W,发现功率密度的变化对清洗效果的影响非常微小,无明显区别。陈康喜等[37]使用电光调 Q 的 Nd:YAG 脉冲激光器探究激光能量密度对清洗油漆效果的影响,激光波长为 1064 nm、脉冲宽度为 7 ns、频率为 1 Hz、输出能量范围 $3 \sim 40$ mJ、光斑半径为 200 μm。实验中激光能量从 6.7 mJ 增加至 30 mJ,发现随着入射能量的增加,等离子体的电子密度逐渐增加,从 2.23×10^{18} cm^{-3} 增加到 3.228×10^{18} cm^{-3},与能量近似呈线性关系。这表明激光除漆过程中,较高的激光能量导致更多的化学键断裂,使得等离子体电子密度升高。同时,等离子体电子温度也随着入射能量的增加而增加,从 1.925×10^{3} K 增加到 2.059×10^{3} K。随着入射激光能量的增加,油漆烧蚀面积逐渐增大,与等离子体电子密度和温度变化情况一致。最终通过元素分析说明入射激光能量增加使得 C 元素含量降低更多,燃烧得更剧烈。李(Li X.)等[38]使用了脉冲宽度为 15 ns,激光波长为 1064 nm、光束半径为 3.8 mm、光束能量不稳定性小于 3% 的电光调 Q 激光器进行了细致的除漆实验研究。所用样品涂料是混合环氧聚酯材料,其附着在 Al 金属基材上,油漆的厚度为 75 μm。研究不同激光能量密度对油漆去除效果的实验如图 6.5.1 所示。

如图 6.5.1(b)所示,在低激光脉冲能量密度的照射下,油漆只能被部分去除,而且被去除的部分非常不均匀。随着能量密度的增加,油漆可以完全去除,金属基底上没有明显的损伤痕迹(图 6.5.1(c))。对于更高的激光能量密度,漆去除区域膨胀,有明显严重的烧蚀,并且基底也已经损坏(图 6.5.1(d))。通过烧蚀油漆的形态特征,可以分析激光烧蚀的过程和机理。烧蚀油漆的微观形态如图 6.5.2 所示。

图 6.5.2(a)是激光照射能量密度为 0.53 J/cm² 的情况下的照片,在激光作用区域可以发现油漆表面上的烧蚀冷却痕迹和油漆的大量剥离。这表明油漆的脱落可归因于热应力作用导致的断裂。图 6.5.2(b)显示了在能量密度为 0.84 J/cm² 的激光脉冲作用下,完全剥离油漆的微观形态。可以观察到,在油漆破裂边缘和基底上没有明显的烧蚀痕迹,油漆的去除烧蚀作用不明显,油漆和基底之间的热应力导致了油漆从基底上表面的剥离。高能量密度(1.58 J/cm²)激光照射下的边缘

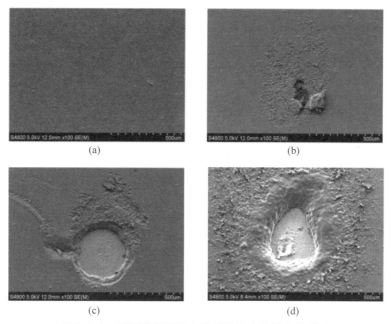

图 6.5.1 不同激光能量密度对油漆去除效果的影响

（a）油漆表面；（b）部分清洗（0.53 J/cm²）；

（c）完全清洗（0.84 J/cm²）；（d）基底损伤（1.58 J/cm²）

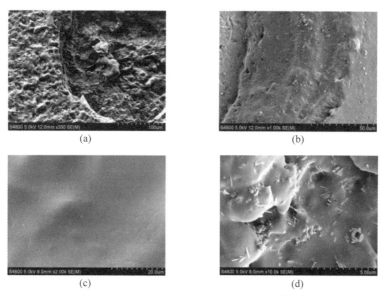

图 6.5.2 不同激光能量密度下烧蚀油漆的微观形貌

（a）部分清洗（0.53 J/cm²）；（b）完全清洗（0.84 J/cm²）；

（c）边缘基底损伤（1.58 J/cm²）；（d）基底损伤（1.58 J/cm²）

173

形态如图 6.5.2(c)和(d)所示。结合图 6.5.2,可以观察到在激光束的作用中心处存在明显的烧蚀凹坑,这显然是由熔体冷却引起的。大量的消融坑外围伴随着围绕这些凹坑的大量微米/纳米颗粒[39]。

南开大学施曙东等[31]除对激光不锈钢除漆的阈值进行了探究外,还探究了其他功率密度对清洗效果的影响。如图 6.5.3 所示,从图中明显可以看到,随着峰值功率密度的增大,基底受到损伤。

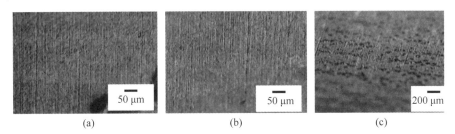

图 6.5.3　不同激光峰值功率密度下样品的微观表面情况

(a) 5.31×10^6 W/cm^2;(b) 7.43×10^6 W/cm^2;(c) 11.64×10^6 W/cm^2

对于岩石类基底,齐扬等[35]利用波长为 1064 nm、脉冲宽度为 10 ns 的激光器对云冈石窟表面岩石进行不同有机污染物的激光清洗实验。图 6.5.4 是不同激光下的除漆效果,所需脉冲次数为 5~6 次、频率为 1 Hz、光斑面积约 7 mm^2。此外,在同样一块油漆样品下用湿式激光清洗法进行清洗实验,用同一激光参数,干式和湿式两种激光清洗方法的清洗效果没有明显的差别。

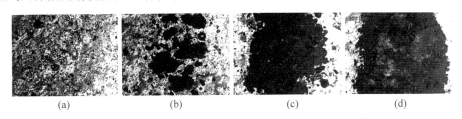

图 6.5.4　不同功率激光辐射后油漆样品的显微图片

(a) 油漆;(b) 32.5 mJ;(c) 48 mJ;(d) 64.3 mJ

2. 扫描方法和扫描速度

涅泊姆尼亚什奇(Nepomnyashchii)[40]给出了激光清洗的两种扫描方式:线扫描方式和点扫描方式,如图 6.5.5 所示。

对于功率较大的激光,可以采用线扫描方式,激光束被整形成一条线(工字形),然后连续地扫过待清洁的表面。对于功率较小的激光,或者清洗阈值很大的清洗对象,则采用点扫描方式,将激光整形为一个近似小正方形或小圆点,激光点平移一个与其宽度相对应的距离,然后不断重复该过程。

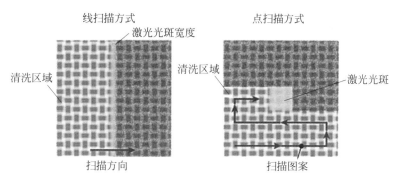

图 6.5.5 激光清洗中光斑的扫描方式

扫描速度对激光除漆效果也有重要影响。如果扫描速度过小,油漆层就不能完全去除;扫描速度过大,虽然油漆层可以完全去除,但是基底本身会产生变形、表面损伤。所以,需要将扫描速度控制在能完全清洗油漆的最大值与基底损伤的最小值之间。朱伟等[16]使用 1064 nm 的脉冲光纤激光器对铝合金板进行除漆研究,在探究扫描速度对清洗效果影响的实验中发现不同扫描速度总体效果并无太大差别,在 1500 mm/s 速度下清洗效果最稳定。陈菊芳等[2]在使用了 10.6 μm 波长 CO_2 连续激光进行除漆实验时探究了扫描速度对清洗效果的影响,同时探究了清洗功率与扫描速度上下限的关系。发现当激光功率较小,约 300 W 时,能够实现完全除漆的最大扫描速度与基底损伤最小扫描速度基本接近。

3. 搭接量

扫描中光斑的搭接量对除漆的效果也具有影响,且搭接量往往会与扫描速度共同影响除漆效果。激光的光斑为高斯分布,能量分布不均匀,中间能量高,边缘能量低,所以若想实现较均匀清洗,激光边缘处要有一定的重合,重合率称为光斑的搭接量。

章恒等[41]采用如图 6.5.6 所示的脉冲激光光斑搭接示意图。设光斑直径为 R,光斑间搭接量为 L_1,扫描道间搭接量为 L_2,定义 $\gamma_1 = L_1/2R$ 和 $\gamma_2 = L_2/2R$ 分别为光斑间搭接率和扫描道间搭接率。实验表明固定激光的扫描速度 $F = 150$ mm/min,激光光斑间的搭接率接近 50% 时,可以达到完全清除油漆层的效果。

张(Zhang Z. Y.)等[6]在使用 20 kHz 140 ns 准连续波 Nd:YAG 激光去除 T 形结构表面的油漆层实验中对搭接量进行了细致的探讨,首先定义了重叠率(搭接量)以描述相邻激光点之间的重叠,通过计算去除每层油漆所需的脉冲数来计算重叠率。实验中使用圆形激光光斑,利用二维激光清洁系统程序控制激光在 x、y 轴向的扫描,观察激光光斑在 x、y 方向上的分布特性,并通过用电子显微镜(NanoSEM 650)

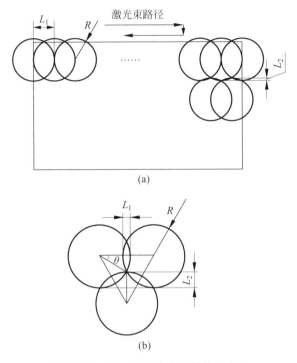

图 6.5.6　扫描时激光光斑搭接示意图

(a) 扫描时激光光斑搭接示意图；(b) 搭接量间的关系图

观察样品来测量清洁度和基底损伤的结果。发现当激光不重叠时，激光光斑边缘处烧蚀深度低于光斑中心处，之后降低 y 方向的平移速度，以提高 y 方向的点重叠率；同时提高 x 方向的扫描速度以减少由于 y 方向上的平移速度的降低而导致的烧蚀深度。不断调整这些参数，最终解决了由搭接量导致的激光光斑的不均匀能量分布和相邻圆形激光光斑之间的间隙引起的残留漆问题。张志研等[42]还采用平均功率为 30 W、脉冲宽度为 80～200 ns，重复频率为 30～300 kHz 的高重复频率脉冲激光器，清洗铝合金(6061)上厚度为 0.18 mm 的丙烯酸酯类油漆，通过控制 x 向和 y 向两个方向的光斑重叠率，得到了在"弓"字形扫描方式下，两个方向具有相同重叠率的计算方法。理论和实验表明，脉冲间隔对材料温度变化的影响较小，去除机制主要为烧蚀机制。

南开大学施曙东等[31]利用波长为 1064 nm、光斑直径约为 0.6 mm、重复频率为 0.5～50 kHz 可调的声光 Q 开关 Nd：YAG 准连续激光进行除漆实验。定义搭接率为 $1/2r$，r 为照射点半径，l 为每个点的搭接长度。从扫描线的移动方向看，扫描速度越慢，搭接率越高。实验中清洗的样品为钢质基底、涂覆红色醇酸漆、漆层厚度为 50 μm，设定激光器功率为能够完全清洗的数值，重复频率为 3 kHz。通过调节工作台的平移速度,改变扫描速度为 1.88 cm/s 时,在激光扫描区域中点脉冲作用范围内的油漆层已经可以完全去除,但沿扫描方向残漆条纹比较明显,这是因为扫描线移动速度过快,搭接率较低;将扫描速度降至 1.39 cm/s,扫描线之间的残漆条纹已经不明显;当扫描速度降到 0.76 cm/s 时,油漆层被完全去除,并且金属没有明显损伤。因此,较为理想的除漆效果需要激光点之间的搭接率大于 80%。

杨嘉年[43]采用纳秒脉冲激光器对 304 不锈钢基底表面丙烯酸树脂漆进行激光清洗实验。研究发现,光斑搭接率对表面成分影响最为显著,而激光功率对表面粗糙度影响最为显著。当激光功率为 19.18 W、光斑搭接率为 46%、扫描次数 3 次时,激光除漆效果最佳。不过,搭接率过高会造成基底表面温度超过其熔点,表面漆层汽化前被熔浆包裹,导致重铸层含碳量增加,因此过高的搭接率不利于获得较高的表面清洗质量。

4. 离焦量

激光光束的焦点是最小的,在大功率情况下,清洗对象可以不放在激光聚焦的焦点上,清洗对象到焦点的距离称为离焦量。在实际应用中,因为激光清洗设备是固定的(包括光束质量、聚焦透镜,甚至激光功率等),而需要清洗的污染物的清洗阈值不同,所以通过采用改变离焦量的方法进行清洗。离焦量不同,实际上意味着激光清洗的功率密度不同,对激光除漆有较大影响。朱伟等[16]使用 1064 nm 的脉冲光纤激光器对铝合金上的漆层进行除漆实验,探究了不同扫描速度、离焦量、平均功率等参量对激光除漆效果的影响,实验发现各参量中,离焦量对清洗效果影响最大,清洗效果如图 6.5.7 所示。

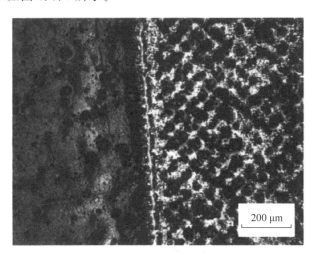

200 μm

图 6.5.7　铝合金清洗后的显微形貌,左侧为漆层的
原始形貌,右侧为激光清洗后的表面形貌

朱映瑞等[44]设计了高速摄像光学滤光放大系统拍摄不同离焦量下的漆层去除动态过程,采用扫描电子显微镜拍摄不同离焦量下激光去除漆层后的表面形貌,通过高速摄像动态过程和扫描电子显微镜微观形貌分析相结合的方法研究了不同离焦量条件下漆层去除机理的差异。结果表明:离焦量为 0 mm 时,漆层主要通过热应力、熔化、气体冲击三种方式去除;离焦量为 ±4 mm 时,漆层主要通过热应力和熔化蒸发去除。

5. 激光波长

激光波长对激光除漆显然是有影响的,其原因在于油漆层和基底层对波长的吸收率不同。以一种镀金木材做基材为例说明。镀金木材是葡萄牙艺术中重要和原始的艺术表现形式,现多用于祭坛、教堂等宗教建筑装饰,也用于非宗教装饰。此种木材表面镀金箔,常使用黄铜基漆覆盖于表面的金箔处。裴卓·嘎斯帕(Pedro Gaspar)等[45]使用 Q 开关 Nd:YAG 激光器输出三种波长的激光,分别为 1064 nm(近红外)、532 nm(可见光,绿色)和 266 nm(紫外)对镀金木材进行表面除黄铜基漆的实验。

实验结果表明,三种波长的激光与镀金样品表面具有不同的相互作用。266 nm 辐射能够在低能量下完全去除黄铜基漆层,然而由于金在紫外线中的高吸收性,金箔在一定程度上受到入射辐射的损坏。对于 532 nm 的辐射,黄铜基漆层能够被去除,但它在清洗镀金样品方面不如 266 nm 有效,而且金箔仍然有损伤,导致分层和基底的改变。至于 1064 nm 的辐射,它在清洗镀金表面方面无效,因为它不能在不损坏下层金箔的情况下除去黄铜基漆,只能改变漆的纹理。因此可以得出结论:用激光辐射可以从镀金样品中去除黄铜基漆,与可见光和红外辐射相比,紫外辐射是最有效的,在能量密度为 0.025 J·cm^{-2} 时使用 100 个脉冲,可表现出良好的效果,如图 6.5.8 所示。但是,对于金箔,必须特别小心,因为对这种金属的激光照射会导致表面受损,所以要避免任何光线对金箔的直接照射。

图 6.5.8　1064 nm(近红外)、532 nm(可见光,绿色)和 266 nm(紫外)在低能量 100 个脉冲下的清洗效果

6. 光束质量

在讨论不同激光参数对金属基底除漆效果的研究时,除了高斯光束也可以使用平顶光束进行激光除漆的研究。南开大学的施曙东等[46] 使用平顶激光研究激光清洗,以去除金属基底上的油漆涂层,并比较了高斯激光和平顶激光的效果,以及激光光斑不同直径下的清洗情况。实验使用声光调 Q 的 Nd：YAG 激光器,波长为 1064 nm、脉冲能量为 25 mJ、脉冲持续时间为 200～400 ns,重复频率可达 3 kHz。为了获得平顶激光束,在光路中设置了具有负球面像差透镜的透镜系统,即将每个透镜放置成具有球面像差,然后设置孔径以使光束的中心通过。通过选择具有不同系数的不同透镜来调节激光光斑的直径。从铁基底上除去表面漆层,实验可以通过观察表面纹理的变化,来识别激光除漆的效果。表面涂层涂约有 50 μm 厚,均匀喷涂。研究表明,近似平坦的激光束可以获得比高斯激光束更优化的清洗效果,这表明平顶激光在金属基底上除漆效果更好。而且,考虑到近平坦激光强度的均匀性,对基底的热效应最小,可有效减少对基底的损坏并提高清洗效率。除漆效果如图 6.5.9 所示。

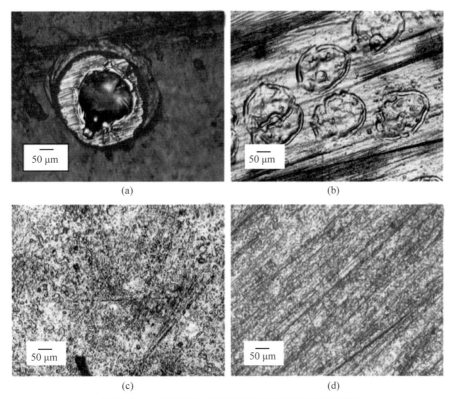

图 6.5.9　不同光束质量的激光清洗后的表面形貌

(a) 高斯激光照射的结果；(b)～(d) 通过几乎平坦的顶部激光照射的结果

光斑直径分别为 0.4 mm(b)、0.7 mm(c)和 1.0 mm(d)

7. 连续和脉冲激光

连续运转和脉冲运转激光都可以除漆。早期 CO_2 连续激光较多地被用于脱漆中,此后声光和电光调 Q 激光器(YAG 固体激光器、光纤激光器)的除漆研究更加广泛了,除此之外,锁模激光器也可以进行除漆。关于脉冲激光清洗的研究,赵(Zhao)等[47]用 1064 nm 高重复频率光纤激光去除飞机外壳(LY12 铝合金板)上50 mm 厚的聚丙烯酸树脂底漆层,研究了扫描速度、脉冲频率、扫描线间距和激光功率等工艺参数对清洗效果的影响。通过对清洗后的表面和在清洗过程中收集到的颗粒的分析,提出了三种可能的清洗机理:烧蚀、热应力振动和等离子体冲击。关于连续激光清洗的研究,陆(Lu)等[48]使用连续波光纤激光器进行激光除漆,激光最大平均功率为 2 kW,波长为 1070 nm,激光光斑尺寸为 5.0 mm。清洗过程中用氩气吹过清洗表面,以减少燃烧的影响。实验样品为 40 mm×20 mm×2 mm 25A06 铝合金基底,喷涂环氧聚酯(EP)涂料,厚度约 200 μm。研究表明,激光的强度和漆层去除深度几乎呈线性关系,这是因为激光强度越高,越容易导致油漆表面的蒸发。此外,由于连续波激光对涂料层的烧蚀,光离解过程明显占优势。油漆去除率随连续波激光输出功率线性变化,如图 6.5.10 所示。

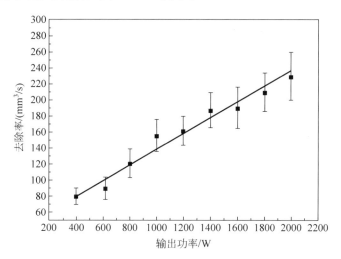

图 6.5.10 去除率与激光输出功率的关系

对于连续激光除漆,在低入射激光强度下,清洗过程中会发生蒸发和相爆炸,但是,由于入射激光在涂层表面的多次反射的影响,涂层的烧蚀深度将受到限制,由于热的浸透作用,烧蚀速率被有效抑制[1,15]。在高入射激光强度下,激光诱导空气击穿容易造成大气等离子体,产生巨大的压力梯度,使得油漆剥离。

6.6　激光除漆的实际应用研究

在激光除漆研究中,有一部分是针对实际产品的应用进行研究的,如飞机的蒙皮脱漆,弹药修理中的除漆,文物表面油漆的去除等。这些研究中,更偏重于实际工程应用,甚至就是实际的工程应用。本节对此予以介绍。

6.6.1　飞机蒙皮的激光除漆

飞机的蒙皮有两种材料,一是碳纤维增强树脂基复合材料,二是铝合金材料。一架飞机根据部位不同,会选择复合材料或铝合金作为蒙皮材料。飞机蒙皮的涂漆过程包括:蒙面表面预处理、涂底漆层、涂面漆层等,油漆的种类包括聚氨酯面漆、环氧聚酰胺或聚氨酯、阿罗丁等,有时需要在铝表面生成氧化膜[49]。

对于飞机蒙皮的激光除漆的研究,一般直接使用现有工业上的飞机蒙皮作实验材料,参数通常与铝合金激光除漆研究时的参数类似,其中探究激光是否导致基底表面的损伤,是一个重点研究内容。通过观察铝合金表面氧化层的变化可以判断基底损伤;激光除漆对飞机蒙皮力学性质如抗拉强度、屈服强度以及维氏硬度等参量的影响,也是重要的研究内容。蒋一岚等[50]用 $10.6~\mu m$ 的高重复频率 CO_2 激光器对基底材料为 $1.01~mm$ 厚的 LY12 铝合金样片涂覆双层复合油漆层——灰黑色 TS96-71 面漆以及黄色 TB06-9 底漆进行了激光除漆实验。探究了平均功率密度、峰值功率密度、扫描间距(搭接量)和扫描次数等因素对除漆的影响。当扫描间距为 $0.1~mm$,平均功率密度为 $13.1~kW/cm^2$ 时,扫描两遍之后,便能完全清除油漆层,基底层上原有的字样也可清晰地看到,此时的平均功率密度为完全除漆阈值。实验中巧妙地利用了材料表面的氧化层,若氧化层出现明显的发白现象则表明基底受损。实验结果表明激光功率过大时会损伤基底。关于判断基底损伤情况方面,胡久等[28]在实验中用了更加精确的方法,他们使用功率为 150 W 的 CO_2 激光器,通过测量材料导电性与连续盐雾腐蚀实验来判断氧化膜的完整性,铝合金表面的氧化膜完整时处于不导电状态,而且完整的氧化层使铝合金对盐雾有良好的抗腐蚀性能。实验发现激光除漆后铝合金导电性较差,在盐雾环境下没有明显的腐蚀斑点,可见激光除漆后铝合金氧化膜可以有效保存。

复合材料也是飞机蒙皮的重要材料,涅泊姆尼亚什奇[51]研究了碳纤维复合材料(CFRP)的除漆。关于激光除漆对飞机蒙皮力学性能的影响,蒋一岚等[50]探究了激光除漆后的飞机蒙皮和其原始的阳极氧化层基底的粗糙度、抗拉强度、屈服强度以及维氏硬度变化,并做了分析及对比。结果表明激光除漆对于飞机蒙皮的抗拉强度以及屈服强度等力学性能没有影响,且未改变样片基底的粗糙度。胡久等[28]在探究激光除漆对飞机蒙皮力学性能的影响时将激光除漆与溶剂除漆做了对比,从力学性能表征的结果看出,零件的抗拉强度、屈服强度、延伸率等性能在溶剂除漆与激光除漆后差异不大,均满足原材料标准要求。此外,他们对于激光清洗与溶剂清洗重新喷漆后漆层的结合力也做了对比,发现激光除漆后再喷漆的样品与漆层的结合力表现良好,而溶剂除漆后再喷漆的样品漆层出现脱落现象,可见在漆层结合力方面激光除漆要优于溶剂除漆。

此外,郑光等[52]也研究了高平均功率、高重复频率的 TEA CO_2 激光除漆后对飞机金属蒙皮力学性能的影响。实验发现飞机金属蒙皮激光脱漆前后,力学性能没有影响,不会带来安全隐患。

6.6.2 弹药修理中的激光除漆

弹药长期储存,一次性使用,具有燃爆特性。在和平年代,由于弹药存放时间长,存放地点潮湿会导致弹壳表面的油漆脱落,没有油漆保护的金属基底很容易腐蚀,一旦腐蚀严重,甚至导致弹药外露,可能会引起严重的安全事故。为了做到万无一失,对于各类弹药如炮弹、子弹等,每隔一定年限需要进行翻修,就是把弹壳表面的油漆去除掉,重新刷漆。除漆质量直接影响弹药修理质量和性能。以前多采用喷丸法,但是清洗之前必须将弹药倒出,以避免任何可能的安全事故。

自从激光清洗得到研究和应用后,人们开始探讨其在弹药修理中的可行性。宋桂飞等[53]利用功率为 20 W、波长为 1064 nm、脉冲宽度为 80 ns 的脉冲光纤激光器对铜质炮弹药筒进行了激光除漆实验。从处理效果来看,样品表面经较强激光辐照扫描后,旧漆层可顺利剥离,但仍然附着在样品表面上并未立即脱落,此时再用较弱激光进行清洗,达到除漆目的。激光辐照扫描的部位均可看见基底材料的金属光泽,颜色与质地都很均匀;从表面温升变化来看,激光除漆后,材料的表面温度几乎没有变化。由此可见平均功率为 20 W 的激光处理危爆装置表面,不需要担心因热效应而发生燃爆;从作业效率来看,如果是除锈与除漆复合作业,约在 0.083 s/mm^2,总体效率不高,有待提升。

三浦光男(Kono M.)等[54]使用超快激光进行军用金编织物的实验。实验证明,超快激光清洗可以有效去除军用金编织物中的污染物,且清洗方式安全、可控。随着强大而紧凑的飞秒激光器的快速发展,超快激光烧蚀有可能成为保护军械库中的标准工具。

6.6.3 文物与艺术品中的激光除漆

激光除漆对石质材料的应用主要在清洗石质文物方面,在 20 世纪 70 年代早期的欧洲,激光清洗开始用于清洗石质文物,但这项技术开始广泛应用却是近十几年的事。激光清洗石质文物在欧洲的很多国家如法国、意大利、德国、希腊等,已经作为一种非常重要的物理清洗方法。我国也通过大量的理论和实际的研究,证明了激光清洗是清洗石质文物安全有效的方法。如激光可有效清除云冈石窟石质文物表面典型的漆层,安全可靠,证明其可用于石质文物保护。

激光除漆对玻璃材料的应用主要体现在背射除漆方面,这个方法曾成功地应用于两个真实考古发掘出的物体,即一块用黑色油漆覆盖的玻璃和一个内部带有黑色污垢的古董玻璃瓶,这两个物体都是在布宜诺斯艾利斯市的考古挖掘中发现的[21]。使用背侧入射的激光清洗均非常成功。图 6.6.1 为激光清洗前后的照片。

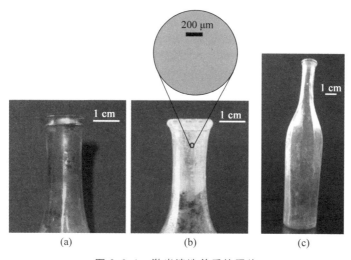

图 6.6.1　激光清洗前后的照片

（a）瓶子上部的原始状态；（b）使用激光部分清洗后的瓶子；（c）从外部进行激光清洗后整瓶的最终状态,
通量为 $1 J/cm^2$。上圆是清洁部分的显微镜图像,显示玻璃没有损坏

很多工业元件和设备、历史遗迹等经长期工作或长期风化后,表面的漆层往往混合着油污、锈层、水垢及其他有机涂层等污染层。此时激光可同时进行除漆与除锈清洗。在具体应用中要综合基底材料的性能、微观结构、形貌缺陷等,进而确定选用的激光器类型和激光波长,然后确定激光清洗的能量阈值[55]。

参考文献

[1] WOODROFFE J A. Laser removal of poor thermally-conductive materials-delivers laser beam pulses having wavelength at which material to be removed is opaque and fluence sufficient to decompose material：US4756765-A US33777-E[P]. 1991-12-24.

[2] 陈菊芳,张永康,许仁军,等. 轴快流 CO_2 激光脱漆的实验研究[J]. 激光技术,2008,1：64-66.

[3] WATKINS K G, CURRAN C, LEE J M. Two new mechanisms for laser cleaning using

Nd：YAG sources[J]. Journal of Cultural Heritage,2003,4(SI)：59-64.

[4] JAAFAR M S，SUHAIMI F M，MASRI M N，et al. Study on performance of CO_2 laser in paint removal over selected national car model[J]. Journal Technology,2016,78(3)：203-209.

[5] ZOU W F,XIE Y M，XIAO X,et al. Application of thermal stress model to paint removal by Q-switched Nd：YAG laser[J]. Chin. Phys. B,2014,23(7)：074205.

[6] ZHANG Z Y,ZHANG J Y，WANG Y B,et al. Removal of paint layer by layer using a 20 kHz 140 ns quasi-continuous wave laser[J]. Optik,2018,174：46-55.

[7] TAN X Y，ZHANG D M，YU B M,et al. Vaporization effect studying on high-power nanosecond pulsed laser deposition[J]. Physica B,2005,358：86-92.

[8] LU Q M,MAO S S，MAO X L，et al. Delayed phase explosion during high-power nanosecond laser ablation of silicon[J]. Appl. Phys. Lett,2002,80(17)：3072-3074.

[9] SINGH N. Pulsed-laser evaporation technique for deposition of thin films：physics and theoretical model[J]. Phys. Rev. B,1990,41(13)：8843-8859.

[10] 贾宝申,唐洪平,苏春洲,等.脉冲激光去除树脂基复合材料表面涂层[J].中国激光,2019,46(12)：133-140.

[11] 高辽远,周建忠,孙奇,等.激光清洗铝合金漆层的数值模拟与表面形貌[J].中国激光,2019,46(5)：327-335.

[12] 邹万芳,罗颖,范明明.激光清洗石质文物表面油漆的理论分析[J].赣南师范大学学报,2018,39(3)：46-49.

[13] WATKINS K G. Mechanisms of laser cleaning[J]. Pro . SPIE,2000,3888：165-174.

[14] TIAN B,ZOU W A,HE Z,et al. Paint removal experiment with pulsed Nd：YAG laser [J]. Cleaning World,2007(10)：1-5.

[15] LUO H X，CHENG Z G. High power CW CO_2 laser using in aircraft laser paint removing [J]. Laser Journal,2002,23(6)：52-53.

[16] 朱伟,孟宪伟,戴忠晨,等.铝合金平板表面激光除漆工艺[J].电焊机,2015,45(11)：126-128.

[17] 陈林,邓国亮,冯国英,等.基于 LIBS 及时间分辨特征峰的激光除漆机理研究[J].光谱学与光谱分析,2018,38(2)：367-371.

[18] TSEREVELAKIS G J，POZO-ANTONIO J S,SIOZOS P,et al. On-line photoacoustic monitoring of laser cleaning on stone：evaluation of cleaning effectiveness and detection of potential damage to the substrate[J]. Journal of Cultural Heritage,2019,35：108-115.

[19] RAZA M S S，TUDU P，SAHA P. Excimer laser cleaning of black sulphur encrustation from silver surface[J]. Optics and Laser Technology,2019,113：95-103.

[20] POULI P，OUJJA M，CASTILLEJO M. Practical issues in laser cleaning of stone and painted artefacts：optimisation procedures and side effects[J]. Applied Physics A-Materials Science & Processing,2012,106：447-464.

[21] BILMES G M，VALLEJO J，VERA C C,et al. High efficiencies for laser cleaning of

glassware irradiated from the back：application to glassware historical objects[J]. Applied Physics A-Materials Science & Processing,2018,124(4)：347.

[22] 左名光,金惠宗.油漆红外吸收光谱及烘烤温度探讨[J].红外技术,1983,(6)：23-26.

[23] 许嘉霖.红外吸收光谱在油漆物证比对鉴定中的应用[J].法制博览,2018(17)：125-126.

[24] GOMES V, DIONISIO A,POZO-ANTONIO J S,et al. Mechanical and laser cleaning of spray graffiti paints on a granite subjected to a SO$_2$-rich atmosphere[J]. Construction and Building Materials,2018,188：621-632.

[25] LU Y, YANG L J,WANG Y,et al. Paint removal on the 5A06 aluminum alloy using a continuous wave fiber laser[J]. Coatings,2019,9(8)：488.

[26] 吴丽雄,叶锡生,刘泽金.聚氨酯黑漆的红外激光损伤机理研究[J].中国激光,2011,38(3)：14-18.

[27] ABEENS M, MURUGANANDHAN R,THIRUMAVALAVAN K,et al. Surface modification of AA7075 T651 by laser shock peening to improve the wear characteristics[J]. Materials Research Express,2019,6(6)：066519.

[28] 胡久,马路,王文全,等.激光除漆与溶剂除漆对飞机蒙皮零件的性能影响[J].金属世界,2017(6)：6-9.

[29] LI X, HUANG T,CHONG A W,et al. Laser cleaning of steel structure surface for paint removal and repaint adhesion[J].光电工程,2017,44(3)：340-344.

[30] 杜鹏.脉冲激光除漆实验研究与激光除漆试验的制作[D].天津：南开大学,2012.

[31] 施曙东,杜鹏,李伟,等.1064 nm 准连续激光除漆研究[J].中国激光,2012,39(9)：58-64.

[32] 刘彩飞,冯国英,邓国亮,等.有限元法移动激光除漆的温度场分析与实验研究[J].激光技术,2016,40(2)：274-279.

[33] 郭为席,胡乾午,王泽敏,等.高功率脉冲 TEA CO$_2$ 激光除漆的研究[J].光学与光电技术,2006,4(3)：32-35.

[34] 鲜辉,冯国英,王绍朋.激光透过油漆层的理论分析及相关实验[J].四川大学学报,2012,49(5)：1036-1042.

[35] 齐扬,周伟强,陈静,等.激光清洗云冈石窟文物表面污染物的试验研究[J].安全与环境工程,2015,22(2)：32-38.

[36] RIVAS T, POZO S,FIORUCCI M P,et al. Nd：YVO$_4$ laser removal of graffiti from granite. influence of paint and rock properties on cleaning efficacy[J]. Applied Surface Science,2012,263(15)：563-572.

[37] 陈康喜,冯国英,邓国亮,等.基于发射光谱及成分分析的激光除漆机理研究[J]. 光谱学与光谱分析,2016,36(9)：2956-2959.

[38] LI X, ZHANG Q,ZHOU X,et al. The influence of nanosecond laser pulse energy density for paint removal[J]. Optik,2018,156：841-846.

[39] ANTONY K, ARIVAZHAGAN N, SENTHILKUMARAN K. Numerical and experimental investigations on laser melting of stainless steel 316 L metal powders[J]. Manuf. Process,2014,16 (3)：345-355.

[40] NEPOMNYASHCHII V V，MOSINA T V，RADCHENKO A K，et al. Theory，manufacturing technology，and properties of powders and fibers-oxidation resistance of electrolytic ferromagnetic powders with an organic composite coating[J]. Powder Metallurgy & Metal Ceramics，2007，46(7-8)：313-316.

[41] 章恒，刘伟嵬，董亚洲，等.低频 YAG 脉冲激光除漆机理和实验研究[J].激光与光电子学进展，2013，50(12)：114-120.

[42] 张志研，王奕博，梁浩，等.高重复频率脉冲激光去除低热导率涂漆[J].中国激光，2019，46(1)：148-156.

[43] 杨嘉年，周建忠，孙奇，等.基于响应面分析的激光除漆工艺参数优化[J].激光与光电子学进展，2019，56(23)：183-190.

[44] 朱映瑞，朱明，石玕，等.激光离焦量对金属漆去除机理的影响[J].电焊机，2020，50(1)：29-33.

[45] GASPAR P，ROCHA M，KEARNS A，et al. A study of the effect of the wavelength in the Q-switched Nd：YAG laser cleaning of gilded wood[J]. Journal of Cultural Heritage，2000，1(2)：133-144.

[46] 施曙东，李伟，杜鹏，等. Removing paint from a metal substrate using a flattened top laser[J]. Chinese Physics B，2012，21(10)：295-301.

[47] ZHAO H C，QIAO Y L，DU X，et al. Laser cleaning performance and mechanism in stripping of polyacrylate resin paint[J]. Applied Physics A，2020，126(5)：360.

[48] LU Y，YANG L，WANG Y，et al. Paint removal on the 5A06 aluminum alloy using a continuous wave fiber laser[J]. THE Coatings，2019，9(8)：488.

[49] 靳森，王静轩，袁晓东，等.飞机金属蒙皮以及复合材料表面激光除漆技术[J].航空制造技术，2018，61(17)：63-70.

[50] 蒋一岚，叶亚云，周国瑞，等.飞机蒙皮的激光除漆技术研究[J].红外与激光工程，2018，47(12)：21-27.

[51] NEPOMNYASHCHII V V，MOSINA T V，RADCHENKO A K，et al. Theory，manufacturing technology，and properties of powders and fibers-oxidation resistance of electrolytic ferromagnetic powders with an organic composite coating[J]. Powder Metallurgy & Metal Ceramics，2007，46(7-8)：313-316.

[52] 郑光，谭荣清. TEA CO$_2$ 激光脱漆实验研究[J].激光杂志，2005，26(5)：82-84.

[53] 宋桂飞，李良春，夏福君，等.激光清洗技术在弹药修理中的应用探索试验研究[J].激光与红外，2017，47(1)：29-31.

[54] KONO M，BALDWIN K G H，WAIN A，et al. Treating the untreatable in art and heritage materials：ultrafast laser cleaning of "cloth-of-gold"[J]. Langmuir，2015，31（4）：1596-1604.

[55] 王海将，刘伟嵬，余跃，等.金属表面污染物的激光清洗研究现状与展望[J].内燃机与配件，2016，8：75-78.

第 7 章

激光清洗在除锈方面的应用

7.1 激光除锈的意义

我们的日常生活和工业生产中会使用大量的金属元器件和设备,金属的腐蚀给生活和生产带来了不便和危害。设备因腐蚀损坏,不得不定期更新,这是直接损失。直接损失是可以量化的,而间接损失则难以计算,往往远大于直接损失,如浪费原材料、影响产品质量、污染环境等。在工厂,由于腐蚀导致的机器性能的变化,会造成后续生产成本的大量增加,有些零件的腐蚀还可能引起爆炸和火灾;现在房屋和桥梁中大量使用钢筋混凝土结构,混凝土包裹着钢铁,如果钢铁生锈了,会造成其外面的混凝土剥落,产生严重的结构问题,无法承重。这也是钢筋混凝土建筑中常见的失效模式之一。腐蚀导致工程装备、关键结构以及基础设施损坏,进而引起灾难性事故。尤其是与生活密切相关的建筑物、石油天然气相关的工厂中,腐蚀更容易引起巨大的经济损失乃至人员伤亡。1983 年,美国狄格州格林威治镇米勒斯大桥,因为使用的轴承内部生锈断裂,使得桥面受力变化,造成桥面坍塌,导致当时在桥上的三名驾驶员落河身亡。2013 年,青岛管道爆炸事故造成了重大人员伤亡和经济损失,其原因就是管道腐蚀导致了泄漏,从而引起了爆炸。事实上,腐蚀造成的损失大于所有自然灾害的损失总和。据国际腐蚀工程师协会(NACE)调查显示,全球每年因金属腐蚀而损失的金额高达 2.5 万亿美元,大约相当于全球生产总值的 3.4%。由于腐蚀引起的经济损失在各国每年的 GDP 中平均超过 3%(而中国更为严重,约达 5%)。

所以,防止设备和元器件生锈,是生产和生活中非常重要的一项任务。为了防止设备腐蚀,在设备生产中往往需要先涂上一层油漆,以隔绝大气。但是在工业生产中,由于分工和工序问题,金属材料生产出来后不能立即进入涂装工序,而是放置在仓库里甚至露天堆放。我们知道,金属材料如碳钢材料,在潮湿环境中短时间内(数小时至数天)就能形成腐蚀物,称为浮锈(floating rust),属于腐蚀发生初期的腐蚀层,如图 7.1.1 所示。如果将油漆刷在腐蚀层上,会很容易随腐蚀氧化皮一起脱落,所以刷漆涂装前要求金属表面清洁无腐蚀,必须将金属材质上的锈去除。即使刷上油漆,由于使用过程中的磨损、油漆的老化、环境中的氧气和水汽扩散进入基底,金属设备还是会产生腐蚀,如图 7.1.2 所示。一般开始时局部漆层破坏生锈,久而久之,腐蚀严重,大片漆层剥落。为了防止腐蚀扩大和变得严重,需要进行维修,维修时需要将油漆和生成的腐蚀一起除掉。因此,无论是涂装之前的元件设备,还是使用后的仪器,除锈都是必不可少的,而且是重要的生产环节。

图 7.1.1　堆放在仓库中的钢管表层的浮锈

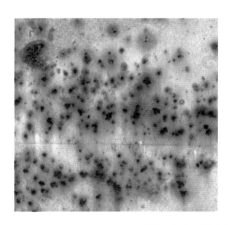

图 7.1.2　涂上油漆后的基底腐蚀

1. 物理除锈法

在日常生活中,或者小面积的除锈作业中,常采用简单的机械摩擦法进行除锈清洗。对于大面积或者腐蚀比较严重的,常采用喷丸法。喷丸法在第 1 章中已经介绍了。在喷丸过程中,磨料(铁丸、铁砂等)被高速喷洒到腐蚀的金属表面,低强度的腐蚀可以分解成小部分,并容易从钢基表面脱落。

2. 化学除锈法

金属腐蚀一般溶于酸,比如羟基氧化铁在酸溶液中的溶解很快。利用酸进行除锈,成本相对较低,除锈速度很快。但是,酸溶液常常腐蚀金属基底材料。还可以用碱来除锈,一般不会影响钢基材料,适合深度除锈。电解除锈一般不会导致金属表面二次腐蚀,甚至可以重新钝化生锈的钢。但是,电解除锈需要在专门设计的电解池中进行,不适合现场应用。

虽然最常用的喷丸法和化学除锈法,技术成熟、效率高,但是喷丸法噪声大、灰尘多,化学清洗法酸碱气味刺鼻,对操作工人健康不利,且环境污染严重。相对而言,激光除锈对环境友好,是很有前途的绿色环保除锈技术,而且激光除锈后表面发生钝化,可以保护基底,减缓基底腐蚀速度。

7.2　腐蚀的生成与基本成分

所谓锈或锈蚀,一般指金属(包含合金),如金银铜铁铝等表面所产生的氧化物,常见的有铁锈、铜锈、铝锈、银锈等。同一种金属的氧化物可能不止一种,如铁锈,可能是 Fe_2O_3,也可能是 $Fe(OH)_3$,或其混合物等。对于这些金属的氯化物、硫化物,广义上也可以归为锈蚀,或者,如果将"锈"用来指称金属的氧化物,则用腐蚀来指称金属表面的各种化学物。锈蚀或腐蚀,是金属和环境中的其他成分产生化学反应而形成的,会对金属基底产生侵蚀作用。氧化物的锈蚀是最常见的。

7.2.1　腐蚀的生成

按照反应机理分类,金属的腐蚀可分为化学腐蚀、电化学腐蚀和物理腐蚀等几种。

1. 化学腐蚀

金属与其周围的介质发生纯粹的化学反应所形成的腐蚀,称为化学腐蚀。化学腐蚀只有当金属与介质直接接触时才能发生。例如,钢铁和 O_2、H_2S、SO_2、Cl_2 等气体物质相接触,经过一段时间后,在金属表面就会生成相应的氧化物、硫化物、氯化物等化合物。

2. 电化学腐蚀

金属和电解质发生电化学反应而形成的腐蚀,称为电化学腐蚀。腐蚀阳极发生氧化反应过程,放出电子;而腐蚀阴极发生还原反应,得到电子。以铁制品为例,$Fe \longrightarrow Fe^{2+}$ 的标准电极电位为 -0.44 V,比碳的标准电极电位 $+0.3$ V 要低,当两者相互接触时,因为存在电位差,就会发生腐蚀,腐蚀过程的反应如下[1-2]:

阳极过程：

$$Fe \longrightarrow Fe^{2+} + 2e \qquad (7.2.1)$$

阴极过程：

$$2H^+ + 2e \longrightarrow H_2 \uparrow \qquad (7.2.2)$$

（酸性溶液中的析氢腐蚀反应）

$$4H^+ + O_2 + 4e \longrightarrow 2H_2O \qquad (7.2.3)$$

（酸性溶液中的耗氧还原反应）

$$O_2 + 2H_2O + 4e \longrightarrow 4OH^- \qquad (7.2.4)$$

（中性或碱性溶液中的耗氧还原反应）

金属的腐蚀中电化学腐蚀是一个主要原因。在生活和生产过程中，铁是应用最广泛的金属之一，也是最容易被腐蚀的金属。以铸铁为例，在完成了基本的阴极、阳极反应，再经过一系列次生过程后，将生成难溶性产物，即铁锈。其过程主要包括如下反应：

$$Fe_2 + 2OH^- \longrightarrow Fe(OH)_2 \qquad (7.2.5)$$

（阴极和阳极产物相互迁移相遇生成二次产物）

$$4Fe(OH)_2 + 2H_2O + O_2 \longrightarrow 4Fe(OH)_3 \qquad (7.2.6)$$

（在氧气和水分充足的条件下氢氧化亚铁被氧化成氢氧化铁）

$$6Fe(OH)_2 + O_2 \longrightarrow 2Fe_3O_4 + 3H_2O \qquad (7.2.7)$$

（在氧气供应不足时直接将氢氧化亚铁氧化成四氧化三铁）

$$4Fe(OH)_3 \longrightarrow \gamma\text{-}FeOOH + H_2O \qquad (7.2.8)$$

（氢氧化铁脱水分解后生成活泼铁锈酸）

$$\gamma\text{-}FeOOH \longrightarrow \alpha\text{-}FeOOH + Fe_3O_4 + Fe_2O_3 \qquad (7.2.9)$$

（活泼铁锈酸进一步转化分解形成铁锈其他成分）

3. 物理腐蚀

金属因物理学上的溶解作用而产生的腐蚀，称为物理腐蚀。许多金属在高温熔盐、熔碱及熔融液态金属中，会发生溶解或开裂，这是由于物理溶解作用而导致的金属腐蚀。

7.2.2　铁锈

1. 铁锈的主要成分

很多元器件和设备采用碳钢，其金属元素成分为铁，所以铁锈是最为广泛和常见的腐蚀。铁锈的形成及其组分很大程度上取决于其周围环境，环境中的离子会对铁锈的成分有较大的影响，水也可以吸附在铁的氧化产物上。如果不加以处理，由于铁锈没有致密的组织，水和氧气会持续穿透表面的锈层，渗透进材料内部，使内部的铁继续生锈,使得铁锈变得非常严重,从而腐蚀整个材料,如图 7.2.1 所示。

图 7.2.1　腐蚀严重的铁锈

一般将铁氧化物统称为铁锈,铁锈通常为红色,由铁和氧气进行氧化还原反应而生成。不同情况下会生成不同形式的铁锈。铁锈主要由三氧化二铁水合物($Fe_2O_3 \cdot nH_2O$)和氢氧化铁($FeO(OH)$、$Fe(OH)_3$)组成。只要在氧气和水充足的情况下,经历足够长的时间,铁就会完全氧化成锈。铁与其他物质形成的化合物,有时也被统称为铁锈,如 FeS_2、$FeSO_4 \cdot 7H_2O$、$FeCO_3$、$Fe_3(PO_4)_2 \cdot 8H_2O$、$NaFe_3(OH)_6(SO_4)_2$、$(NH_4)_2Fe(SO_3)_2 \cdot H_2O$ 等。氧化铁是最常见、最主要的铁锈。

对于氧化铁,如果氧气浓度增大或者长期处于氧气环境中,那么铁的氧化程度会提高,铁的化学价会升高,从 Fe^{2+}(褐绿色)——→$Fe^{2+/3+}$(中间态共混态既有 Fe^{2+} 也有 Fe^{3+})——→Fe^{3+}(红色)。在大气中生成的铁锈,由于有水蒸气,所以形成的铁锈中有水分子或 OH^-,其主要成分为 $FeO(OH)$、$Fe_2O_3 \cdot nH_2O$、FeO 和 Fe_3O_4。一般来说,与金属接触的一侧是 FeO,与空气接触的一侧是 $FeO(OH)$、Fe_2O_3,中间则是 Fe_3O_4。

2. 铁锈成分的热力学数据

根据《实用无机物热力学数据手册》[1],表 7.2.1 给出了铁锈部分成分的热力学数据。

表 7.2.1　铁锈部分成分的热力学数据

化学式	T_{tr1}/K	T_{tr2}/K	T_{sb}/K	T_M/K	T_B/K	T_{DP}/K	ΔH_{tr1}/ (J·mol^{-1})	ΔH_{tr2}/ (J·mol^{-1})	ΔH_{sb}/ (J·mol^{-1})	ΔH_M/ (J·mol^{-1})	ΔH_B/ (J·mol^{-1})
Fe	1184	1665		1809	3135		900	837		13807	349573
FeO				1650		3687				24058	
Fe$_3$O$_4$	866			1870						138072	
Fe$_2$O$_3$	953	1053				1735	669		0		

注：① T_{tr} 为物质晶型转变点；T_{sb} 为物质升华点；T_M 为物质熔点；T_B 为物质沸点；T_{DP} 为物质热分解点；以上温度单位均为开尔文(K)。ΔH_{tr} 为物质晶型转变热；ΔH_{sb} 为物质升华热；ΔH_M 为物质熔化热；ΔH_B 为物质蒸发热；以上热量单位为 J·mol^{-1}。

② 表中物质晶型转变温度有两个,分别是：T_{tr1} 为 α→β,T_{tr2} 为 β→γ。

③ Fe$_2$O$_3$·H$_2$O 的存在温度为 298~400 K。

④ FeCO$_3$(分解)温度范围为 298~800 K。FeOOH 和 α-FeOOH 在 300℃ 即 573 K 左右的温度下脱水生成 α-Fe$_2$O$_3$,γ-FeOOH 在约 300℃ 即 573 K 时脱水并转变为亚稳态 γ-Fe$_2$O$_3$,当温度继续升高,约在 450℃ 即 723 K 时转变为 α-Fe$_2$O$_3$ 稳定相,铁锈的颜色见表 7.2.2。

表 7.2.2　铁锈部分成分的颜色

化　学　式	颜　　色
Fe	银白
FeO	黑
Fe$_3$O$_4$	黑
γ-Fe$_2$O$_3$	深棕
α-Fe$_2$O$_3$	亮红
α-FeOOH	红/棕/黄
β-FeOOH	橙
γ-FeOOH	橙红

7.2.3　铜锈

铜是另外一种常用的金属,铜的电阻小,热导率好,可以用在很多场合。使用一段时间后,其表面会产生腐蚀。在中国古代,还有大量的青铜器,经过数千年的风霜雨雪后,其表面的铜锈影响了文物本身的特性,如图 7.2.2 所示。

在铜表面的腐蚀,称为铜锈,俗称铜绿,是铜与空气中的氧气、二氧化碳和水等反应产生的物质,其反应过程为

$$2Cu + H_2O + O_2 + CO_2 \rightleftharpoons Cu_2(OH)_2CO_3$$

图 7.2.2　铜锈

铜锈的主要成分为碱式碳酸铜,化学式为 $Cu_2(OH)_2CO_3$,分子量为 221.12,相对密度为 3.8525,折射率为 1.655、1.875、1.909,不溶于水和乙醇,可溶于氨水、酸、氰化物以及铵盐和碱金属碳酸盐的水溶液中。加热至 220℃时分解,化学反应式为[3]

$$Cu_2(OH)_2CO_3 \Longrightarrow 2CuO + CO_2 \uparrow + H_2O$$

在大气环境中铜材以均匀腐蚀为主要腐蚀形式,主要特征表现为由腐蚀产物引起的表面颜色的改变。铜腐蚀产物层的颜色变化实际上反映了其介质环境作用下形成的不同成分的腐蚀产物。首先,铜材在大气环境中氧化,生成棕红色的 CuO 和 Cu_2O,在有硫氧化物污染的大气中继续氧化,生成 Cu_2S。Cu_2S 是不稳定的过渡产物,很快就被氧化成黑色的 CuS 或蓝绿色的 $CuSO_4 \cdot 3Cu(OH)_2$。在海洋大气中,氯离子与铜离子继续反应,生成蓝绿色的 $CuCl_2 \cdot 3Cu(OH)_2$。海洋大气下[3],黄铜的主要腐蚀产物为 $CuCl_2$、Cu_2O、$ZnCl_2$ 和 $CuSO_4 \cdot 3Cu(OH)_2 \cdot 2H_2O$;紫铜的主要腐蚀产物为 $CuCl_2$、Cu_2O、$Cu_2SO_4 \cdot H_2O$、$CuCl_2 \cdot 3Cu(OH)_2$ 和 $CuSO_4 \cdot 3Cu(OH)_2 \cdot 2H_2O$;青铜的主要腐蚀产物为 $CuCl_2$、Cu_2O、$CuCl_2 \cdot 3Cu(OH)_2$ 和 $CuSO_4 \cdot 3Cu(OH)_2 \cdot 2H_2O$;铍铜的主要腐蚀产物为 $CuCl_2$、Cu_2O、$CuCl_2 \cdot 3Cu(OH)_2$、$CuSO_4 \cdot 3Cu(OH)_2 \cdot 2H_2O$ 和 Al_2O_3。

青铜器表面的这些腐蚀产物大致可分为两类:一类是无害锈,主要是指青铜器表面的古斑、皮壳等,特点是锈层坚硬、结构致密;另一类是有害锈,这种锈的特点是结构疏松,形同粉状,通常称为粉状锈[4]。未染粉状锈的青铜腐蚀层一般分层结构较简单,外层是二价铜的盐类化合物等。XRD 分析结果表明,腐蚀产物主要是孔雀石、蓝铜矿、赤铁矿和石英、锡石等,不含碱式氯化铜。染有粉状锈的青铜腐蚀层一般分为三至四层,外层绿色多为二价铜的碱式化合物(包括副氯铜矿),第二层是红褐色的氧化亚铜层,第三层浅色主要是氯化亚铜层,第四层则为合金基体层。铜锈的去除方法主要有机械摩擦法(手工摩擦、喷丸等)、化学试剂法、热能清洗法。化学清洗时使用的化学试剂主要有酸、碳酸盐溶液。

7.2.4 铝板上的氧化皮

以铝或铝合金为材料的物体,也会生锈,虽然其生锈速度比铜和铁慢,但是由于铝或铝合金密度小、质量轻,在生活中使用越来越多,长期使用也会产生铝锈。

铝通过以下化学反应生成氧化铝:
$$4Al + 3O_2 =\!\!=\!\!= 2Al_2O_3$$

生成的铝锈,结构致密,可以防止氧气和水汽进入基底,起到了保护作用。这个作用称为钝化。所以,铝的腐蚀没有铜和铁那么严重。但是,由于在生锈时往往会有泥污、油污等,对于材料来说既不美观也可能会影响使用。图 7.2.3 为汽车轮胎的铝合金轮毂和工业铸件,清洗后明显干净整洁。

图 7.2.3　汽车轮胎的铝合金轮毂和工业铸件

7.2.5　银锈

银是重要的装饰品,在工业和科研中也使用较多。银是不活泼的金属,很耐腐蚀。但是,暴露在空气中,也会发生化学反应,在表面形成化合物,颜色变得暗淡,失去原先的光泽,如图 7.2.4 所示。银锈的主要成分是硫化银,是银跟空气中的硫化物发生化学反应形成的。此外,银与酸性气体、一氧化氮也会发生反应。可以通过加热还原反应或者氨水浸泡来去除银锈。

图 7.2.4　银锈的硫化银

7.3　激光除锈机理

对于金属基底表面的腐蚀,除了常规的机械摩擦和化学试剂清洗外,激光清洗是一种很有前途且行之有效的方法。激光清洗可应用的金属基底包括碳钢、奥氏体不锈钢、马氏体不锈钢、钛合金以及铝合金等,污染物包括锈层、硫化层、氧化层、漆层、Al-Si 涂层及耐腐蚀涂层等。激光除锈的机理与激光除漆的类似,主要是腐蚀层和基底吸收激光,温度上升,达到熔点或汽化点,或者产生热应力,或者产生等离子体,或者形成冲击波,最终使得腐蚀层脱离基底。

7.3.1　金属和腐蚀层对激光的吸收

第 3 章已提过,激光在传播过程中入射到材料表面时,激光光束的能量传递满足以下关系:

$$E_{反射} + E_{吸收} + E_{透射} = E_0 \qquad (7.3.1)$$

式中,E_0 表示入射能量,$E_{反射}$、$E_{吸收}$ 以及 $E_{透射}$ 分别表示材料反射、吸收、透射的激光能量。除锈时,基底及腐蚀均为不透明固体,激光透射率接近于零,即可以认为 $E_{透射} = 0$,代入式(7.3.1),得到

$$1 = \frac{E_{反射}}{E_0} + \frac{E_{吸收}}{E_0} = R + A \tag{7.3.2}$$

式中，R 为材料反射率，A 为材料吸收率。

金属对可见光是不透明的，其原因在于金属的电子能带结构的特殊性。在金属的电子能带结构中，费米能级以上存在许多空能级，当金属受到光线照射时，电子容易吸收入射光子的能量而被激发到费米能级以上的空能级上。由于费米能级以上有许多空能级，因而各种不同频率的可见光即具有各种不同能量（ΔE）的光子都能被吸收。事实上，金属对所有的低频电磁波（从无线电波到紫外光）都是不透明的，只有对高频电磁波 X 射线（0.1～10 nm）和 γ 射线（1 pm～0.1 nm）才是透明的[5]。

激光在传播过程中，激光强度按指数规律衰减，入射到距表面 x 处的激光强度 I 可表示为

$$I = I_0 \mathrm{e}^{-ax} \tag{7.3.3}$$

式中，I_0 表示入射到表面的激光强度，α 表示材料对入射激光的吸收系数。

R、A 以及 α 可根据物质的复折射率 N' 来进行计算，

$$N' = N - iK \tag{7.3.4}$$

式中，N 为材料的折射率，它取决于光波在吸收性介质中的传播速度，K 取决于光波在吸收性介质中传播时的衰减（光能的吸收）。

吸收系数可表示为

$$\alpha = \frac{4\pi K}{\lambda} \tag{7.3.5}$$

式中，λ 表示入射激光的波长。

7.3.2 激光除锈时的温度分布

激光入射在清洗对象表面，材料表面吸收部分激光能量，电子能量增加，由低能级跃迁到高能级，激光能量通过声子与光子等的复杂相互作用转化为热能，再由热扩散把热能传导到周围介质使材料温度升高。我们以激光干式除锈为例，通过热传导方程求解温度分布。

对于激光干式除锈，建立笛卡儿坐标系，设样品的厚度为 L，当激光照射到样品腐蚀表面时，在稳定时，可写出热传导方程[6]：

$$\alpha_t \frac{\delta T(x,y,z,t)}{\delta t} = \left(\frac{\partial^2 T}{\partial x^2} + \frac{\partial^2 T}{\partial y^2} + \frac{\partial^2 T}{\partial z^2} \right) \tag{7.3.6}$$

式中，ρ、c、k、α_t 分别为锈的密度、比热、热传导率和导温系数，$\alpha_t = \rho c / k$。由于使用的激光多为高斯光束，且光斑面积很小，近似认为是均匀受热，故可用傅里叶导热模型[7]进行简化：

$$\begin{cases} \alpha_t \dfrac{\delta T}{\delta t} = \dfrac{\partial^2 T}{\partial z^2}, & 0 \leqslant z \leqslant L, \quad t \geqslant 0 \\[2mm] -\alpha_t \dfrac{\delta T}{\delta z}\bigg|_{z=0} = q \\[2mm] T(z,t)\big|_{t=0} = T_0, & 0 \leqslant z \leqslant L \\[2mm] \dfrac{\delta T}{\delta z}\bigg|_{z=L} = 0, & t \geqslant 0 \end{cases} \qquad (7.3.7)$$

式中，q 为激光的体积能量密度。上式可用高斯-赛德尔迭代法进行求解。α_t 可由实验测得。通过求解上述方程，可以得到温度分布。一般来说，只能求出其数值解。

任志国等采用高斯面热源和有限元网格划分策略，对激光除锈时金属基底表面温度场分布做了数值模拟[8]，并通过实验进行了对照。当照射激光平均功率为8 W 时，激光能量密度低，金属基底表面最高温度为 700℃ 左右，金属基底上没有熔池形成；激光平均功率为 12 W 时，金属基底表面温度可达到 1200℃ 以上，金属基底的温度会迅速升高超过低碳钢的熔点，形成熔池形貌；当脉冲激光平均功率增大到 16 W 时，金属基底表面最高温度为 1700℃ 左右，达到熔点以上，金属基底表面形成光斑中心下凹、光斑边缘分布有小熔珠的熔池。

7.3.3　激光除锈的主要机理

由于腐蚀层和基底吸收的激光能量不同、热膨胀系数不同，导致不同位置处的温度不同。温度梯度会产生热应力，使得锈层振动；如果温度足够大，会促成化学反应；当温度达到熔点和汽化点时，会有烧蚀效应；此外，激光可能会击穿作用区的空气，产生等离子体冲击波。对于湿式激光清洗，还会因为液体蒸发产生相爆炸效应，不过在激光除锈中，湿式法使用较少。以上就是激光除锈的几种主要机理。

1. 热效应及热应力

当材料快速吸收激光能量时，由于基底与腐蚀层的热膨胀率不同，交界处迅速产生一种压力作用在相邻材料上，会产生相应的反冲力，从而在腐蚀层与基底之间形成一个双向压力波，即热应力。当热应力足够大时，超过了腐蚀层与基底之间的结合力，腐蚀层开始脱离基底。腐蚀层与基底间主要是黏滞力，其大小为[9]

$$F(z,t) = \left(B + \frac{4}{3}G\right)\frac{\partial u(z,t)}{\partial z} - B\gamma T(z,t)c \qquad (7.3.8)$$

式中，B、G 分别为基底的体变模量和切变模量，γ 为基底的膨胀系数，z 为分子间空隙，t 为作用时间，$u(z,t)$ 和 $T(z,t)$ 分别为基底的位移函数和温度函数。当热应力大于黏滞力时,腐蚀层脱离基底。

2. 化学反应

激光除锈,针对的是金属和金属氧化物,二者在高温下容易发生多种化学反应。而化学反应的吸热放热又会对激光除锈时各成分的温度和性质造成较大的影响,所以不可忽视。铁的主要腐蚀产物在除锈过程中可能发生的反应如下所示[10-11]。

(1) FeO:

$$2Fe + O_2 \xrightarrow{1873 \sim 1923\ K} 2FeO \tag{7.3.9}$$

$$FeO + C \xrightarrow{1223\ K\ 以上} Fe + CO\uparrow - Q \tag{7.3.10}$$

$$FeO + nCO \xrightarrow{1223\ K\ 以上} Fe + CO_2 + (n-1)CO + Q \tag{7.3.11}$$

(2) Fe_3O_4

$$Fe_3O_4 + 4C \xrightarrow{1123 \sim 1173\ K} 3Fe + 4CO\uparrow \tag{7.3.12}$$

$$Fe_3O_4 + CO \xrightarrow{高于\ 853\ K} 3FeO + 4CO_2 \tag{7.3.13}$$

$$Fe_3O_4 + 4CO \xrightarrow{低于\ 853\ K} 3Fe + 4CO_2 \tag{7.3.14}$$

$$2Fe_3O_4 \xrightarrow{2573\ K} 6FeO + O_2\uparrow \tag{7.3.15}$$

(3) Fe_2O_3

$$6Fe_2O_3 \xrightarrow{1735\ K} 4Fe_3O_4 + O_2 \tag{7.3.16}$$

$$Fe_2O_3 + CO \xrightarrow{\Delta} 4FeO + CO_2 \tag{7.3.17}$$

$$FeCO_3 \xrightarrow{673\ K} FeO + CO_2\uparrow \tag{7.3.18}$$

3. 等离子体冲击波

当光照射在金属表面时,等离子体就会被激发,该等离子体的波长比原始波长小得多。当激光清洗金属材料时,激光透过污染物到达金属基底表面,基底与污染物之间会形成等离子体,当激光能量达到一定值时引发等离子体膨胀并引起爆炸,产生等离子体冲击波,冲击波和爆炸发生在基底表面和污染物层之间,从而使污染物被带走。韩敬华等[12]研究了薄膜被激光损伤的过程,分析了薄膜损伤的各种因素,认为激光等离子体效应在激光清洗过程中起到了重要作用。此外,若温度可以达到腐蚀的熔点,将发生熔融现象,对于金属腐蚀来说,这个温度较高。

对于激光除锈机理,很多研究人员做了实验研究。周建忠[13]采用脉冲光纤激光器进行了激光除锈机制研究,激光最大功率为 100 W、脉冲宽度为 100 ns、波长为 10645 nm、重复频率为 100 kHz,分别采用 30.6 J/cm² 和 10.2 J/cm² 的激光能量密度对 AH32 船用钢表面锈层进行分步激光清洗。原始锈层可以看出腐蚀疏松多孔,存在多种块状氧化物。用 60 W 激光进行第一次清洗后,厚腐蚀层被去除后的腐蚀表面产生了较多裂纹和凹坑形貌;第二次用 20 W 的脉冲激光进行清洗,样品表面残留腐蚀已经去除,呈现出均匀排列的激光作用痕迹。文章认为,分步激光除锈的作用机制有两种:孔洞爆破机制和烧蚀蒸发机制。第一次清洗时,疏松多孔铁锈结构吸收了大量的入射激光能量,结构中富集的空气和水分在脉冲激光的热效应作用下迅速膨胀,进而产生较大的爆破力,使锈层开裂直至破碎剥离。第二次清洗时,由于第一次激光照射后表面温度升高,使得底锈对激光的吸收率增加,此次除锈机制主要是烧蚀蒸发[14]。

潘煜[15]研究了钢基底上的较厚锈层,他们将锈层分成三层,如图 7.3.1 所示为上面的第一、二层的清洗机制示意图,主要是相爆炸机制。

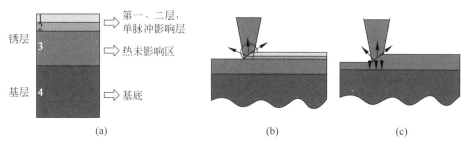

图 7.3.1　分层模型和清洗机制示意图

（a）分层模型；（b）一、二层的相爆炸机制；（c）第三层的膨胀和烧蚀机制

第一、二、三层都是锈层,第四层是钢铁的基底表面。激光从第一层垂直向下照射时,第一、二层是单脉冲热影响区,第三层(靠近基底)是热未影响区;一、二层以锈层分解温度的等值线为分界线,第三层会产生热弹性膨胀和烧蚀效应。而且,由于锈层是疏松多孔结构,激光光束在经过锈层时,会发生折射,从而表现出类似于透镜的聚焦作用,产生近场增强效应。

7.4　激光除锈设备和表征方法

7.4.1　激光除锈设备

与激光除漆一样,通常一台完整的激光除锈系统主要由激光器、移动传输装置、光束调整装置、控制装置、监测装置和辅助装置(如除尘装置)等组成,激光器中采用较多的是 CO_2 激光器、Nd∶YAG 激光器或是光纤激光器,CO_2 激光器、Nd∶YAG

激光器系统常用于机械领域,准分子激光器多用于超精密清洗。光束调整装置主要由光学透镜等器件组成,可以调整激光器输出激光的光斑形状、大小,进而能调整其辐射的能量密度,满足不同情况下除锈的不同阈值,以此来提高清洗效率[16-18]。移动传输装置通过步进电机驱动清洗样品或激光输出端,考虑到实际除锈需要较高的灵活性同时还要使光斑遍及样品位置,可以采用光纤传输。监测装置主要通过一些检测仪器来监测清洗污染物过程中产生的声音、图像、光谱等信号,并将这些信号及时反馈给控制装置。控制装置调控清洗过程的开始和结束,协调和控制其他各部分装置,使它们协同工作。除锈作业,可以使用手动控制,也可以使用计算机控制。激光湿式清洗还需要外加沉积液膜于基底表面的装置。

7.4.2　激光除锈效果的表征方法

激光除锈过程中会产生等离子体,利用其做元素分析是表征激光除锈的一种重要方法。姚红兵等[19]使用 Nd:YAG 脉冲激光清洗腐蚀铁块并进行等离子体元素光谱分析。激光输出能量为 $0\sim10$ J,波长为 1.06 μm,脉冲宽度为 20 ns,光斑直径为 4 mm,频率为 1 个脉冲/1.5 min,铁块初始的铁元素的质量百分比为 82.32%。清洗后用阶梯光栅光谱仪收集脉冲激光器清洗铁块试样产生的等离子体光谱图,标出铁原子谱,可以看出清洗过后的等离子体谱相对强度明显增强。并在之后用化学方法测量元素质量分数进行验证。发现当 563.40 nm 波长处特征谱线强度增大 443.11% 时,洗净率达到 99.84%,表明铁块已清洗干净,等离子体谱线的起伏度也明显降低。且由于空气中氮、氧占比确定,其对谱线影响不大。因此,等离子体光谱分析可以为激光除锈是否清洗干净提供重要依据。

在进行激光除锈后元素含量分析的实验中,可以不只分析基底元素含量,也可同时分析杂质元素含量。而且除使用光栅光谱仪进行等离子体光谱分析,也可以使用其他仪器进行元素分析,如扫描电子显微镜。乔玉林等[20]用波长为 1064 nm 的高重复频率、高能量激光对碳钢表面进行激光除锈的研究,功率为 $200\sim500$ W、脉冲宽度为 80 ns、脉冲重复频率为 $5\sim15$ kHz、扫描速度为 5 cm^2/s、搭接率 5%。采用 Nova Nano SEM 50 扫描电子显微镜分析激光除锈后表面元素的相对含量。可以看出原始锈层的铁元素含量低,氧元素含量高,当激光扫描速度为 6.0 mm/s 时,Fe 元素的相对含量最高,氧元素的相对含量最低,说明此时除锈效果最好。乔玉林等[20]还分析了碳元素含量为 6.23 wt.%,对比氧元素含量可知表面在空气中吸附了碳,锈层被清洗干净且没有发生氧化反应。实验还测量了激光光斑痕迹内微区、不光滑微区、搭接处微区的相对含量与元素组成,结果表明痕迹微区、不光滑微区铁元素含量基本一致,都清洗干净了;而不光滑微区氧元素含量较高,可能是腐蚀粉尘没有被去除。搭接处碳元素的相对含量偏低,因为扫描遍数少的地方惰性反应程度小。整个实验中,通过元素分析方法证明了碳钢表面上的腐蚀能被激光清洗干净。

7.5　不同激光参数对激光除锈效果的影响

不同激光参数对激光除锈效果的影响很不一样。已有的研究表明,激光功率、重复频率、激光扫描次数、扫描速度、扫描线间距对激光除锈的影响很大。当然清洗对象的腐蚀的严重程度对激光清洗参数的选择起主要决定因素。

1. 激光功率和能量

探究不同激光参数对激光除锈效果的影响,首先看激光功率密度,即单位面积上的激光功率,这里的激光功率既考虑平均功率,也考虑峰值功率(单脉冲能量)。功率密度取决于激光输出功率、光斑大小、重复频率等。下面我们先讨论激光平均功率的影响。陈国星等[10]使用波长为 1064 nm 的脉冲激光探究光功率对不锈钢表面除锈效果的影响。激光参数为单脉冲能量 50 mJ、单脉冲宽度 100 ns、重复频率为 10 kHz、光斑直径 3 mm、扫描次数 5。选取 300 W、400 W、500 W 三种平均输出功率,通过 SEM 和能谱图(EDS)分析不锈钢表面清洗前后的表面形貌及成分。300 W 功率时,表面大块氧化物发生分解,形成球状氧化物碎片。经元素分析发现,Cr、Ni 元素原子百分比有所增加,Fe、O 元素原子百分比仍占主要地位,清洗效果一般。400 W 功率清洗后,不锈钢表面的块状氧化物减少,表面由粗糙变为光滑。经元素分析发现,原子百分比由 Fe、O 元素占主要地位转变为由 Fe、O、Cr 元素占主要地位,表明表层的氧化物已经几乎被清洗掉,次表层露出,表面轮廓较平整,激光清洗效果比之前好。500 W 功率时,块状氧化物增多,表面变得粗糙。元素分析发现,Cr 元素原子百分比进一步增加,激光清洗已经将不锈钢表面的氧化物清洗干净,但基体有部分损伤。由此分析得到,当激光功率增加时,激光清洗的厚度随之增加,清洗效果更好。激光对不锈钢表面除锈的清洗阈值接近 3.96×10^3 W/cm^2,基底损伤阈值约为 5.52×10^3 W/cm^2。

乔玉林等[20]利用元素分析法探究了激光平均输出功率对清洗效果的影响。用波长为 1064 nm 的高重复频率、高能量激光对碳钢表面进行激光除锈,脉冲宽度为 80 ns,扫描速度为 5 cm^2/s,搭接率 5%,功率设定为 200 W、300 W、500 W,脉冲重复频率为 5 kHz、10 kHz、15 kHz。实验结果发现功率越高,激光峰值功率密度越大,基底清洗后 Fe 元素含量越高。张广心等[21]比较了不同激光能量密度下铝合金表面氧化膜的清洗效果和清洗机制。结果表明,激光清洗能完全去除氧化层。脉冲光纤激光器工作波长为 1064 nm,输出光为高斯模式,最高平均功率为 100 W,最大重复频率为 500 kHz,脉冲宽度为 100 ns。初始清洗阈值(即开始有清洗效果时)为 12.7 J/cm²,完全清洗阈值为 25.5 J/cm²。在低能量密度下,激光烧蚀引起相爆炸是主要的清洗机制,基底蒸发挤出熔融氧化物层,形成脉冲陨石坑。在高能密度下,除相爆炸外,还会引起碰撞效应,导致氧化层的飞溅和去除,瞬态能量吸收引起热应力耦合效应,导致基体与氧化层的分离,蒸发引起的冲击效应导致氧化层去除。铝的蒸气吸收了激光能量,形成等离子体的高能密度,增强了激光与等离子体的耦合。

陈辉刚等[22]通过激光能量密度的变化,研究了激光清洗对 A7N01 铝合金表面形貌的影响。采用波长为 1064 nm、频率为 600 kHz、脉冲宽度为 150 ps 的光纤激光,清洗铝合金表面氧化膜,当能量密度大于 1.53 J/cm² 时,产生了等离子气体,加大了空气中的氧气和高温铝合金接触的面积和时间,产生了更加剧烈的氧化现象,从而使铝合金表面的激光清洗痕迹和二次氧化现象均随着能量密度的增加而增大。

2. 重复频率

曹乃锋等[23]使用 RFL-P50Q 调 Q 脉冲光纤激光器对紫铜制锂离子电池极柱的氧化层进行了清洗。激光参数为:波长 1064 nm、功率 50 W、光斑直径 54 μm。实验探究了不同脉冲频率对清洗效果的影响。扫描线间距 0.06 mm、扫描速度 5000 mm/s、扫描 2 次,重复频率为 40 kHz、50 kHz、60 kHz。结果表明频率为 40 kHz 时原氧化层除净,但有新氧化层再生;频率为 50 kHz 时氧化层基本被除净,而且无氧化层再生;频率为 60 kHz 时有部分氧化层无法除净。重复频率高,可以提高清洗速度,但是需要和扫描次数光斑搭接量结合起来,才能够有效清洗金属表面的腐蚀。

3. 扫描次数

扫描次数会对除锈效果产生影响。孙松伟等[24]使用 MoDel RQM-0100 型 Nd:YAG 脉冲激光清洗机对 TiNi 合金表面进行了激光除氧化膜的研究。激光参数为频率 20 Hz、功率百分比 80%、扫描速度 200 mm/s、扫描间距 0.03 mm。样品为 Ti 占 44.34%、Ni 占 55.66% 的 TiNi 合金。分别对样品 1 与样品 2(1 到 4 号样品均相同)扫描 6 次、10 次,发现扫描 10 次的样品 2 表面比扫描 6 次的样品 1 更加明亮,且观察横截面可以看出样品 2 的截面比样品 1 的截面更加均匀,但总的来说两个样品都没有完全去除氧化膜,扫描达到一定次数后,再增加扫描次数,激光清洗效果变化越来越不明显。两种样品清洗前后的照片如图 7.5.1 和图 7.5.2 所示。

改变激光参数,频率 100 Hz、功率百分比 100%、扫描速度 1500 mm/s、扫描间距 0.09 mm,对 TiNi 合金样品 3、样品 4 进行激光除锈,扫描次数分别为 3 次、5 次。通过对比发现,样品 3 比样品 1、样品 2 的表面更加明亮,没有被扫描的区域有所减少,并且从横截面可以看出,样品 3 表面残留氧化膜更少;而样品 4 激光清

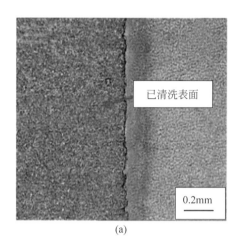
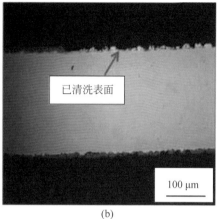

已清洗表面

0.2mm

(a)

已清洗表面

100 μm

(b)

图 7.5.1　样品 1 激光清洗前后表面形貌对比

（a）表面形貌；（b）横截面

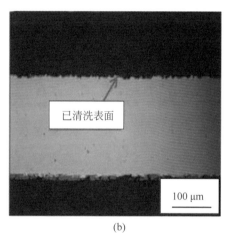

已清洗表面

0.2 mm

(a)

已清洗表面

100 μm

(b)

图 7.5.2　样品 2 激光清洗前后的表面形貌对比

（a）表面形貌；（b）横截面

洗后较其他样品表面更加均匀,氧化膜去除更为彻底,如图 7.5.3 和图 7.5.4 所示。同时,实验中还发现,因为 TiNi 合金相比铁锈氧化膜致密而坚固,激光清洗去除的难度也更大;同时由于激光清洗实验中没有保护气保护,而 TiNi 合金对氧具有较强的亲和力,因此容易发生二次氧化。

朱国东等[25]用声光调 Q 二极管泵浦 Nd：YAG 激光清洗 5A12 铝合金表面的腐蚀。通过改变激光在相同位置的扫描次数来控制清洗速度。相同位置的激光扫描次数分别设置为 5 次、10 次、15 次、20 次、25 次、30 次、40 次、60 次、80 次和

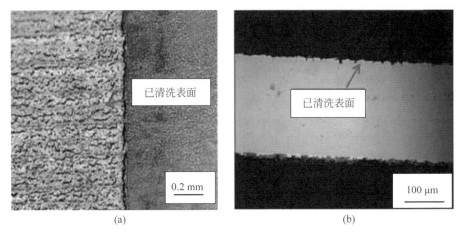

(a)   (b)

图 7.5.3   样品 3 激光清洗前后的表面形貌对比

(a) 表面形貌；(b) 横截面

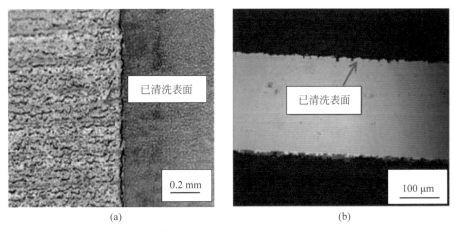

(a)   (b)

图 7.5.4   样品 4 激光清洗前后的表面形貌对比

(a) 表面形貌；(b) 横截面

100 次,清洗速度分别为 20.7 mm/s、10.4 mm/s、6.9 mm/s、5.2 mm/s、4.1 mm/s、3.5 mm/s、3.0 mm/s、2.6 mm/s、1.7 mm/s 和 1.0 mm/s。通过测试清洗后的样品,得到最佳清洗参数：功率为 98 W,扫描速度为 4.1 mm/s。扫描速度太快,清洗效果差；速度慢,则清洗效率低。根据研究结果,可以发现,如果低于清洗阈值功率,无论扫描多少次也没有效果。如果达到清洗阈值功率,但是功率还比较低,那么增加扫描次数,可以提升清洗效果,这是因为热的积累效应。但是这种通过多次扫描进行清洗,清洗效率是很低的。只有对于一些顽固的与基底结合力很强的腐蚀,或者厚度较厚的腐蚀,或者缺少大功率激光器,或者需要小心清洗以防备基底受到损伤的情况下,才使用多次扫描。

4. 扫描速度

扫描速度大,则清洗效率高,反之则小。有些金属如铝合金的熔点相对铁较低,扫描速度慢,激光在同一区域停留时间长,则可能使得基底出现熔融现象。罗雅等[11]使用 POWER-LASE Rigel i400 的纳秒脉冲固体激光器,激光参数为波长为 1064 nm、峰值功率为 400 W、最小脉冲宽度为 15 ns、最大脉冲频率为 10 kHz、光斑为 0.8 mm,对铝合金阳极表面上的氧化层进行清洗,设置 5 个同样的样品,扫描速度分别为 0.5 m/min、1.5 m/min、2.5 m/min、3.5 m/min、4.5 m/min。激光清洗后用光学显微镜表征清洗与未清洗界面形貌,用电子显微镜对清洗后的表面形貌进行观察,采用能谱分析进行物相鉴定。由实验可知,样品 1 表面为熔融形貌;样品 2 表面以熔融形貌为主,出现撕裂形貌;样品 3 表面熔融形貌与撕裂形貌并存;样品 4 表面以撕裂形貌为主;样品 5 表面撕裂力度减小。原因是当扫描速度过小为 0.5 m/min 时,积累能量过大,氧化层剥落,铝基底熔融;当扫描速度为 3.5 m/min 时,激光以剥离氧化层为主,速度再增加清洗效果会下降。由此可见,扫描速度也会影响清洗阈值和损伤阈值。他们还进一步分析了激光清洗的扫描速度对基底表面元素分布的影响。以样品 1 和样品 4 为例,发现样品 1 氧元素含量升高,样品 4 氧元素含量下降,这是因为扫描速度超过损伤阈值时铝合金表面发生氧化;而扫描速度适中时,因氧化层被剥离导致氧元素含量下降。

曹乃锋等[23]使用调 Q 脉冲光纤激光器探究不同扫描速度对激光清洗锂离子电池极柱的除氧化层效果的影响。激光参数:波长为 1064 nm、功率为 50 W、光斑直径为 54 μm、重复频率为 50 kHz、扫描线间距为 0.06 mm,调整扫描速度为 2500 mm/s、5000 mm/s 和 10000 mm/s。实验发现,低速扫描可以将氧化层除去、但会造成二次氧化;中等速度扫描没有导致二次氧化,但一次扫描不能将氧化层除净,需要 2 次扫描;高速扫描有大部分氧化层无法除去。扫描速度存在最佳值。实验还发现扫描速度对清洗效果的影响总体高于重复频率。

关于碳钢,乔玉林等[20]在用波长为 1064 nm 的高重复频率、高能量激光对碳钢表面进行激光除锈的实验中,设定激光功率为 500 W、重复频率为 10 kHz、脉冲宽度为 80 ns、搭接率为 5%,扫描速度设定为 3.0~9.0 cm²/s,间隔 1.0cm²/s。实验结果发现在扫描速度为 6 cm²/s 时,铁含量最多,清洗效果最好。可见,扫描速度对清洗效果的影响总体高于重复频率,扫描速度过低或过高,清洗效果都会下降。

5. 扫描线间距或搭接量

扫描线间距过小,或搭接量过大,扫描路径就会过长,导致清洗时间延长,效率就会降低;扫描线间距过大或搭接量过小,部分区域功率密度就会过小,清洗效果会下降。曹乃锋等[23]使用调 Q 脉冲光纤激光器,探究扫描间距对激光清洗锂离子电池极柱氧化层效果的影响。激光参数:波长为 1064 nm、功率为 50 W、光斑直径为 54 μm、重复频率为 50 kHz、扫描速度为 5000 mm/s、扫描 2 次,调整扫描线间距为 0.05 mm、0.06 mm、0.07 mm。实验发现扫描线间距为 0.05 mm 时原氧化层除净,但有二次氧化;描线间距为 0.06 mm 时氧化层基本被除净,而且无二次氧化痕迹;频率为 60 kHz 时有部分氧化层无法清除。

周建忠[13]采用最大平均功率为 100 W、脉冲宽度为 100 ns、波长为 1064 nm、脉冲重复频率为 100 Hz 的脉冲光纤激光器为清洗光源,对 AH32 船用钢表面锈层进行分步激光清洗。通过扫描振镜、固定平台及控制系统控制扫描速度和搭接量,聚焦后光斑直径为 50 μm,高速振镜的扫描速度最大为 8000 mm/s,可调。在 3000 mm/s 的扫描速度下分别采用 30.6 J/cm^2 和 10.2 J/cm^2 的激光能量密度。扫描路径如图 7.5.5 所示。搭接率与扫描速度呈反比关系,根据实验结果,当搭接量为 50%、40% 和 30% 时,扫描速度分别为 2500 mm/s、3000 mm/s 和 3500 mm/s。激光清洗后,基体表面呈现微熔状态,光斑内部光滑均匀,边缘分布枝晶状乳突结构。

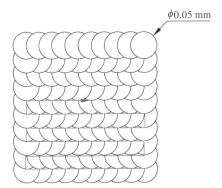

图 7.5.5 光斑扫描路线图与搭接量

德斯琴斯(Deschênes)[26]比较了不同搭接量时的清洗情况,所使用的光斑搭接示意图如图 7.5.6 所示,发现搭接量过大,会导致基底损伤;搭接量过小,则可能存在清洗不干净的现象。

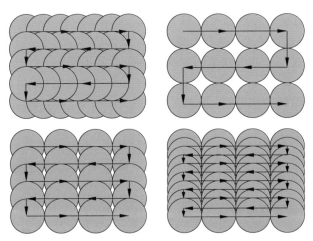

图 7.5.6 实验中使用的几种不同程度的搭接量

6. 激光模式

德斯琴斯[26]比较了单模和多模激光的清洗效果。发现去除氧化层和除锈的效果,多模激光几乎是单模激光的两倍。其原因与多模激光的光斑更加均匀,而单模激光是高斯分布有关。

7. 样品的腐蚀程度

除激光本身的参数,样品的腐蚀程度对清洗效果具有决定性的影响。南开大学物理学院的田彬等[16]使用调 Q 脉冲 Nd：YAG 激光器对铁样品进行激光除锈实验。激光参数：辐射波长为 1064 nm,脉冲宽度为 10 ns,重复频率为 20 Hz 以上,单脉冲最大能量为 220 mJ。实验中对不同样品的腐蚀程度做了等级划分,从轻到重依次分为 A、B、C 三个等级。实验发现对于 A 等级样品,激光清洗阈值很低,B 等级样品的阈值较 A 等级样品增高,C 等级样品由于锈层过厚,单次清洗已无法有效清洗干净,而且此时单纯增大能量也不能很好地提高清洗效果,需要进一步提高重复频率。

杨明昆等[27]对深度腐蚀钢板进行了激光除锈的工艺研究。所使用激光为最大平均功率为 20W 的脉冲光纤激光器,清洗腐蚀严重的 Q235 钢基底。他们发现,采用慢速/快速多次扫描的方法可以获得更好的激光除锈效果；当重复频率过高时,峰值功率达不到清洗阈值,无法清除腐蚀；重复频率太低则会因为峰值功率过高而使样品表面产生二次氧化；合适的扫描间距可以提高除锈质量。

德斯琴斯等[26]对铁基底上的不同程度的铁锈进行了清洗,铁锈的照片如图 7.5.7 所示。图(a)的腐蚀最轻,基本是浮锈,称为 A 级；图(b)的腐蚀程度中等,称为 B 级；图(c)的腐蚀程度最重,称为 C 级。采用不同模式和不同平均功率的调 Q 光纤激光(1064 nm)进行清洗,结果见表 7.5.1。可见,不论采用哪种参数的激光,A 级铁锈(浮锈)的清洗速度最快,C 级铁锈的清洗速度最慢。

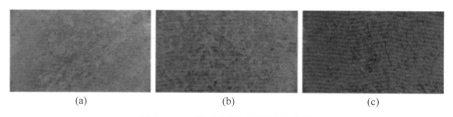

(a)　　　　　　　　(b)　　　　　　　　(c)

图 7.5.7　铁表面程度不同的腐蚀

表 7.5.1　不同腐蚀等级下的激光清洗速度　　　　单位：cm^2/s

腐蚀	清 洗 速 度			
	100 W 单模	200 W 单模	500 W 单模	2 kW 多模
A 级	12～21	25～42	50～75	324
B 级	4～12	10～25	15～50	204
C 级	1～4	2～10	5～15	102

8. 干式与湿式激光清洗比较

对于金属除锈,基本采用干式清洗,原因在于湿式清洗中,液体(一般采用水)分子会渗透到基底,产生新的腐蚀。所以研究湿式激光清洗腐蚀的相对较少。雷正龙[28]比较了干式和液膜辅助湿式激光清洗法对高强钢表面的腐蚀层的激光清洗,对两种方法的除锈效果进行了对比分析,实验采用波长为 1064 nm 的纳秒级光纤脉冲激光器,脉冲宽度为 30 ns,频率在 1～10 kHz 范围内可调,最大平均功率为400 W。结果表明:两种清洗方法都能有效去除试样表面的腐蚀层,且低功率下液膜辅助式激光清洗效果比干式激光清洗效果更好。

激光清洗的相对效果可以在与其他清洗方法共同作用时显现。李树国[29]提到过一种激光辅助化学清洗的方法。该方法是将激光诱导的振荡波与除锈中常用的化学腐蚀技术相结合。具体操作是将调 Q 激光脉冲聚焦到 HCl 的水溶液(盐酸)表面,产生等离子体,借此产生振荡波。实验中使用波长为 1064 nm 的调 Q 激光器,光斑半径约 $10\ \mu m$、脉冲能量为 300～500 mJ。激光诱导的等离子体在空气中有氧条件下难以彻底去除氧化膜,但可以有效去除其他污染颗粒(特别是含碳污染物),使用激光辅助盐酸可有效去除氧化层。盐酸外加激光的清洗与不加激光相比,在激光光斑不同位置对清洗的影响不同,从总的清洗效果看,激光可提高清洗效果,在脉冲能量小于 300 mJ 时提升效果不显著,在脉冲能量大于 300 mJ 时提升效果显著,氧化膜的去除效率明显提高。而且激光辅助清洗时并不损伤基底。

7.6　激光除锈的应用研究和实际应用

1. 锂离子电池柱的激光除氧化膜

目前,锂离子电池的电池极柱多为铜制,长期使用后由于环境问题会产生氧化膜。曹乃锋等[23]使用 RFL-P50Q 型调 Q 脉冲光纤激光器研究了激光对锂离子电池极柱氧化层的清洗。激光清洗后,对锂离子电池极柱的连接性能与防腐蚀性能做了测试,表明激光清洗可以去除电池极柱氧化物,使电池极柱与导电条间的接触电阻降低,提高接触性能,且氧化越严重,激光清洗后的降幅越高。电池间的氧化层会导致极柱与导电条之间产生电压,电池一致性越差,动态电压波动越大,激光清洗可以改善电池极柱连接的一致性。将清洗后的电池极柱置于恒温恒湿环境下观察,发现激光清洗的样品比砂纸打磨的样品更耐腐蚀,这是由于激光清洗后的重熔可以形成耐腐蚀结构。可见激光清洗锂离子电池有良好的清洗效果。

倪加明[30]针对铝合金焊接边 5 μm 厚的阳极氧化膜,采用平均功率为 100 W 的脉冲激光进行清洗,扫描速度为 10 mm/s,可以完全去除阳极氧化膜层,且焊缝成形均匀,焊缝表面泛有金属光泽,焊缝无聚集状气孔、杂质等内部缺陷。经激光清理的铝合金接头抗拉强度为 298~303 MPa,拉伸断裂延伸率为 6.2%~6.5%,激光清理焊缝与机械刮削焊缝的性能范围一致。

随着电动汽车的广泛应用,大量废旧锂离子电池不仅严重污染环境而且造成能源和资源的极大浪费,刘伟嵬[31]用 Nd：YAG 固体脉冲激光,对造成电池容量衰退的磷酸铁锂电池正极表面积聚的固体电解质中间相界面膜进行了清洗,通过扫描电镜及傅里叶红外光谱实验结果分析确定,最佳清洗条件为：脉冲激光能量密度为 0.142 J/mm^2,通过激光清洗,实现了废旧电池电极片的再制造。

2. 激光除锈在动车组检修中的应用

动车组检修中常出现铝合金轴箱体严重腐蚀的问题,激光清洗能有效去除铝合金轴箱体的腐蚀,同时对其力学性能也会有一定改善。牛富杰等[32]使用 100 W 激光清洗机对铝合金轴箱体零件腐蚀部分进行激光清洗研究。激光参数：功率为 100 W,重复频率为 70 kHz,扫描宽度为 20 mm,扫描频率为 260 Hz。实验结果如图 7.6.1 所示,实验表明,激光清洗可以使氧元素含量降至清洗前的 1/3,有效除去铝合金轴箱体表面的锈层。实验测量了单次清洗对基底的损伤程度,基材损失厚度约为 17.5 μm,可忽略不计,而且当清洗次数增加时,基材损失会变小。实验测量了表面粗糙度,发现几乎无变化。利用金相显微镜观察激光清洗后铝合金表面的微观组织,可以观察到表面出现可以略微提高表面硬度的硬化层,用维氏显微硬

图 7.6.1　零部件安装面激光清洗效果

度计测量激光清洗后的轴箱体零件表面的硬度,发现硬度确有小幅度提升,且这种硬化层也能提高基材的抗氧化性。实验还测量了铝合金激光清洗后拉伸强度、弯曲性能等力学性能,发现激光清洗后铝合金轴箱体基材的抗拉性能与弯曲强度均略有提升。实验表明,激光清洗可以有效去除动车组铝合金轴箱体零件的腐蚀,并可以改善材料性能。

3. 激光除锈在船舶制造和维修中的应用

中国是船舶制造大国,造船时需要对大量钢板进行除锈处理。每年船舶的维修也需要进行除漆除锈作业。解宇飞等[33]对船舶板材表面的腐蚀,用光纤激光器予以清洗,针对船舶板材表面除锈工艺要求,提出了一种通过单线扫描沟槽轮廓特征来确定搭接扫描除锈工艺参数的方法,实验得到沟槽轮廓几何特征量随激光能量密度的变化关系:在 $0.5 \sim 5 \, J/mm^2$ 能量密度范围内,单线扫描沟槽轮廓的深度、宽度、横截面积三个几何特征量均与能量密度近似呈线性关系。研究表明:激光除锈能够达到船板涂装清洁度标准,并能满足表面粗糙度的要求。刘洪伟等[34]采用 1070 nm 的激光器,峰值功率为 1550 W、最小脉冲宽度为 0.2 ms、最大重复频率为 2 kHz,对 AH32 船用 B 级钢板的腐蚀进行清洗,钢板表面锈层厚度为 20 μm。图 7.6.2 为清洗示意图。

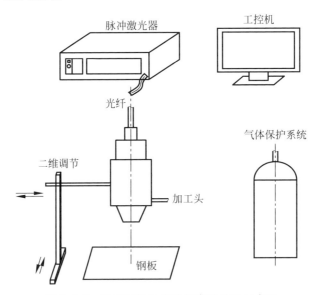

图 7.6.2　船用钢板激光除锈实验装置示意图

作为对照,还进行了喷丸除锈实验,并通过漆膜附着力实验(GB/T 5210.9—2006)和人造气氛腐蚀实验即盐雾实验(GB/T 10125—1997),从附着力和防腐蚀量方面对两种清洗方法的效果进行了对比。激光清洗后的表面满足国标要求。

4. 激光除锈在弹药修理上的应用

第 6 章介绍了激光除漆在弹药修理中的应用,事实上,弹药修理中所要清洗的污染物不仅有油漆,还有腐蚀。宋桂飞等[35]使用 20W 脉冲光纤激光器对铜制炮弹药筒进行外壳清洗实验。激光参数:波长为 1064 nm,平均功率为 20 W,脉冲能量为 1 mJ,脉冲宽度为 80 ns,光斑直径为 0.03 mm。实验结果发现外壳的锈层顺利剥落,露出金属光泽,质地较均匀。且材料的表面温度变化很小,因此弹药不会因热效应而发生燃爆。缺点是作业效率较低,为 0.67 s/mm^2。当铜制炮弹药筒同时有漆与锈时,可以先用较强激光进行清洗,之后再用较弱激光对余下的锈斑漆层再次清洗,达到清洗目的。除锈与除漆复合作业的效率比单纯除锈略高,约为 0.083 s/mm^2,但仍然偏低。由此可以看出,激光除锈在弹药修理方面有应用前景,但需进一步研究。

5. 激光除锈在金属类文物保护中的应用

激光清洗能用于去除金属文物表面的锈层,且相比传统方法更安全。张晓彤等[36]使用 Quanta System 公司的 THUN-DER 第四型 Nd：YAG 激光器对青铜鎏金文物进行激光除锈实验。激光参数:波长为 1064 nm,脉冲能量为 1 J,脉冲宽度为 5~8 ns,能量密度为 0.30~0.50 J/cm^2,最大重复频率为 40 Hz,光斑直径为 10 mm,发散度为 0.5 mrad。实验结果表明,腐蚀清洗效果明显,文物恢复了鎏金的金属光泽,经三维显微镜观察可发现,文物表面没有残留、痕迹和新的划伤。可见激光清洗效果良好、安全可靠。

6. 激光清洗在机械工业上的应用

机械产品设备长期使用后,零部件表面会附着漆层、锈层、水油污、积炭、水垢以及其他污染层。第 6 章说明了激光清洗可用于机械产品的激光除漆,激光清洗也可用于机械产品的除锈。除了可使表面腐蚀剥落外,激光清洗还可以使金属器件表面形成一层防腐蚀保护层,提高机械产品的耐用性[18]。

7.7　激光除锈对材料性质的影响

很多研究表明,激光除锈不仅可以像其他方法一样去除掉腐蚀,而且对于材质的性能还有一定的提升。

1. 对材料抗腐蚀性的改善

王泽敏等[37]研究了激光能量密度、脉冲重复频率、光束扫描速度三项参数对 A3 钢表面腐蚀去除的影响,经过激光清洗的 A3 钢表面的抗腐蚀性得到了改善。在开展激光清洗腐蚀研究的同时,对金属表面进行激光处理,常常能够改变金属的化学组成或物理特性,达到改性的目的。对于钢铁制品,抗腐蚀性是最重要,也是最需要加以改善的特性。郭(Kwok C. T.)等[38]分别使用千瓦级连续 Nd∶YAG激光在氩气环境下照射不锈钢材料的表面。激光照射引起了材料表面的熔化,同时坑蚀抗性(cavitation erosion resistance)和点蚀抗性(pitting corrosion resistance)都得到了改善。尤其需要指出的是,发现在钢铁表面形成了一层均匀的、厚度非常小的、胞状枝形结构(cellular dendritic structure),这层表面物质是激光表面熔化过程中与大块沉淀物分离得到的,对钢铁抗腐蚀性的改善有非常重要的作用。

对于厚腐蚀层,激光处理过后,无论所选择的激光器的波长、脉冲宽度有什么不同,都会使基底表面出现剧烈的黑化反应(drastic darkening),而这种黑化反应的出现与铁锈的受热脱水反应有关:

$$2\alpha\text{-FeOOH}[\text{或 }\gamma\text{-FeOOH}] + h\nu \longrightarrow$$
$$\gamma\text{-Fe}_2\text{O}_3 + \text{H}_2\text{O}, 6\gamma\text{-Fe}_2\text{O}_3 + h\nu \longrightarrow 4\,\text{Fe}_3\text{O}_4 + \text{O}_2$$

在激光处理金属制品的过程中,其他物变、相变过程在一定条件下也会发生:

$$\text{Fe}_3\text{O}_4 \xrightarrow{200℃} \gamma\text{-Fe}_2\text{O}_3 \xrightarrow{400℃} \alpha\text{-Fe}_2\text{O}_3$$

这些物变与相变都与脉冲激光加热过程有关,且形成的黑化表面具有钝化性,能够稳定金属制品表面,避免进一步化学反应的发生。经过较长时间后,黑化表面没有发生进一步的变色反应,即没有转变为腐蚀层的暗灰色,也就是说没有新的锈层生成。

张[39]采用二极管泵浦的纳秒脉冲光纤激光器对热轧 AA5083-O 铝合金进行激光清洗,激光器波长为 1064 nm,脉冲宽度为 10 ns,重复频率为 10 kHz。采用电化学阻抗谱研究了激光清洗后铝合金的腐蚀行为,结果表明,在 3.5 wt.％的 NaCl溶液中,激光清洗后的表面表现出更高的耐腐蚀性,阻抗显著增加并且电容减小。通过辉光放电光发射光谱法、X 射线光电子能谱法与高分辨率透射电子显微镜测得表面氧化物状态的变化,微观结构改善。

2. 对焊接性能的影响

近年来,有关金属焊接前做激光清洗预处理方面研究的文章很多,激光对金属除锈后也能有效地提高其焊接性能。罗雅等[40]使用 1064 nm 的纳秒脉冲固体激光器对 TC11 型钛合金进行去除氧化层的实验。激光参数:功率为 150 W,最大频率为 10 kHz,最小脉冲宽度为 15 ns,脉冲最大能量为 40 mJ,光斑直径为 0.8 mm,离焦量为 0,清洗速率为 10 mm/s。样品厚 6 mm,清洗后使用正置透反射显微镜观察界面处组织,用台阶仪测高度差,用 SEM 做形貌分析,用 EDS 做能谱分析。结果表明,清洗后氧化层彻底去除。用金相显微镜观察发现微观组织没有明显变化。由 SEM 分析可知大量污染物粒子被清除。对清洗后的样品进行真空电子束焊接,如图 7.7.1 所示,结果显示为 I 级焊缝,且无杂质、气孔等缺陷,说明激光清洗可以有效地提高焊接质量。

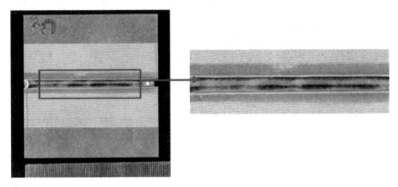

图 7.7.1　清洗前后钛合金金相下的微观组织

罗雅等[40]使用 POWER-LASE Rigel i400 的纳秒脉冲固体激光器对阳极氧化处理的铝合金进行了清洗实验,激光参数:输出功率为 400 W,光斑移动速率为 15 mm/s,光斑长度为 25 mm。实验发现未进行激光清洗的焊缝表面发黑,而且焊缝表面有多处杂质缺陷;而激光清洗后的焊缝表面有银白色光泽,没有明显的杂质缺陷。经由 X 射线检测焊缝的缺陷可以发现,焊缝只有 2 个小气孔,而且气孔没有超过容限,由此评定激光处理后的焊缝为 I 级。

宋杨等[41]使用 Nd:YAG 倍频激光器对铝合金(5A06)板材进行激光清洗实验。激光参数:波长为 532 nm,功率密度为 5.31×10^8 W/cm^2,脉冲宽度为 10 ns,重复频率为 10 kHz,光斑直径为 30 μm,扫描速度为 15 mm^2/s。激光清洗后探究其对 TIG 焊接方法形成的焊缝质量的影响。若基底材料氧化层去除不彻底会导致焊接中吸收水分形成气孔,焊缝中易形成裂纹。激光清洗后的样品不仅污染颗粒减少,且表面氧分布显著下降,气孔数明显减少,如图 7.7.2 所示,焊缝质量得到了提高。

陈婧雯[42]采用波长为 1064 nm、脉冲宽度 150 ps、重复频率 600 kHz、功率 15 W 的激光器(清洗设备及光斑扫描示意图如图 7.7.3 所示)对铝合金表面氧化层进行清洗,激光光斑直径约为 70 μm,其扫描间距 $d=0.03$ mm,扫描速度 $v=50\sim4000$ mm/s。

通过 SEM 观测激光清洗后的形状,发现生成了微纳米结构,这种结构对材料表面润湿度、粗糙度、光吸收率等都有一定的影响。与原始材料表面相比,不同激光清洗参数对材料表面清洗后可以得到不同的亲水和疏水性:①相比原始表面和机械打磨,激光光斑扫描速度低于 100 mm/s 时,x、y 方向粗糙度变大;②随着扫描速度逐渐增大,粗糙度降低且逐渐稳定;③相比原始表面和采用机械打磨处理的表面,激光清洗材料表面后得到的焊缝熔深和焊缝质量均有明显提高。

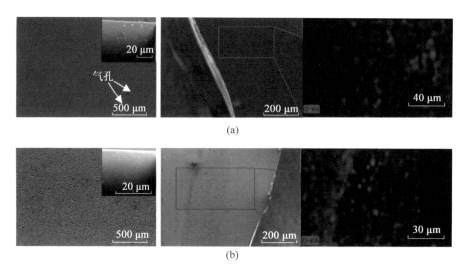

图 7.7.2　传统打磨和激光清洗后进行 TIG 焊接得到的焊缝微观结构

（a）传统打磨；（b）激光清洗

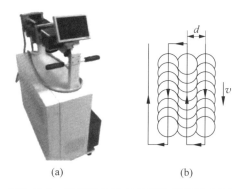

(a)　　　　　　　　　(b)

图 7.7.3　激光清洗设备及清洗光斑示意图

（a）激光清洗设备；（b）激光清洗光斑扫描示意

3. 钝化作用

　　铝合金表面的氧化层比较致密，可以阻止空气中的氧气和水分进入基底，起到钝化作用。而对于铁锈，则一般是多孔结构，水分和氧气会持续不断渗入基底，从而导致基底腐蚀越来越严重。南开大学李伟等[43]的研究表明，通过激光清洗，可以在表面形成致密氧化层，起到钝化作用。他们使用自制的准连续波声光调 Q Nd：YAG 激光器，激光脉冲宽度的值从几微秒到一百多纳秒不等，在 3 kHz 时，最大平均输出功率为 30 W，脉冲宽度为 150 ns。钢板锈层厚度为几微米。实验发现，在激光除锈的同时，金属基板被氧化。当激光强度较低时，金属表面没有被加热到基底的熔点。当选择合适大小的激光强度将金属加热到熔点时,熔化时间会很短。在这短暂的熔炼过程中,一方面表面的铁被完全氧化;另一方面,铁表面的熔化可以使铁液中氧的浓度和温度趋于均匀。在此条件下,可产生钝化氧化层。当激光强度足够大时,熔池中氧的扩散时间较长。在激光除锈的同时,在金属基体上形成一层厚的、分层的宏观结构氧化物层。清洗后的样品暴露在空气环境中,一两年后才慢慢地生出一层浮锈。

张等[44]使用二极管泵浦脉冲光纤激光器,波长为 1064 nm,脉冲宽度为 10 ns,重复频率为 10 kHz。激光强度变化范围为 3.5 J/cm^2、5.7 J/cm^2、7.1 J/cm^2、8.5 J/cm^2 和 11.3 J/cm^2。利用电化学阻抗谱(EIS)和扫描振动电极技术(SVET)研究了激光清洗 AA7024-T4 铝合金的腐蚀。结果表明,激光清洗后的表面在 3.5 wt.% NaCl 溶液中的耐蚀性比原来的热轧合金高,阻抗明显增大,电容明显减小;表面上出现了活性阳极点;新形成了含 Al$_2$O$_3$ 和 MgO 的较多的致密保护氧化层,这是提高抗腐蚀性能的主要原因。

4. 其他

激光除锈对材料其他性质的影响包括表面粗糙度、微观组织、硬度及其他力学性能等。任志国等[45]用波长为 1064 nm 的掺镱脉冲光纤激光器研究了低碳钢激光除锈后表面的力学性能。激光除锈前后测量样品表面的粗糙度发现,除锈后样品表面的粗糙度高于原始样品的。清洗中会有部分脉冲透过锈层与基底发生作用,可能会对基底微观组织产生影响,例如热传导可能会使基底出现部分熔融或相变。使用 INSPECT F50 场发射扫描电镜,观察激光除锈后的样品表面,发现基底表面激光除锈后没有发生重熔。之后用蔡司 Observer.Zlm 金相显微镜观察原始样品和除锈后的样品的显微组织,如图 7.7.4 所示,发现基底显微组织也无大变化。

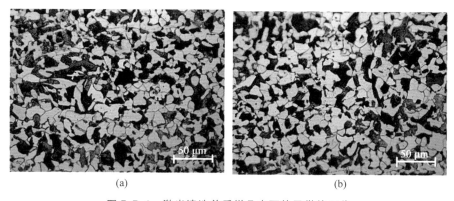

(a)   (b)

图 7.7.4 激光清洗前后样品表面的显微镜图像

(a) 原始样品的表面微观组织;(b) 激光除锈后样品的表面微观组织

任志国等[45]还表征了样品的硬度,用里氏硬度计 C 型压头发现样品在激光除锈前后硬度无明显变化;之后又用 HR15T 洛氏表面硬度仪测量,发现除锈后的样品表面硬度略有提高,但变化不明显。他们还做了样品力学性能表征,通过其自行研制的 IBIS-2 型球压法力学性能快速检测装置,得到被测材料的延伸率、应变硬化指数、抗拉强度、屈服强度、弹性模量等多种力学性能参数,发现除锈前后多种力学性能参数均无明显变化。史天一[46]采用 120 W MOPA 脉冲光纤激光对铝合金进行激光清洗,用扫描电子显微镜对其表面形貌进行了表征,用维氏硬度计测定了表面的显微硬度,用 BT1-FR020-A50/Zwick 万能试验机对其拉伸和弯曲性能进行了表征。结果表明,激光清洗能有效去除铝合金表面的氧化层,提高铝合金的拉伸和弯曲性能。

从除锈效果方面,激光除锈法的清洗效果相当好,且由前述分析,可以提升焊缝质量,改善材料抗腐蚀性,同时强度可控。相比之下,喷丸法与高压水射流法的清洗效果较好,但强度难以控制。手工/机械摩擦与化学试剂法的效果一般。从除锈效率看,激光除锈目前的速度可以做到 1 m²/h 以上,还不够高。激光除锈在成本方面,除要一次性购入仪器外,单次清洗的成本与其他方法相差不多,甚至更低。环保方面,由于激光除锈可以对剥离的金属锈进行收集,简单且环保,相对其他多数方法有一定优势。

参考文献

[1] 叶大伦.实用无机物热力学数据手册[M].北京:冶金工业出版社,1981.

[2] 江棂.工科化学[M].2 版.北京:化学工业出版社,2006.

[3] 任佩云,李瑞雪,吴旭.磁场作用下铜材在海洋大气中的腐蚀行为[J].腐蚀与防护,2019,40(6):419-423.

[4] 周浩,祝鸿范,蔡兰坤.青铜器锈蚀结构组成及形态的比较研究[J].文物保护与考古科学,2005,17(3):22-27.

[5] 郑冀,梁辉,马卫兵,等.材料物理性能[M].天津:天津大学出版社,2008.

[6] 崔晓鸣,刘登瀛,淮秀兰.高能脉冲激光作用下材料表面温度场[J].北京科技大学学报,2000,22(5):470-474.

[7] 杨波,顾济华,桂如胜.脉冲激光加热材料的温度场解析[J].苏州大学学报,2008,24(4):41-44.

[8] 任志国,陈静,陈怀宁.基于有限元模拟研究激光除锈时金属基底表面温度场[J].表面技术,2018,47(12):333-339.

[9] 崔陆军,郭强,王成银,等.干式激光清洁加工工艺实验研究[J].中原工学院学报,2018(4):29-32.

[10] 陈国星,陆海峰,赵滢,等.激光功率对不锈钢表面清洗效果影响的研究[J].光电工程,2017,44(12):1217-1224.

[11] 罗雅,王璇,赵慧峰,等.激光清洗对 2219 铝合金表面形貌及焊接性能的影响[J].应用激光,2017,37(4)：544-549.

[12] 韩敬华,段涛,高胥华,等.激光等离子体效应对薄膜损伤特性的影响[J].光谱学与光谱分析,2012,32(5)：1162-1165.

[13] 周建忠,李华婷,孙奇,等.基于清洗表面形貌的 AH32 钢激光除锈机制[J].光学精密工程,2019,27(8)：1754-1764.

[14] 韦成华,王立君,刘卫平,等.基于多层氧化膜演化的 45 号钢激光辐照热响应[J].光学精密工程,2014,22(8)：2061-2066.

[15] 潘煜,王明娣,刘金聪,等.100 W 脉冲激光器 HT200 表面激光除锈工艺及机理研究[J].应用激光,2019,39(2)：269-274.

[16] 田彬,邹万芳,刘淑静,等.激光干式除锈[J].清洗世界,2006,22(8)：33-38.

[17] 宋峰,刘淑静,邹万芳.激光清洗脱漆除锈[J].清洗世界,2005,21(11)：38-41.

[18] 王海将,刘伟岿,余跃,等.金属表面污染物的激光清洗研究现状与展望[J].内燃机与配件,2016,8：75-78.

[19] 姚红兵,于文龙,李亚茹,等.基于等离子体光谱特征的空气中激光铁块清洗的研究[J].光子学报,2013,42(11)：1295-1299.

[20] 乔玉林,赵吉鑫,王思捷,等.腐蚀表面的激光清洗及其元素组成分析[J].激光与红外,2018,48(3)：299-304.

[21] ZHANG G X,HUA X M,HUANG Y,et al. Investigation on mechanism of oxide removal and plasma behavior during laser cleaning on aluminum alloy[J]. Applied Surface Science,2020,506：144666.

[22] 陈辉刚,陈婧雯,陈辉.能量密度对 A7N01 铝合金激光清洗表面形貌的影响[J].电焊机,2020,50(3)：97-101,125.

[23] 曹乃锋,冯伟峰,温灿国.动力锂离子电池的极柱去氧化方法[J].电池,2017,47(6)：343-346.

[24] 孙松伟,陈玉华,陈伟,等.TiNi 合金表面轧制氧化膜激光清洗工艺研究[J].精密成形工程,2018,10(5)：132-136.

[25] ZHU G,WANG S,CHENG W,et al. Investigation on the surface properties of 5A12 aluminum alloy after Nd：YAG laser cleaning[J]. Coatings,2019,9：578.

[26] DESCHÊNES J M,FRASER A. Empirical study of laser cleaning of rust,paint,and mill scale from steel surface[M]//Materials Processing Fundamentals. New York：Springer,2020：189-201.

[27] 杨明昆,周仿荣,马仪,等.深度锈蚀钢板的激光除锈工艺研究[J].应用激光,2018,38(6)：85-90.

[28] 雷正龙,孙浩然,陈彦宾,等.不同激光清洗方法对高强钢表面锈蚀层的去除研究[J].中国激光,2019,46(7)：78-83.

[29] 李树国.碳钢表面薄氧化膜的激光辅助化学清洗[J].清洗世界,2005,21(5)：37-41.

[30] 倪加明,管雅娟,胡明华,等.激光清洗阳极氧化膜对铝合金焊缝性能的影响分析[J].电焊

机,2017,47(7):102-105.

[31] 刘伟岽,刘丽红,章恒,等.锂离子电池电极片的激光清洗理论与实验研究[J].清洗世界,
2016,32(6):17-23.

[32] 牛富杰,齐先胜.激光清洗技术在动车组检修中的应用研究[J].中国高新科技,2017,
1(11):75-77.

[33] 解宇飞,刘洪伟,胡永祥.船舶板材激光除锈工艺参数确定方法研究[J].中国激光,043(4):
103-110.

[34] 刘洪伟,周毅鸣.船用板材激光除锈应用技术[J].造船技术,2016(6):87-93.

[35] 宋桂飞,李良春,夏福君,等.激光清洗技术在弹药修理中的应用探索试验研究[J].激光与
红外,2017,47(1):29-31.

[36] 张晓彤,张鹏宇,杨晨,等.激光清洗技术在一件鎏金青铜文物保护修复中的应用[J].文物
保护与考古科学,2013,25(3):98-103.

[37] WANG Z,ZENG X,HUANG W. Parameters and surface performance of laser removal of
rust layer on A3 steel[J]. Surface&Coatings Technology,2003,166(1):10-16.

[38] KWOK C T,MAN H C,CHENG F T. Cavitation erosion and pitting corrosion of laser
surface melted stainless steels [J]. Surface&Coatings Technology,1998,99(3):295-304.

[39] ZHANG S L,SUEBKA C,LIU H,et al. Mechanisms of laser cleaning induced oxidation
and corrosion property changes in AA5083 aluminum alloy [J]. Journal of Laser
Applications,2019,31(1):012001.

[40] 罗雅,王璇,赵慧峰,等.焊前激光清洗预处理对 TC11 钛合金焊接性能的影响[J].表面工
程与再制造,2017,17(2):26-28.

[41] 宋杨,王海鹏,王强,等.激光精细表面制造工艺研究及应用:清洗与抛光[J].航空制造技
术,2018,61(20):78-86.

[42] 陈婧雯,彭章祝,王非森,等.激光清洗对铝合金表面形貌及激光-MIG 复合焊质量的影响
[J].电焊机,2019,49(8):66-71.

[43] LI W,DU P,ZHANG J,et al. Passivation process in quasi-continuous laser derusting with
intermediate pulse width and line-scanning method[J]. Applied Optics,2014,53(6):1103.

[44] ZHANG F D,LIU H,SUEBKA C,et al. Corrosion behaviour of laser-cleaned AA7024
aluminium alloy[J]. Applied Surface Science,2018,435:452-461.

[45] 任志国,吴昌忠,陈怀宁,等.低碳钢的激光除锈机理及表面性能研究[J].光电工程,2017,
44(12):1210-1216.

[46] SHI T Y,WANG C M,MI G Y,et al. Study of microstructure and mechanical properties of
aluminum alloy using laser cleaning[J]. Journal of Manufacturing Processes,2019,42:
60-66.

第 8 章

激光清洗在模具方面的应用

8.1 模具清洗的意义

在轮胎生产过程中,模具是一种必不可少的机械设备。轮胎模具可分为两类:活络模具和两半模具,前者由花纹圈、模套、上下侧板组成,后者由上模、下模组成。活络模具又分为圆锥面导向活络模具及斜平面导向活络模具。

模具的好坏直接影响轮胎的质量。轮胎的模具中都有花纹和标志图案,如图 8.1.1 所示,可以看到其具有比较细腻的雕刻工艺。所以模具使用一段时间后,就必须清洗,以保证其表面的洁净度,从而保证轮胎的质量以及模具的寿命[1]。

图 8.1.1 轮胎模具

其他工业生产,如玩具、制鞋产业等,也离不开模具的使用,如图 8.1.2 所示。也需要对模具进行清洗,以保证产品质量和延长模具寿命[2]。

污染物积累到一定程度时首先会影响轮胎、玩具、鞋等产品的表面形状,从而使

图 8.1.2　其他模具类型

产品成为次品或废品。其次,污染物会对模具产生腐蚀作用,影响模具的使用寿命。
不同行业所使用模具中的残留物也是不同的。比如轮胎模具是在高压、高温的条件
下反复使用的,伴随着胶料硫化的过程,不可避免地受到橡胶、配合剂以及脱模剂的

综合沉积污染,在模具表面和沟壑中留下硫化物、无机氧化物、硅油、炭黑等污染物;又比如生产原料中如果有聚氯乙烯这类的树脂,会产生气体,可腐蚀多种类型的模具钢;从阻燃剂和抗氧化剂中分离出来的残余物,可对钢材造成腐蚀。颜料着色剂会使钢材生锈,且锈迹很难去除。空气中的水分和氧气,同样会对模具造成损害[3-5]。

　　模具清洗是实现模具使用寿命最大化、提高模具的可靠性以及保证产品质量的关键。作为模具保养维护中的一道关键工序,在工业生产中,要求快速及时。很多工厂厂房内排列在走廊和车间里,等待清洗的模具几乎占满了车间有限的操作空间[6]。因此清洗模具一直是人们关心的问题,开发高效、价廉、无污染的模具清洗技术十分重要。

8.2　常用模具清洗方法

　　与脱漆除锈相类似,对于模具,常用的传统清洗方法主要有机械清洗法、化学清洗法和干冰清洗法。

1. 机械清洗法

　　机械清洗法是一项很成熟的技术,轮胎行业和其他行业广泛采用这种方法进行模具清洗。机械清洗法简单易行,对设备要求不高。根据实际需要,可采用砂布或钢丝手工摩擦,以及机器喷丸,前者效率低,适用于轻度污染、小型模具或具有精细要求的清洗场合,后者效率高,但是可能会对模具造成机械损伤,缩短模具寿命,还容易堵塞模具的排气孔,而疏通排气孔的工作量是很大的,一般需要将模具拆下,劳动强度高,耗费时间长。

2. 化学清洗法

　　化学清洗法主要采用化学试剂清洗法,最早使用的化学试剂一般是碱水,辅之以高温,将模具放入高温碱水中浸泡,这种方法效率很低,且只适用于清洗小型模具,对于大型模具无能为力。而酸洗虽然使用方便、费用低、效率较高,但是容易对模具产生损伤,尤其是酸分子进入模具内部,会产生腐蚀作用,减少模具寿命。同时这些药剂原料污染环境,损害作业者的健康。

3. 干冰清洗法

　　干冰清洗是采用干冰喷射清洗机,将液态 CO_2 通过干冰制备机(造粒机)制作成一定规格(直径为 $2\sim14$ mm)的干冰球状颗粒,如图 8.2.1 所示。其温度为 $-78℃$,通过干冰喷射机以高速喷射到模具表面。其示意图如图 8.2.2 所示。一方面,冲击动力会瞬间使干冰汽化,吸收大量热,在模具表面发生剧烈热交换,附着物骤冷收缩、脆化脱落;另一方面,模具表面污垢和模具本身有不同的热膨胀系数,由于表层与内层温差产生的热应力能克服污染物与模具之间的黏附力,从而破坏两种材料的结合。同时干冰在千分之几秒的时间内体积骤增约800倍,在冲击点形成"微型爆炸",可以有效脱落污垢粒[7]。干冰清洗是典型的热力学效应,而轮胎模具内表面污垢层以橡胶为主,橡胶具有明显的冷脆性,因此模具处于在线高温状态时,干冰清洗效果会更好[8-9]。干冰清洗具有无废水、磨损和腐蚀少、可以在线清洗等优点。

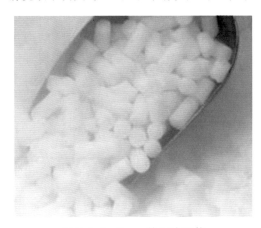

图 8.2.1　3 mm 的干冰颗粒

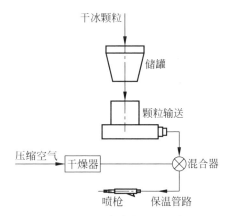

图 8.2.2　干冰清洗设备示意图

4. 激光清洗法

激光清洗技术是近年来飞速发展的一种新型清洗技术。用高能激光照射模具表面,使黏附在模具上的污染物在烧蚀效应、振动效应、等离子体冲击波效应作用下,从模具表面剥离。具有无污染、低噪声,安全清洁的特点。

激光清洗与干冰清洗都是新的模具清洗技术,相比较而言,激光清洗的优点如下[10-11]。

(1) 干冰清洗会产生巨大噪声,有很多清洗系统噪声超过100 dB,与政府的环保规定不相符,因此要求操作工佩带厚重的工作保护罩。根据噪声等级的规定,在常规生产中并排清洗难以实现。而激光清洗过程中产生的噪声较小,不会对人体造成危害。

(2) 激光清洗劳动强度低。干冰工艺为人工控制,而激光清洗为自动运行工作。干冰模具清洗要长时间的劳动,而激光清洗设备技术先进,自动化程度高,只需安装和启动激光的时间,劳动强度低,花费时间少。

(3) 激光清洗安全系数相对高。人工干冰清洗要求操作工爬上灼热的硫化机并在打开的两半模具之间工作。能量释放时硫化机闭模具有一定的危险性。另外,操作工将干冰喷嘴放到灼热的模腔上时有可能引起胶管爆裂事故。而激光清洗可以远程控制,更为安全。

（4）干冰工艺要求冰粒冲击热模具表面时温度骤变,因此,这种工艺用来清洗热模具效果最好。而激光既可以用来清洗热的设备也可以清洗冷的设备,性能不变。因此激光清洗法不要求模具为清洗而加热[8]。

（5）干冰法的运行成本(干冰粉末和所消耗的电能)比激光法高得多。

（6）干冰法对复杂通风系统会造成损害。

（7）激光可以在线清洗,清洗成本低,模具磨损少。

激光清洗相对的局限性有设备首期投资大、投资回收周期长。目前,国内绝大多数轮胎厂没有激光清洗设备,用于轮胎行业的 200 W 以上大功率清洗机只有少数几家供应商,且设备首期投资在百万元以上。相对干冰清洗,随着国内技术的进步和逐步投入到生产实践,激光清洗具有更大的优势和更好的发展前景。乔吉特(Jörg Jetter)[9]举过一个例子,在 2001 年,1 台每天生产 20000 条轮胎的设备,配备有 8 台硫化机,轮胎模具需要平均每天清洗一次。如果每班清洗时用到 3 台硫化机或每天清洗用到 9 台硫化机(有些工厂清洗两次),从硫化机上拆下模具进行脱机清洗,大约需要 15 h 的作业和 10 h 的停机时间。若用激光对两半模具清洗,则只需要 0.3 h 的作业时间和 3 h 的停机时间,这样,完成 1 台硫化机就可以节约14 h 的作业和 7 h 的停机时间。乔吉特[9]又假设只做 10 次清洗(5 台硫化机),5 次在模具车间进行脱机清洗。如此算下来每天总共可节约 70 h 的作业时间和35 h 的停机时间,320 天的工作可增加 22400 h 作业和 11200 h 的上机时间。可见采用激光清洗将得到巨大的回报。

模具的激光清洗市场,尤其是轮胎模具领域,已经受到关注,激光清洗轮胎模具的设备、技术和研究已经出现。可以预见,激光清洗将会是未来模具清洗的主流,必将在模具行业中发挥重要作用。

8.3　模具的激光清洗装置

用于模具清洗的激光清洗机,包括激光器、控制系统、冷却系统、吸尘器、检测系统等[12],如图 8.3.1所示。控制系统是整套激光清洗机的控制中枢,用于控制和协调其他各部分系统协同工作来完成清洗任务。很多模具还有微小的排气孔,激光系统可以清洗直径为 1.5 mm 的排气孔,这些排气孔分布在模具的胎面区,利用激光清洗可清洗到几毫米的深度[9]。

操作者可人工控制激光清洗机,只需将激光清洗

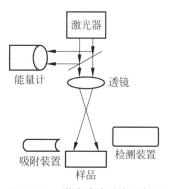

图 8.3.1　激光清洗系统示意图

系统的头部与模具设定一定距离即可开始清洗。操作者往往需要在仪器前的控制板面处设置仪器参数。清洗模具的时间与清洗的频度、胶料配方及模具表面状况等因素有关,洗 1 个模具花费的时间,包括设定时间和清洗时间总共约 $30 \sim 50$ min[3]。如果加上装卸和清洗模具两侧的零件的时间会再多 $15 \sim 20$ min。

激光清洗模具和脱漆除锈所用的清洗机是相似的,这里我们只介绍一下激光器的选择、光路系统和导光系统。

8.3.1　激光器的选择

激光去除模具表面黏附的橡胶的过程实际上是激光与物质相互作用的过程,它很大程度上取决于材料的吸光系数和激光的脉冲能量,而材料的吸光系数及激光的穿透能力又与激光波长密切相关。一般而言,波长越短,光子的能量($h\nu$,h 为普朗克常量,ν 为频率)就越大,原子激励下的作用会随之增强。相反,若波长越长,光子能量逐步降低,但产生的热作用会随之升高,激光的辐射穿透能力也会随之增强。一般在选取激光器时,就要充分考虑波长,选取波长落在材料吸收峰附近的激光作为辐照光源,以使物质对激光具有较强的吸收能力。

在实际应用时,还需要选择单脉冲能量大、价格便宜的激光,CO_2 激光、Nd：YAG 激光和光纤激光是几种最常用的激光清洗光源。表 8.3.1 是用于某 CO_2 激光轮胎模具清洗机的激光参数。在确定好激光类型、功率和波长以后,脉冲个数、脉冲宽度、脉冲形状、激光重复频率的选择便成为至关重要的因素。

表 8.3.1　激光器主要技术参数

输出波长	$10.6\ \mu$m
最大输出功率	2000 W
功率不稳定性	$\leqslant \pm 3\%$
密封运转寿命	$\geqslant 8$ h
工作气压压强	$70 \sim 90$ kPa[13]
运转噪声	$\leqslant 70$ dB
激光器尺寸(长×宽×高)	1890 mm × 920 mm × 1710 mm
激光器重量	2000 kg
电控台重量	20 kg

8.3.2　导光系统的结构与光路系统的设计

如果选择 CO_2 激光器,由于没有合适的导光光纤,所以需要采用导光臂。其光路传导系统如图 8.3.2 所示。由激光器发出的激光由输出镜输出,进入到导光臂,再经大臂上的反射镜到激光头顶端聚焦镜处,经聚焦后到达模具表面,完成清洗工作。

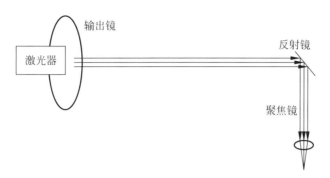

图 8.3.2　激光清洗模具装置光路传导示意图

激光清洗过程中,想要保证良好的清洗质量,光束直径很重要。由于光束直径的变化会导致焦点的变化,因此,要得到好的清洗效果及高效率,首先要保证光束直径尽可能小的变化。由于激光束在传播过程中易发散,发散角通常为 2 mrad,也就是说激光束每传播 1 m,光束直径大约增加 2 mm。在一些激光传输距离比较远的情况中,激光的光束直径变化会很大,因此在这种场合中有必要进行光路长度补偿。

8.4　激光清洗橡胶模具的机理

我们以轮胎模具的清洗为例。橡胶是轮胎中的主要成分,在轮胎生产过程中,橡胶颗粒很容易吸附在模具表面,影响产品质量。橡胶颗粒与基体表面的吸附力主要是范德瓦耳斯力、静电力和毛细力,对于微米级颗粒而言,范德瓦耳斯力是起主要作用的吸附力。去除吸附微粒的方式主要有三种:抛离式、滚动式和滑动式,对于激光干式清洗,吸附微粒被去除的方式主要为抛离式。具体关于污染物受力分析与污染物去除中的动力学分析的问题参见第 3 章。

1. 吸附力 F_{ad} 的计算

设模具为 45 号钢,表面吸附橡胶颗粒。根据第 3 章的分析,已知橡胶颗粒和基体材料 45 号钢与空气的哈马克常数后,便可求出橡胶颗粒和基体材料 45 号钢在空气中相互作用的范德瓦耳斯力 F_{ad},即两者之间的吸附力[13]为

$$F_{ad} = \frac{AR}{12h^2} \tag{8.4.1}$$

式中,h 为颗粒间距离,R 为颗粒半径,A 为哈马克常数。计算所用参数见表 8.4.1。

表 8.4.1 颗粒与基体的物理参数

参数	橡胶颗粒的哈马克常数 A_{11}/J	45 号钢的哈马克常数 A_{33}/J	空气的哈马克常数 A_{22}/J	A_{123}/J	天然橡胶的密度/(kg/m³)
参数值	16.2×10^{-20}	13.38×10^{-20}	1.94×10^{-20}	5.98×10^{-20}	1150

计算得到：对于尺寸为 5 μm 的橡胶颗粒，其与 45 号钢之间的吸附力约为 2.49×10^{-8} N；如橡胶颗粒的尺寸为 0.2 μm 和 1 μm，则与 45 号钢之间的吸附力分别为 9.97×10^{-10} N 和 4.98×10^{-9} N[14-15]。

2. 去除力 F_{clean} 的计算

由于 45 号钢材料的主要热物理性质参数，如比热容 c_p、导热系数 λ 以及扩散系数 α 都是温度的函数，为计算准确，需要求出各温度下相对应的 c_p、λ、α。表 8.4.2 为利用差值法计算所得的不同激光能量密度下 45 号钢表面温度所对应的比热容 c_p、导热系数 λ 以及热扩散率 α_t[16]。

表 8.4.2 各温度下 45 号钢的热物性参数

功率密度/($\times 10^2$ W/cm²)	1.5	3	4.5	6	7.5	9	10.5
温度/℃	153.44	289.59	422.45	558.58	697.18	836.67	975.51
比热容 c_p/(J/(kg·℃))	489.62	521.30	572.35	664.79	849.66	744.54	610.57
导热系数 λ/(W/(m·℃))	45.46	38.37	37.71	32.88	28.75	26.28	24.49
热扩散率 α_t/(10^{-6} m²/s)	12.30	9.40	8.41	6.31	4.32	4.51	5.12

激光的能量被模具的基体表面吸收，基体表面的温度迅速升高，同时热量向基体的内部传递。由于激光的瞬态热效应，基体表层产生垂直于表面向外的瞬时热膨胀加速度，该加速度作用在吸附于基体表面的颗粒上，相当于颗粒受到该方向上的清洗力 F_{clean}，当清洗力大于颗粒与基体间吸附力时，即 $F_{clean} > F_{ad}$，颗粒与基体分离。以模具表面吸附橡胶粒子为例，建立激光加热固体表面一维瞬态热传导方程，并利用有限元法求解模具表面和内部的温度场，可计算出清洗力[13,17-19]。

假设模具基体吸收激光后表面温度上升 ΔT，那么模具表面产生的垂直于表面向外的热膨胀位移为 $H = \beta \delta \Delta T$，其中 β 是模具的热膨胀系数，45 号钢的为 1.2×10^{-5}/℃。δ 为模具在时间 t 内的热穿透深度，$\delta = \sqrt{4\alpha_t t}$。假设颗粒受到与基体相同的瞬时热膨胀加速度，那么在一个激光脉冲作用结束时，作用在颗粒上的清洗力为

$$F_{\text{clean}} = \frac{mH}{\tau^2}$$

式中，m 是颗粒的质量，τ 是激光脉冲宽度。当脉冲周期为 20 μs 时，5 μm 的橡胶颗粒在不同的功率密度下的去除力的计算结果见表 8.4.3。

表 8.4.3　不同激光功率密度下模具表面清洗力计算结果

功率密度/($\times 10^2$ W/cm^2)	0	1.5	3	4.5	6	7.5	9	10.5
清洗力/($\times 10^{-8}$ N)	—	0.95	1.67	2.36	2.73	2.84	3.50	4.36

用同样的办法，可以确定 0.2 μm、1 μm 的橡胶颗粒在不同的功率密度下的去除力。

3. 激光干式清洗颗粒

根据受热膨胀的物质不同，可将激光干式清洗分为基体热膨胀去除颗粒、颗粒自身热膨胀脱离基体，以及基体和颗粒两者共同吸收激光能量去除颗粒三种方式。已有的理论和实验研究表明，颗粒自身热膨胀脱离基底，其清洗效果远没有基底吸收时的清洗效果好，去除颗粒的大小也在微米级以上。第三种方式为前两者的结合。当颗粒的大小比入射光的波长大很多时，由于颗粒的形状不规则、表面不均匀以及分布的不均匀性，使入射光从各个方向被反射。一般来说，去除对象的颗粒直径均大于所使用的激光波长，所以应该以模具基体强吸收激光为主。

8.5　激光清洗参数对模具清洗效果的影响

8.5.1　激光光源

清洗模具常用的激光器类型，目前主要有 TEA CO$_2$ 激光与 Nd：YAG 激光。一般脉冲 Nd：YAG 激光的平均功率比 CO$_2$ 激光的低，脉冲能量小，但是 CO$_2$ 激光难以采用柔性光纤进行传输，实际操作不方便。尤其是轮胎模具这种表面有曲率的基底材料，在清洗时，对焦距控制要求比较严格，如果用导光臂或者直接照射来清洗，远不如通过光纤导光来清洗方便，而且通过光纤导光，容易清洗模具中的部分微小区域[9]。

张自豪等[20] 比较了钢板表面橡胶对 CO$_2$ 激光和 Nd：YAG 激光的吸收率，结果表明，橡胶对 YAG 脉冲激光的吸收率显著高于 CO$_2$ 激光的，对比如图 8.5.1 所示。

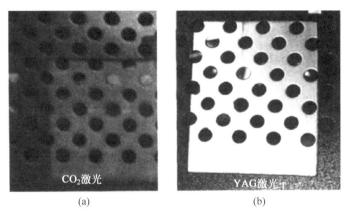

(a)   (b)

图 8.5.1　橡胶对不同激光的吸收率对比

8.5.2　激光能量密度

　　张自豪等[20]使用全固态半导体抽运调 Q 激光器产生的 YAG 脉冲激光对轮胎模具进行激光清洗实验。激光参数：脉冲宽度为 200 ns，单脉冲能量为 20 mJ，峰值功率为 100 kW，实际光斑直径约为 0.4 mm，扫描速率为 2000 mm/s。实验表明，加快扫描速率、降低平均功率或者换用更长焦距的透镜均会导致激光清洗的能量密度降低。此时清洗效果明显变差，模具表面的橡胶难以清除干净。由此可见，轮胎模具清洗效果与激光能量密度有关，能量密度的完全清洗阈值为 250 mJ/mm^2。

　　王泽敏等[21]使用 HGM-50 调 Q 脉冲激光器对硬铝表面进行除橡胶实验。激光参数：波长为 1.06 μm，脉冲宽度为 200 ns，重复频率为 3.7 kHz，光斑直径为 0.09 mm，扫描速度为 300 mm/s。通过金相显微镜和 CCD 分析清洁率。不同激光能量密度下的清洗效果如图 8.5.2 所示。实验发现，能量密度小于 4.42 J/cm^2 时几乎无清洗作用；随着能量密度的增加，基底表面出现清洗现象，清洗率不断上升，直到能量密度达到 25.1 J/cm^2 时清洗率达到 100%，故 25.1 J/cm^2 为完全清洗阈值。能量密度增加到 29.7 J/cm^2 时，基底表面出现烧蚀，因此基底损伤阈值为 29.7 J/cm^2。

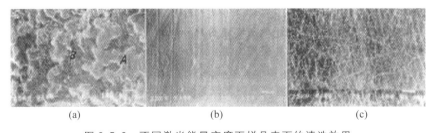

(a)   (b)   (c)

图 8.5.2　不同激光能量密度下样品表面的清洗效果

叶(Ye Yayun)等[22]使用波长为 1064 nm 的脉冲激光清洗 45 号铸钢样品模具,探究了不同激光脉冲能量对基底的影响与清洗效果的影响,见表 8.5.1。随着脉冲能量不断加大,观察到基底表面的变化与激光能量并无明显规律。50.9 mJ 是轮胎模具的初始清洗阈值,180.9 mJ 是单脉冲模式下的完全清洗阈值。

在激光照射后观察到样品表面粗糙度为 0.80 μm,对照组采用喷丸清洗,表面粗糙度为 1.43 μm。激光对铸钢表面的影响小于喷丸清洗。根据工业标准,激光照射不会影响铸钢的使用。

表 8.5.1　激光功率对清洗效果的影响

序号	激光功率/W	脉冲频率/Hz	扫描速度/(mm/s)	离焦量/mm	工件状况	实验现象	实验分析
1	30	10	5	−3	平直表面,约有0.1 mm 的橡胶层	橡胶部分无明显变化,模具没有变化	功率偏小,不足以清除橡胶
2	60	10	5	−3	平直表面,约有0.1 mm 的橡胶层	橡胶颗粒开始部分汽化,并有刺鼻气味	功率偏小,不能完全去除橡胶
3	80	10	5	−3	平直表面,橡胶层被去除	橡胶汽化现象明显,橡胶开始烧焦,清洗效果明显,表面有烧痕,擦拭后无损伤	功率合适,模具没有损伤痕迹
4	90	10	5	−3	平直表面,橡胶层被去除	橡胶汽化现象明显,橡胶开始烧焦,清洗效果明显,表面有烧痕,擦拭后无损伤	功率合适,模具没有损伤痕迹
5	120	10	5	−3	平直表面,橡胶层被去除	汽化的炭黑从模具表面脱落,模具表面稍有损伤,表面发黑	功率稍大,对模具表面已构成损伤

8.5.3　激光重复频率

使用 YAG 脉冲激光对轮胎模具进行激光清洗实验时,当保持激光功率,增加激光重复频率时,激光脉冲的峰值功率会降低,清洗效果变差,无法将模具清洗干净,清洗速度变慢;反之清洗效果变好,清洗速度更快。

8.5.4　光束质量

对于需要光纤传输的激光器,激光射出光纤之后光束质量可能变差,再经过整形和聚焦镜会影响发散角和光斑半径。采用长焦镜,发散角较小,焦深较长,利于清洗操作,但光斑较大,能量密度较小;采用短焦镜,发散角较大,焦深较短,不利于清洗操作,但光斑可以聚得更小,能量密度更大。因此需要在提高光束质量与提高功率密度方面达到平衡。

8.5.5　脉冲数

叶等[22]在使用1064 nm的脉冲激光清洗45号铸钢样品模具的实验中,也探究了不同脉冲数对实验的影响,实验结果如图8.5.3所示。结果表明当脉冲数为20、40、60、80、100时,不同脉冲数下的初始清洗阈值和完全清洗阈值相同,分别为48 mJ和118.7 mJ。可见多脉冲相比单脉冲的完全清洗阈值要低,而初始清洗阈值稍低,但不明显。对于同样多脉冲但脉冲数不同的激光清洗,初始清洗阈值和完全清洗阈值相同。

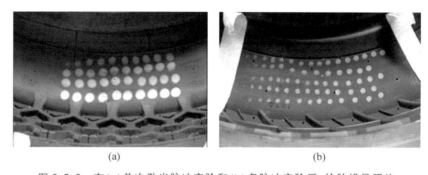

(a)　　　　　　　　　　　　(b)

图8.5.3　在(a)单次激光脉冲实验和(b)多脉冲实验后,轮胎模具照片

参考文献

[1] KOCHAN A. In-press mould cleaning in the tyre industry[J]. Industrial Robot,2001, 28(2):112-113.

[2] JIA X S,ZHANG Y D,CHEN Y Q,et al. Laser cleaning of slots of chrome-plated die[J]. Optics and Laser Technology,2019,119:105659.

[3] 谢立.橡胶模具的清洗技术及其发展[J].橡塑技术与装备,2001,27:18-22.

[4] 谢立.激光清洗模具技术[J].中国橡胶,1999,7:22-23.

[5] 周桂莲,赵海霞.激光清洗轮胎模具新工艺[J].特种橡胶制品,2003,5:39-41.

[6] BUCHTER E. Mould cleaning with laser radiation-mild, economical process for cleaning moulds[J]. Kunststoffe-plast Europe,1999,89(11):72.

［7］ 左华.干冰清洗技术综述［J］.低温与特气,2005,23(2)：12-14.

［8］ 王超群.激光和干冰清洗轮胎模具技术与应用［J］.轮胎工业,2018,38(10)：579-582.

［9］ JÖRG JETTER(著),胡萍(译),马明明(校).模具激光清洗技术［J］.橡塑技术与装备, 2001,27(11)：30-32.

［10］ 弓宁满.轮胎模具的清洗技术［J］.清洗世界,2004,20(4)：29-31.

［11］ 林乔,石敏球,张欣,等.激光清洗及其应用进展［J］.广州化工,2010(6)：23-25.

［12］ 周桂莲,孙海迎,汪传生.橡胶模具激光清洗的工艺研究［J］.特种橡胶制品,2008,29(6)： 34-36,44.

［13］ 孙海迎.激光清洗橡胶制品模具的工艺研究［D］.青岛：青岛科技大学,2009.

［14］ 王智勇.大功率 CO_2 激光光束传输与聚焦及其对加工质量的影响［D］.北京：北京工业大 学,1997.

［15］ 吕百达.激光光学：光束描述、传输变换与光腔技术物理［M］.3 版.北京：北京高等教育出 版社,2003.

［16］ 孙令兵.激光清洗橡胶制品模具机理的研究［D］.青岛：青岛科技大学,2008.

［17］ 周桂莲,孔令兵,孙海迎.基于 ANSYS 的激光清洗模具表面温度场有限元分析［J］.制造业 自动化,2008,30(9)：90-92.

［18］ 王瑁成.有限单元法［M］.北京：清华大学出版社,2003.

［19］ 谭东晖,陆东生,宋文栋,等.激光清洗基片表面温度的有限元分析及讨论［J］.华中理工大 学学报,1999,6：50-53.

［20］ 张自豪,余晓畅,王英,等.脉冲 YAG 激光清洗轮胎模具的实验研究［J］.激光技术,2018, 233(1)：131-134.

［21］ 王泽敏,曾晓雁,黄维玲.激光清洗轮胎模具表面橡胶层的机理与工艺研究［J］.中国激光, 2000,27(11)：1050-1053.

［22］ YE Y Y,JIA B S,CHEN J,et al. Laser cleaning of the contaminations on the surface of tire mould［J］. International Journal of Modern Physics B,2017,31(16-19)：9-13.

第 **9** 章

激光清洗在历史建筑和艺术品方面的应用

9.1 文物清洗修复的意义

文物是人类在社会发展过程中的遗物、遗迹,是人类社会不可再生的宝贵财富。各类文物从不同侧面反映了各个历史时期人类的社会活动、社会关系、社会生态、意识形态,体现了人类利用自然、改造自然的能力。文物的保护管理和科学研究,对于人们认识自己的历史和创造力,揭示人类社会发展的客观规律,促进当代和未来社会的发展,具有重要意义。

我国是一个有着五千年文明历史的古国,文物数量众多。但是,由于环境污染和保护不善等原因,很多文物和艺术品正逐渐被腐蚀和污损。气候变化、阳光辐射、空气污染、虫害蛀蚀和霉菌繁殖等导致了石刻风化剥离、青铜被腐蚀、砖瓦酥碱粉化、壁画褪色起鼓、木材干裂枯朽、织物抽丝腐烂、纸张虫蛀霉变、牙骨龟裂翘曲、毛皮脆裂脱毛……这些无时无刻不在缩减着文物的寿命。以首都博物馆为例,馆藏出土文物总数已达 20 多万件,但是由于展览条件不好,绝大部分文物都在库房中存放,从未与观众见过面,这些文物大多需要进行修复[1]。

文物修复,很大一部分工作是需要对文物表面的各种污垢(油污、锈迹、灰尘、腐败植物等)进行清洗,使之尽可能地恢复原始形貌。比如,颐和园内古建筑采用了大量的石材构件,有的还雕有精美的图案。但是,由于酸雨、污染及游人的触摸,部分建筑的栏杆、台阶以及石碑、石雕的表面附着了一层污垢,加速了石材的自然风化。如果把表面附着的污染物清除掉,一则可以还原石材的色泽,二则可以延缓风化的速度。

对于文物的清洗手段,有不同的观点。以上面提到的颐和园的石材清洗为例。

2004 年 10 月 24 日,中国文物保护技术协会理事长陆寿麟等 10 余位中外石材保护专家,一起为颐和园排云殿、佛香阁等的建材——砖石的清洗出谋划策。以陆寿麟先生为代表的中国专家建议采用刮、擦、刷等物理方法来清洗,而美国专家们则推崇化学方法。

但是,无论是物理清洗法还是化学清洗法,对文物都有一定的损伤。这些传统的清洗方法在文物保护方面有其不足。文物不可再生,所以对于文物的清洗,要求更加严苛。

在文物清洗领域,比较常用的传统清洗方法包括机械清洗法、化学清洗法和超声波清洗法。机械清洗法即采用刮、擦、刷、喷砂等机械手段去除表面污物;化学清洗法是利用有机清洗剂,通过喷、淋、浸泡或高频振动等措施去除表面附着物;超声波清洗法是将被处理零件放入清洗剂中,利用超声波产生的振动效应除去污垢。

但是这些清洗方法用在文物清洗方面有其各自的局限性。一方面,不同的清洗方法本身有自己的不足,如机械清洗法无法满足精细的清洗要求,而且容易损伤文物表面,有些比较脆弱"娇气"的文物,如丝绸、纸张、壁画、布匹等是不能采用机械法清洗的;化学清洗方法容易导致环境污染,获得的清洁度有限,并且很可能对文物本身带来预料不到的损伤。有些文物在特殊环境下历经数千年,其表面的污垢成分相对来说比较复杂,单种清洗剂一般难以奏效;超声波清洗法对亚微米级污染物颗粒的清洗无能为力,且清洗槽的尺寸限制了文物的尺寸。还有很关键的一点就是:很多文物不能用湿式清洗,所以化学和超声波法就没有用武之地了。

随着激光清洗的研究和应用,人们提出了在文物恢复和保护方面采用激光清洗,激光清洗技术具有可选择性、非接触、即时可控、保护环境、通用可靠等优点。

2003 年,美国的斯科尔滕普(Hans Scholtenp)[2]制造了针对艺术品的可控激光清洗机。采用 KrF 准分子激光器,四个直角棱镜做成光学臂,用电机使水平和垂直方向二维可控,对于艺术品的清洗是相当成功的。澳大利亚麦考瑞大学的凯恩(Kane D. M.)等[3]使用高重复频率倍频铜蒸气激光器(UV-CVL)和中等功率准分子激光器清洗了玻璃以及硅衬底等光学元件表面的纳米颗粒,对小面积上大于 $0.3~\mu m$ 的微粒污染物能进行完全的清洗。英国的默西塞德郡国家博物馆和绘画收藏中心是世界级的文物收藏地之一,以马丁•古柏(Matin Cooper)为首的研究集体[4]在文物修复和清洗方面做了卓有成效的工作。他们已经出版了激光清洗文物研究的专著——《激光清洗在文物保护中的应用》,对激光清洗技术(尤其文物保护中)的理论和实验进行了深入的研究。并研发出了激光清洗机,对英国的大量文物进行了清洗研究和实践,结果证明激光清洗技术是一种非常好的清洗技术,是其他清洗方法难以比拟的。

在欧洲,英国、德国、意大利、法国、希腊等已把激光清洗技术应用于文物保护中,并取得了优异的成绩。

准分子激光、Nd：YAG 激光在文物清洗中,是常用的激光光源。为了减小激光清洗时热效应对文物可能带来的损伤,皮秒和飞秒激光被引进文物清洗领域。

强大的超快速飞秒激光脉冲具有消融材料的独特能力,并且附带损伤最小,可以在保护艺术品和遗产物品时消除表面污染层。使用短脉冲、高重复频率激光器进行激光清洁的主要优点是高精度的表面处理和最小的侵入性,去除污染物时可达到亚微米精度,而且高重复频率的脉冲,可以使得扫描速度高,避免了热积聚。随着飞秒激光器的快速发展,超快激光清洗有可能成为处理一些以前无法修复的艺术品和遗产物品的关键技术[5]。

9.2　石材类文物的激光清洗

石质雕塑或古建筑等文物长期暴露在自然环境中,文物表层发生变化,产生一层黑色硬壳。这些硬壳不仅使文物原貌改变,还可能对文物本身造成危害,或影响到文物的维修。这时清洗工作就变得十分必要。

9.2.1　激光清洗用于建筑物

在欧洲,激光清洗工程已用于下列历史建筑的清洗[6-8]：法国的亚眠(Amiens)大教堂,奥地利的圣斯蒂芬大教堂,波兰的无名战士古墓,荷兰的鹿特丹市政大厅,丹麦的圣弗雷德里克斯大教堂,意大利的马达勒那大教堂和著名的伦敦威斯敏斯特宫,等等。以法国亚眠大教堂为例,1992 年 9 月,联合国教科文组织所属的世界文化遗产保护组织为纪念该组织创建二十周年,实施了对著名的法国亚眠大教堂的维修工程。亚眠大教堂西侧的圣母门上精美的大理石雕刻是工程的关键。在为期一年的圣母门维修工程中,维修人员借助于激光,用激光光束除去了覆盖在大理石雕刻花纹上几毫米厚的黑色垢层,大理石表面原来的色泽体现出来,使精美的雕刻重现光彩。

9.2.2　石质艺术品与文物

1. 石头文物的激光清洗研究

对于艺术品,比如许多用石头制成的石雕,含有石灰石成分。当大气中燃料燃烧产生的 SO_2、NO 飘洒在这些石雕上时,会发生化学反应产生黑色硬壳,沉积于表面。石膏黑壳是世界范围内影响建筑文化遗产最严重的退化形式之一,它不但影响外表的美观,而且会加速石雕的风化,缩短它们的寿命。因此将其从花岗岩基质中去除是必要的。

　　以前主要采用传统的高压水柱冲刷或机械摩擦物理方法清洗,这些方法容易使样品产生损伤,一些雕刻细密之处也不易清洗干净。而用激光清洗被污染的样品,可避免上述问题并且清洗效果很好。一般清洗砖石建筑上污染物的速度为 0.6 m²/h,清洗石灰石雕像污渍的速度为 0.2 m²/h。提高激光的能量密度可以增加清洗速度,但是一定要注意不可破坏建筑物或艺术品。

　　不同波长的激光对清洗石质文物有不同的效果。以欧洲建筑古迹中较常用的白云石白色大理石基底为例进行讨论。西班牙奥提兹(P. Ortiz)等[9]使用了两种型号的 Q 开关 Nd∶YAG 脉冲激光器,一种波长为 1064 nm、脉冲宽度为 8 ns、重复频率为 20 Hz,另一种是四次谐波,波长为 266 nm、脉冲宽度为 10 ns、重复频率为 10 Hz。清洗对象的基底材料为白云石白色大理石,规格为 10 cm×5 cm×2 cm,污染物为烟灰和氧化铁沉积物以及涂有喷涂剂和标记物的涂层,所用涂鸦油墨的主要成分是丙烯酸共聚物。实验使用高压水流清洗作对比。清洗后首先通过 CIE 比色参数来量化。实验发现,使用紫外线 266 nm 脉冲进行激光清洗可以有效地清洗风化表面,对于绿色和红色涂鸦与氧化物清洗效果良好。加压水清洗对于表面沉积也是有效果的。采用 1064 nm 激光清洗,无论采用干式还是湿式清洗,发现清洗沉积物和黑色喷雾污渍时基底变黄;而当使用的激光波长为 266 nm 时,在大理石表面上没有发现变黄。类似的现象在其他文献中也有报道[10-11]。这种激光清洗引起的泛黄效应可能是由于石头中或痕迹中的少量铁氧化引起的[11]。为此,奥提兹[9]使用表面上的 X 射线微荧光绘图来确定特定元素的存在。发现清洗前仅显示 Si 信号(黑色喷雾的成分),清洗后显示强 Ca 和 Mg 信号(白云石大理石的主要成分)和弱 Si 信号,如图 9.2.1 所示。

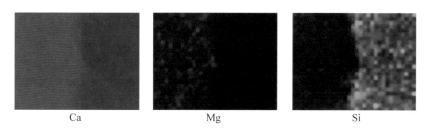

Ca　　　　　　　　　　Mg　　　　　　　　　　Si

图 9.2.1　岩石黑色喷雾与原本界面的 X 射线微荧光

　　实验表明,1064 nm 激光清洗后没有观察到结构损坏;266 nm 的激光清洗与加压水流清洗则导致了石头表面的损坏,另外,266 nm 的激光清洗导致尺寸超过 100 μm 的表面侵蚀。

　　奥提兹[9]研究了白云石白色大理石上的表面沉积物、氧化铁污渍和各种涂鸦(黑色、红色、绿色)的激光清洗,采用近红外(IR)和紫外(UV)脉冲激光,对清洗效果采用比色测量、X 射线微荧光、光学和电子显微镜进行测量。结果表明,266 nm 的紫外脉冲激光烧蚀可以清除除尖端墨水以外的所有污渍,在微观尺度上对表面有所损伤;1064 nm 的红外激光脉冲可以去除黑色沉积,但处理后石材表面出现发黄现象,X 射线样品的荧光分析表明残留的痕迹表面的风化剂是造成发黄的主要原因。综合起来,可以得出结论:脉冲激光清洗技术有利于小颗粒的快速清洗。

珀佐-安东尼奥(J. S. Pozo-Antonioa)[12] 采用干式和湿式法,对伊比利亚半岛西北部花岗岩上的石膏黑壳进行了激光清洗研究。这些黑壳在花岗岩表面形成了一层厚厚的固体覆盖层,主要是由针状、片状和沙漠状的石膏构成的,其主要矿物是石英(29%)、钾长石(25%)、斜长石钠(24%)、白云母(13%)和黑云母(4%)。所用激光为 Nd∶YAG 调 Q 激光系统两个波长(1064 nm 和 355 nm)的组合,以克服单波长激光清洗黑壳时的变色问题。激光的脉冲宽度为 6.5 ns,重复频率为 13 Hz。研究了不同激光参数、干式和湿式激光清洗。发现在湿式下,清洗效果更好。

当两种波长的能量密度均为 0.3 J/cm² 时,在预湿表面条件下,碳质污染粒子和石膏的去除率高,对花岗岩矿物无任何损伤。激光清洗的机理为黑云母和钾长石的熔融、散裂或石英的解理断裂。

国内也开展了石质文物的激光清洗研究,齐扬和周伟强等[13-14]利用波长为 1064 nm、脉冲宽度为 10 ns、光斑面积为 7 mm² 的脉冲激光器对云冈石窟石雕表面岩石进行了不同有机污染物的激光清洗实验。实验中重复频率设定为 1 Hz。激光清洗用于文物保护首先要确保文物不损坏,所以实验先测定激光的损伤阈值,清洗实验使用的激光能量上限为砂岩基底损伤阈值的 80%。样品使用云冈石窟地区的砂岩,污染物有墨迹、熟石灰、烟熏、有色油漆四种。实验中不断调整激光的脉冲能量与所用脉冲个数,以找到清洗不同污染物的最佳参数。还进行了干式与湿式激光清洗的对比。实验结果发现,激光能量越大,清洗效果越明显。干式激光清洗下 5~6 次脉冲,对于墨迹,当能量达到 60.8 mJ 时,即可将之去除;当能量达到 46.6 mJ 时可将烟熏去除;当激光能量为 64.3 mJ 时可将油漆去除;当激光能量为 192.3 mJ 时,可将石灰去除。对于墨迹和石灰,湿式激光清洗法的清洗效果更明显,同样脉冲数只需能量分别为 45.9 mJ 和 81.2 mJ。对于烟熏和油漆,干式激光清洗和湿式激光清洗的清洗效果差别不大。齐扬等[13-14]前往现场对石窟西 43 窟进行激光清洗除墨迹和烟熏黑垢,使用的激光能量密度约为 0.66 J/cm²,脉冲重复频率为 10 Hz。干式清洗表明,激光清洗云冈石窟砂岩的损伤阈值为 73.5 mJ,而砂岩表面墨迹、烟熏、油漆、石灰污染物的干式清洗阈值分别为 21 mJ、20.5 mJ、32.5 mJ、49.5 mJ;湿式清洗阈值分别为 17.7 mJ、20.5 mJ、32.5 mJ、33.5 mJ。结果如图 9.2.2 所示,干式激光清洗法对污染物清除效果明显,但与无污染区相比,仍有少量墨迹残留;而经纯水加乙醇湿式清洗法清洗后,污染物清除效果良好,基本没有污染物残留。

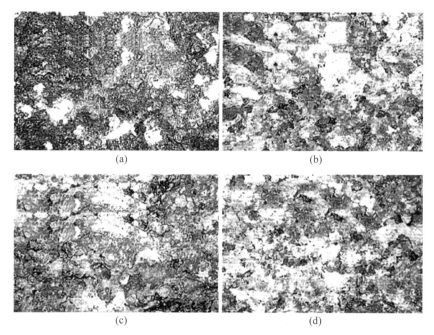

图 9.2.2　云冈石窟西 43 窟岩体上墨迹的清洗效果
(a)墨迹污染区;(b)无污染区;(c)干式清洗区;(d)湿式清洗区

　　根据已有的研究工作,一般来说,不同硬壳、甚至在硬壳清除过程的不同阶段的激光清除机制是不同的。例如在多层硬壳的情况下,顶部的黑色层可能由热蒸发和激光产生的分裂来清除,而在清洗快完成时的主要机制则是选择性分解蒸发。这个选择性是不同物质对激光的吸收特性决定的,比如黑色粒子对 1064 nm 激光的吸收比石膏层或文物基底高 3~4 倍。具体来说如下:

　　(1)选择性分解蒸发:表面附着的硬壳对某一波长激光能量的吸收能力比基底强得多,硬壳吸收大部分的激光能量后受热膨胀脱离基底,或直接汽化挥发,从而达到清洗的目的;

　　(2)由冲击波引发的分裂:激光照射硬壳污染物表面,产生冲击波,冲击波传到中下层硬表面后返回,部分与入射声波发生干涉,产生力学共振,使污垢破碎脱落。

　　雕塑和建筑物外表硬壳层的激光清洗目前应用较为广泛,技术也比较成熟。一般情况下,硬壳对激光的吸收能力要比下层基底强得多,其分解或破坏阈值通常比基底的要低得多。因此,通过选择一个在硬壳和基底两阈值间的合适激光能流值,就可以清除硬壳而不影响基底。

2. 激光清洗石质文物的实际应用

激光用于石质文物的清洗,已经获得了实际应用。为了说明激光清洗在雕塑和古建筑文物保护方面的成功应用,下面列举一些激光清除的例子。

图 9.2.3 是用激光清洗赫尔墨斯雕像前后的对比图,图(a)是清洗前的样子,显然污染比较严重;图(b)是清洗后的照片,已经完全恢复了原貌。

图 9.2.4 是一个有近 2000 年历史的大理石雕像,雕像的原始风貌、雕刻细节都被表面的黑色硬壳遮盖。雕像经过部分清洗后的情况如图所示,其中下半部是未经过清洗的,而上半部是采用 Nd∶YAG 激光清洗后的面貌。在激光作用下,黑色硬质污染层被清洗掉,基底本来的细节显现出来。

(a)　　　　　　(b)

图 9.2.3　赫尔墨斯雕像清洗前后对比

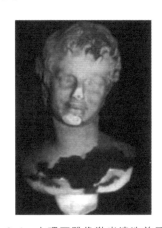

图 9.2.4　大理石雕像激光清洗前后对比

图 9.2.5 显示的是一个沾染上煤烟的石膏浮雕,其右半面污染物得到了成功清除。图 9.2.6 显示的是某个教堂外墙上的石雕(石雕右边已经被清洗,而左边是污染的原貌)。

图 9.2.5　浮雕激光清洗对比(一)

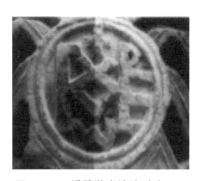

图 9.2.6　浮雕激光清洗对比(二)

　　激光辅助清洗建筑物和雕塑上的硬壳已经在现实中得到了应用。1992 年,世界文化遗产保护组织对著名的法国亚眠大教堂进行了维修。在为期一年的圣母门维修工程中,维修人员用激光光束除去了覆盖在大理石雕刻花纹上几毫米厚的黑色垢层。2002 年,德国科隆大教堂上的圣者石雕的激光清洗也是一个成功的典范。

　　文物由于不可再生的特点,在清洗时要倍加小心。几百几千年的外界污染,石雕上形成了厚度不均的黑色硬壳,这些污染物成分复杂。一般地,在硬壳厚度和形态不规则、成分不清楚的情况下,为了不破坏文物,总是要小心地选择激光能流,使之远低于基底的破坏阈值。一般先选择低的激光能流,宁愿进行 2~3 次清洗,而不选择较高的能流,以保证低于基底的破坏阈值。在开始清洗时,选择边角不起眼的地方进行清洗。甚至先制备模拟样品,先行实验,积累数据后再正式清洗。在已有的报道中,在文物保护上用来清除雕塑或古建筑表面上的硬壳层所用的激光,大多采用调 Q 的 Nd∶YAG 激光($\lambda=1064$ nm,脉冲宽度 10 ns 左右)。在某些特殊应用的例子中采用调 Q 的 Nd∶YAG 激光器的三次谐波($\lambda=355$ nm),其对基底的损伤阈值比基频波的要大。还有一些特殊成分的硬壳只能用三次谐波来清除,有些情形用三次谐波激光清除时的效率要高很多,例如真菌等生物形成的生物硬壳层。因此清洗时可以结合使用调 Q Nd∶YAG 激光器的基频波和三次谐波。

　　激光清洗的成本要高一些,奥提兹和安图涅兹(V. Antúnez)等[9]认为影响成本的主要因素是操作时间。激光清洗需要一次在小区域上施加脉冲,每个脉冲照射 4~6 mm^2 的量级,每平方厘米的激光清洗需要至少 1~2 min。最终总体估计,激光清洗比传统技术贵近 20 倍,但是由于激光清洗的不可替代性,在不可再生的文物清洗方面,还是很有前景的。

9.3　金属类(青铜)文物的激光清洗

　　青铜文物在古代文物与艺术品中占有重要地位。传统的机械清洗和化学清洗方法存在有残留和造成器物表面划伤的风险。张晓彤等[15]使用 Nd∶YAG 激光器对河北文物保护中心提供的青铜鎏金文物进行了激光清洗实验。需要清洗的青铜鎏金造像右侧身体部位被绿色腐蚀覆盖,左侧身体、头部、脸部部位等大部分区域都被红色的腐蚀所覆盖,原始线条轮廓非常模糊,如图 9.3.1(a)所示。清洗所使用的激光参数:波长为 1064 nm、脉冲能量为 1 J、脉冲宽度为 5~8 ns、能量密度为 0.30~0.50 J/cm^2、最大重复频率为 40 Hz、光斑直径为 10 mm、发散度为 0.5 mrad。经激光清洗后,与鎏金层紧密结合的红色厚层腐蚀被清洗掉,鎏金层露出而且没有损伤。造像散发出鎏金原有的光泽,面部及周身线条轮廓变清晰,体现了原有的工艺价值。激光清洗后,经三维视频显微镜观察,原工艺的痕迹被保留,且无残留、无新的划伤。经河北文物保护中心核实,清洗达到了预定要求,本造像的激光清洗效果良好、安全可靠。实验为鎏金青铜造像的激光清洗提供了适用的激光清洗参数和方法,为激光清洗鎏金青铜器积累了经验。

(a)   (b)

图 9.3.1　青铜鎏金文物激光清洗前后对比照片

(a) 激光清洗前;(b) 激光清洗后

激光清洗青铜文物有时会因为温度过高导致材料变色,其中一部分原因是青铜器表面的污染物颗粒(如铅颗粒)以及金属腐蚀等在激光辐射能量下会烧蚀、熔化以及再沉淀引起光反射的变化[16-18];或者是因为激光引起铜腐蚀物向氧化亚铜和氧化铜转变。沈依嘉等[19]设计了一种方法,将琼脂凝胶涂覆贴在青铜器表面,可调整激光能量,同时可以减小机械应力,减少污染物颗粒的再沉淀。实验使用Nd：YAG 脉冲激光清洗机,激光波长为 1064 nm,有长脉冲宽度和短脉冲宽度两种模式,参数分别是：LQS 模式,脉冲宽度为 100 ns,脉冲能量为 150 mJ、300 mJ和 450 mJ;SFR 模式,脉冲宽度为 30~110 μs,脉冲能量为 100~2000 mJ,光斑直径固定为 3.5 mm,重复频率为 1 Hz 和 5 Hz,每次实验打 20 个脉冲。将琼脂粉按1％、2％和3％的浓度配制成厚度为 2 mm、4 mm、6 mm、8 mm 和 10 mm 的凝胶层。以视频显微镜和扫描电镜作对比观察,部分样品使用拉曼光谱仪和 X 射线衍射分析。实验结果表明激光透过凝胶层后,能量减弱,能量耗散随凝胶浓度和凝胶层厚度的增加而增加。在扫描电镜下观察到的 SFR 模式辐射下表面微熔化现象,与弗洛伊德沃克斯(Froidevaux)等[17]的结果基本吻合。之后再使用水-乙醇浸润法,发现仍有冷却效果,且在多次脉冲情况下更为明显。表面涂覆凝胶与水-乙醇会凸起球状结构,经能谱仪分析,球状结构的成分与底物并无差别,如图 9.3.2 所示。

这种球状形态符合前面说的微熔状态,这也说明凝胶法减少了球状结构,降低

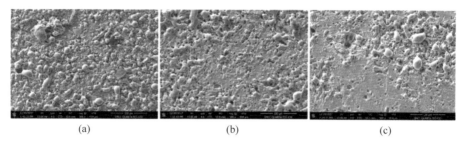

图 9.3.2　样品表面经 SFR 模式单次脉冲照射后的二次电子像
(a) 干燥表面；(b) 水-乙醇浸湿表面；(c) 凝胶覆盖表面

了激光能量。实验还对比了凝胶-激光清洗与机械法以及湿式激光清洗,发现凝胶-激光联用法使得清洗后的状态均匀,视觉效果更自然,清洗效率比机械清洗更高。之后实验用凝胶-激光清洗对不同文物进行了清洗,具有很好的效果,但不同文物的清洗阈值存在差异。

　　一些珍贵的青铜器,通常表面还会镀上一层金,在长期存放过程中,由于大量气孔的形成,金下面的金属被腐蚀,腐蚀产物在金层上形成。李(Lee Hyeyoun)等[20]对镀金青铜的表面进行了分析,研究了 Nd：YAG 光照射前后对腐蚀产物的去除效果,并与化学清洗做了对照,用 SEM-EDS、AFM 和 XPS 分析确定了表面特性。结果表明,化学清洗通过化学反应可以去除铜的腐蚀产物,但腐蚀产物没有被均匀地清洗掉;而通过激光清洗,一些腐蚀层被去除,留下来的镀金青铜的表面性能,通过各种表面分析,表明激光清洗是成功的,没有损坏和污染物残留。

9.4　陶器类文物的激光清洗

　　在人类文明史上,陶器的使用非常悠久且广泛,陶器是艺术品与文物中的一个重要组成部分。中国古代的陶器例如汉代陶俑在生漆工艺、雕塑艺术、彩绘工艺等方面都有着较高的艺术价值、文化价值、历史价值和科学价值。张力程等[21]使用 Nd：YAG 红外激光对汉代彩绘女陶俑进行了激光清洗研究。图 9.4.1 为陶俑的照片。激光清洗实验前先使用光谱仪测定了陶俑表面污染物的组成成分,从 XRF 定性分析谱图可以看出,黑色污染层 Mn 元素峰明显,推断其含有 Mn,这也是呈现黑色的原因;而深红色矿物颜料 Fe 元素峰很高,其红色为 Fe 元素所呈现的颜色。从 LIBS 定性分析图谱可以看出,黑色污染层探测到的主要元素有 Na、Mg、Al、Si、K、Ca、Mn、Fe、Ba,深红色颜料层的主要元素有 Na、Al、K、Ca、Fe,粉红色颜料层探测到的主要元素有 Na、Al、K、Ca、Hg、S,白色矿物层探测到的主要元素有 Na、K、Ca。可知黑斑是一种化学成分比较复杂的混合物。通过不同脉冲宽度-能量组合验证了不同浓度、厚度的凝胶层对不同脉冲宽度-能量组合的激光能量的减弱作用从趋势和幅度上都较为近似,与激光波长无关。

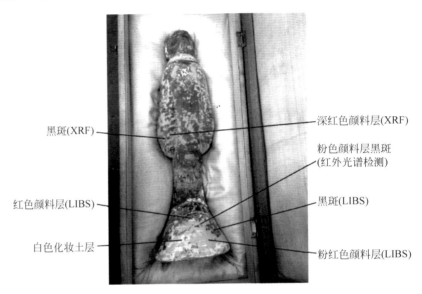

图 9.4.1　汉彩绘陶女立俑

陶俑需要去除的是表面的黑色污染层,颜料层为基底。实验所用激光器参数:波长为 1064 nm、最大输出能量为 450 mJ、光斑直径为 1.5~6 mm、光束质量为 80~30 mm·mrad。采用两种运行模式:LQS 模式下激光脉冲宽度为 100~200 ns;SFR 工作模式下激光脉冲宽度为 30~110 μs。实验发现,对于红色矿物颜料,如果用 LQS 模式,激光清洗效果不佳;如果选择用 SFR 模式,清洗机理主要为热效应,在较高的能量下会出现烧蚀现象。对于白色矿物颜料层上的黑斑,在 LQS 工作模式下有效果,黑斑变小,能量为 150 mJ 时颜料无损伤,清洗机理主要为振动效应,当能量达到 300 mJ 时颜料有损伤。白色矿物颜料层上的黑斑,在 SFR 工作模式下,能量为 100 mJ 时,黑斑清洗无明显效果,能量为 200 mJ 时有一定效果,但同时容易形成烧蚀。可以看出,文物自身的污染物和基底颜料的成分对清洗效果的影响较大,不同成分决定了用多少的能量去清除。实验结果证明,对于汉代陶俑的激光清洗,激光清洗陶器表面的黑斑是可行的。采用两种不同的模式,在一定的范围内可以去除陶俑表面污染物。在 LQS 工作模式下,采用输出能量为 150 mJ、频率为 3 Hz、光斑直径为 3~4 mm 的光学参数,可以有效去除黑斑且不损伤颜料基底。

徐佳伟[22]用激光清洗陶瓷制品表面的腐蚀。光纤激光器的输出功率、重复频率和脉冲持续时间(FWHM)可分别从 1~100 W、100~400 kHz 和 58~240 ns 进行调节,激光输出是高斯分布的。清洗样品由两层组成,包括陶瓷基板和覆盖在其上的土壤锈层。实验研究了重复频率、脉冲持续时间、激光功率和扫描速度对清洗效果的影响。对于高重复纳秒级脉冲激光器，清洗效果与激光重复频率和脉冲持续时间($100\sim400$ kHz 和 $58\sim240$ ns)关系不大。激光功率和扫描速度是影响清洗效果的两个主要参数，合理的激光功率和扫描速度可以达到预期的清洗效果。结果表明，激光照射可直接去除陶瓷制品表面的腐蚀，清洗后的陶瓷表面光洁。

9.5　书画类文物的激光清洗

书画类文物的基底比较特殊，一般为纸张、木板、布等，相对比较脆弱。传统的机械清洗与化学清洗可能会导致作品表层的物质损伤，或者化学物质对颜料破坏，从而对艺术品造成不可修复的破坏。与这些传统的方法相比，采用激光清洗保护技术，通过控制能量以及作用位置，可以达到很好的清洗效果。

对于激光清洗书画的基本原理，一般的观点是：书画表面的污染物吸收光能，产生一系列物理和化学变化，包括吸热膨胀导致的光剥离和化学键断裂引起的光分解，最后从绘画表面脱落，如果是前者，则需要时间短、基底受热不明显或受热后不容易损伤；而后者则利用了紫外激光的单光子能量大的特点。文物和艺术品无法再生，因此清洗时选用的激光参数，包括激光波长、脉冲宽度、激光能量等，必须慎重。现在最常用的激光器是 KrF 准分子激光器($\lambda=248$ nm)、三倍频的 YAG 激光，它们波长短，单分子能量大。除了波长，最重要的参数是单位面积上的激光能量，可以由实验中的激光清洗效率来确定。一般来说，书画的基底对激光可能是比较敏感的。利用激光清洗时，如果让激光进入基底，可能会影响颜料层，导致书画表面颜色的长期退化，破坏艺术品的完整性。因此，清洗前必须进行周密的计算，仔细研究光的穿透深度。这至少需要考虑两方面的内容。一是清洗所需的阈值，这个值可以由初始污染层厚度、激光能量和每个脉冲所能清除的厚度来计算。计算后，可以选择书画的一小部分不起眼部位(比如边缘部分的几平方毫米)进行实验，研究清除速率和效率，确定清洗参数；二是损伤阈值，这个值与污染层厚度、激光能量、基底材料有关。在清洗时，要小心增加激光能量，避免损伤文物。

纸质文物和艺术品与其他材质的文物与艺术品有较大不同。纸张为植物纤维造物，质软，而且长期使用与存放中所产生的污染物与金属、石材等坚硬材质表面的腐蚀、油漆、污染颗粒等污染物有较大不同。纸张长期存放可能会生长霉菌，特别是在温度、湿度条件较好的条件下，孢子会生长成菌落，产生的酶会对纸张产生水解作用，降低纸张的机械强度。而激光清洗便可以应用在清除霉菌方面。霉菌与纸张之间的相互作用与一般污染物与基底的范德瓦耳斯力相互作用不同，主要为微生物分子间的化学键，激光清洗可通过光分解效应，高能量光子破坏或削弱其结合键,实现霉菌剥离,达到清洗的目的;或者通过热效应,短时间内温度迅速上升,达到霉菌熔点或沸点以上,导致霉菌瞬间受热燃烧,发生汽化挥发来清洗。

赵莹等[23]对书画清洗做了研究,他们使用半导体泵浦三倍频 Nd:YAG 激光器对产生霉菌的书画宣纸进行激光清洗。其主要参数:波长为 355 nm,脉冲宽度为 (15 ± 3) ns,最高输出平均功率为 10 W,扫描速度为 1 mm/s,线间距为 0.1 mm。选择不同重复频率、功率密度与激光能量密度进行实验,发现重复频率为 20 Hz、输出功率为 0.004 W、激光的能量密度为 0.85 J/mm² 时,扫描一次后表面仅仅颜色变浅;扫描两次后大部分的霉菌被清洗掉,但是仍有残留。重复频率为 40 Hz、输出功率为 0.019 W、能量密度为 3.2 J/mm² 时,扫描一次大部分的霉菌被清洗掉,但是仍有残留;扫描两次后霉菌几乎被全部清洗掉。激光器脉冲重复频率为 50 Hz、输出功率为 0.026 W、激光的能量密度为 4 J/mm² 时,激光能量密度较大,对基底的宣纸造成了很大的损伤。可见激光清洗选择适当参数可以有效地清洗宣纸霉菌,而不对基底产生破坏作用。

大多数西方绘画作品(油画)完成后,都在绘画上涂上一层厚度为 $0.05\sim0.08$ mm 的清漆,该清漆层主要用处有避免颜料与外界直接接触,保护颜料免受紫外光照射,同时也可以提高绘画的光泽程度。但是,随着时间的推移,清漆层在自然光照射下发生氧化、半氧化和原子基团的重组、聚合,从而在绘画表面形成一层黑色的硬质层,称之为老化。某些长时间暴露在自然环境下的绘画作品(特别是教堂上的壁画),表面上还会附着灰尘、煤烟等污染物。这些附着物和老化的清漆层使绘画的光泽度大大降低,破坏了艺术品的观赏性,而且可能对绘画作品本身造成损害。

紫外激光器由于单光子能量较高,利用光分解效应破坏或削弱污染物与油画之间的作用,达到清洗的目的。这个过程是一个"冷"过程,几乎不产生热的作用。因此不会对基底造成很大的影响。图 9.5.1 为采用紫外准分子激光器对 17 世纪时的希腊圣山(阿陀斯山)先知以赛亚的肖像画进行激光清洗与保护前后的对比图片[24]。

图 9.5.1　先知以赛亚的肖像画激光清洗前后对比

新加坡大学的扎非罗普罗斯(Zafiropulos V.)和雅典国家美术馆麦克尔(Michael D.)[25]清洗了一幅画在木质面板上的 18 世纪佛兰德蛋彩画,尺寸为27 cm×37 cm。图 9.5.2(a)是绘画的原貌,左边靠下有一块小区域已经被激光清洗过,这是为了获得合适的激光清洗参数而在边缘不显眼区域的试清洗。图 9.5.2(b)显示绘画顶部已经用激光清洗完成。作为对比,图 9.5.2(b)的底部(图 9.5.2(a)中已清洗区域下方)也用化学方法清洗了一小块区域,化学清洗也达到了除污效果,但是颜料层却受到化学溶剂的污染。图 9.5.2(c)对比了原始表面(顶部)和使用激光清洗后表面(底部)的不同效果。图 9.5.2(d)显示的是激光清洗后,再用不含有害物质的溶剂清除剩余清漆得到的最终结果。

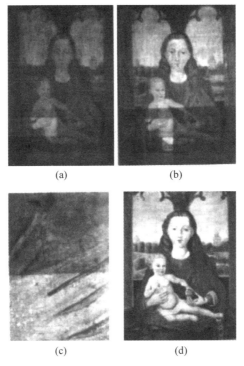

(a)　　　　　　　(b)

(c)　　　　　　　(d)

图 9.5.2　佛兰德蛋彩画清洗对比

图 9.5.3 为一幅 19 世纪的尺寸为 49 cm × 77 cm 的油画。石灰砂浆层不均匀地散布在油画中间,掩盖了绘画的原貌(图 9.5.3(a))。清漆层也已经老化,只有几微米厚。如此薄的老化清漆层使得机械清洗在精度控制上存在很大问题,而化学清洗也很难避免溶剂进入颜料层而造成无法挽回的损害。利用 KrF 准分子激光辅助剥除顶层老化清漆层,则可使石灰颗粒和清漆的光致碎片一起被清除。KrF 激光器每个脉冲清除深度可以低到 0.1 μm,精度上显然也不是问题。最后的

修复结果如图 9.5.3(b)所示[25]。

(a)   (b)

图 9.5.3 油画激光清洗前后对比

9.6 激光清洗文物与艺术品的部分监测手段

  激光清洗用于文物与艺术品,相比于工业产品,对基底的保护是至关重要的。激光清洗文物与艺术品时要严格控制激光参数以防止基底损坏,因此监测手段非常重要。目前光谱成像[26]、激光光谱[27]、全息干涉测量[28]、光学相干断层扫描方法和光声(PA)效应[29]在清洗基底为石材、壁画、木材上的文物时,在线监测的效果良好,并且可以实时监测清洗过程。

  以光声效应监测为例。所谓的光声效应,可以简单地描述为在介质中吸收强度调制的光辐射之后产生声波,通常由脉冲激光源发射,其大小与所施加的能量通量以及相互作用介质的有效光学吸收系数成正比。乔治·J.特色弗拉基斯(George J. Tserevelakis)等[29]使用纳克索斯白色大理石板,涂覆均匀的丙烯酸黑漆层,进行激光清洗监测实验。激光器使用 Q 开关 Nd:YAG 激光器,激光参数:波长为 1064 nm、脉冲持续时间为 6.5 ns、重复频率为 1~10 Hz。实验使用放大器放大信号,用高速示波器记录,对清洗基底无过度影响。之后实验用分光光度计对黑色涂鸦和白色大理石样品进行漫反射测量,计算得吸光度为 6.25;光声效应监测得到的吸光度为 6.33 与 6.45,这两个值都非常类似于使用独立表征技术计算的相对吸光度比,可以证实监测方法的可靠性。

  在国际上激光文物清洗与保护技术已经在博物馆文物以及建筑物的清洗和保护方面得到广泛的应用,拥有较为成熟的技术。许多实例已经证明了激光清洗是文物和绘画作品清洗的有效手段。对于石质基材的文物清洗一般选用红外的 Nd：YAG 激光器,其清洗的机理主要基于光与物质产生的力作用,达到去除表面污染物的效果。而对于绘画作品,其表面污染物的类型与结合方式与石质材料有很大的差别。红外激光器由于波长较长,单光子能量较低,不能达到去除表面污染物的效果,增加激光功率容易对书画的基底造成烧损。所以在书画作品的清洗与保护上一般选用波长较短的紫外激光器进行清洗。清洗的机理是基于打断结合键的冷消融作用,其热影响较小,不会对艺术品本身造成热破坏。

在我国激光清洗文物工作才刚刚起步。我国历史悠久,古艺术品众多。对我国来说,激光清洗艺术品技术的发展有特殊重要的意义,将有广阔的发展前景。

参考文献

[1] LANG X.首都博物馆文物修复探密：洁牙机修复国宝[EB/OL].[2004-11-28].http://tech.sina.com.cn/d/2004-11-28/0934466098.shtml,2004.

[2] TEULE R,SCHOLTEN H,VANDENBRINK O F,et al. Controlled UV laser cleaning of painted artworks：a systematic effect study on egg tempera paint samples[J]. Journal of Cultural Heritage,2003,4：209-215.

[3] KANE D M,FERNANDES A J,HIRSCHAUSEN D,et al. Recent advances in UV and VUV cleaning of optical materials[C]//Australia,Sydney：Conference on Optoelectronic and Microelectronic Materials and Devices,University of New South Wales IEEE,2003.

[4] MARTIN C. Lasers in the preservation of cultural heritage：principles and applications[J]. Physics Today,2007,60(12)：58-59.

[5] RODE A V,FREEMAN D,BALDWIN K G H,et al. Scanning the laser beam for ultrafast pulse laser cleaning of paint[J]. Applied Physics A,2008,93(1)：135-139.

[6] 李芬,丁浩.用激光清除文物污垢[J].激光与光电子学进展,1993,5：29-30.

[7] CONSERVATION C,WHITE C. Laser cleaning of buildings[DB/OL].[2016-6-23]. http://www.merseyworld.com/laser_tech.

[8] POULI P. Laser cleaning studies on stonework and polychromed surfaces[D]. UK：Loughborough University,2000.

[9] ORTIZ P,ANTUNEZ V,ORTIZ R,et al. Comparative study of pulsed laser cleaning applied to weathered marble surfaces[J]. Applied Surface Science,2013,283：193-201.

[10] MARAKIS G,POULI P,ZAFIROPULOS V,et al. Comparative study on the application of the 1st and the 3rd harmonic of a Q-switched Nd：YAG laser system to clean black encrustation on marble[J]. Journal of Cultural Heritage,2003,4：83-91.

[11] ESBERT R M,GROSSI C M,ROJO A,et al. Application limits of Q-switched Nd：YAG laser irradiation for stone cleaning based on colour measurements[J]. Journal of Cultural Heritage,2003,4：50-55.

[12] POZO-ANTONIO J S,PAPANIKOLAOU A,PHILIPPIDIS A,et al. Cleaning of gypsum-rich black crusts on granite using a dual wavelength Q-switched Nd：YAG laser [J]. Construction and Building Materials,2019,226：721-733.

[13] 齐扬,周伟强,陈静,等.激光清洗云冈石窟文物表面污染物的试验研究[J].安全与环境工程,2015,22(2):32-38.

[14] YE Y Y, QI Y,YUAN X D,et al. Laser cleaning of contamination on sandstone surfaces in Yun Gang Grottoes[J]. Optik,2014,125(13):3093-3097.

[15] 张晓彤,张鹏宇,杨晨,等.激光清洗技术在一件鎏金青铜文物保护修复中的应用[J].文物保护与考古科学,2013,25(3):98-103.

[16] DONATE-CARRETERO, BARRIO M N J,MEDINA-SANCHIIZ M,et al. New advances in laser cleaning research on archaeological copper based alloys:methodology for evaluation of laser treatment[C].Firenze:NardiniEditore,2017:279-296.

[17] FROIDEVAUX M,WATKINS K,COPPER M,et al. Laser interactions with copper, copper alloys and their corrosion products used in outdoor sculpture in the United Kingdom [M]. Florida:CRC Press,2008:277-284.

[18] KORENBERG C,BALDWIN A. Laser cleaning tests on archaeological copper alloys using an Nd:YAG laser[J]. Laser Chemistry,2006(5):1-7.

[19] 沈依嘉,周浩,沈敬一.琼脂凝胶在青铜文物激光清洗中的应用研究[J].文物保护与考古科学,2018,30(3):1-12.

[20] LEE H, CHO N,LEE J. Study on surface properties of gilt-bronze artifacts,after Nd: YAG laser cleaning[J]. Applied Surface Science,2013,284:235-241.

[21] 张力程,周浩.激光清洗技术在一件汉代彩绘女陶俑保护修复中的应用[J].文物保护与考古科学,2017,29(2):67-75.

[22] XU J W, WU C W,ZHANG X,et al. Influence of parameters of a laser cleaning soil rust layer on the surface of ceramic artifacts[J]. Applied Optics,2019,58(10):2725-2730.

[23] 赵莹,陈继民,蒋茂华.书画霉菌的激光清洗研究[J].应用激光,2009,29(2):154-157.

[24] 陈继民.激光清洗在文物保护中的应用[J].光电产品与资讯,2011,2(9):16-18.

[25] 宋峰,苏瑞渊,邹万芳,等.艺术品的激光清洗[J].清洗世界,2005,21(10):34-37.

[26] POZO-ANTONIO J S, FIORUCCI M P,RAMIL A,et al. Evaluation of the effectiveness of laser crust removal on granites by means of hyperspectral imaging techniques[J]. Applied Surface Science,2015,347:832-838.

[27] KLEIN S, HILDENHAGEN J,DICKMANN K,et al. LIBS-spectroscopy for monitoring and control of the laser cleaning process of stone and medieval glass[J]. Journal of Cultural Heritage,2000,1(1):287-292.

[28] MARTON Z, KISAPATI I,TOROK A,et al. Holographic testing of possible mechanical effects of laser cleaning on the structure of model fresco samples[J]. NDT & E International,2014,63:53-59.

[29] TSEREVELAKIS G J, POZO-ANTONIO J S,SIOZOS P,et al. On-line photoacoustic monitoring of laser cleaning on stone:evaluation of cleaning effectiveness and detection of potential damage to the substrate[J]. Journal of Cultural Heritage,2019,35:108-115.

激光清洗在其他方面的应用

10.1　激光清洗油污

10.1.1　油污清洗的意义

去油污的用途非常广泛,涉及生产生活的各个方面,如石油的开采和输送管道、机器零配件、家庭和饭店的厨房油烟等。

1. 工业油污

工业设备表面和内部各种零部件缺少了润滑油、机油,经过一段时间后,因为物化反应、周围环境中的灰尘粉末的掺入等,会导致油污的沉积,影响设备和元器件的使用。做好设备和元器件的工业清洗非常重要,有以下意义:①延长设备使用寿命,清洁零部件;②减少磨损,避免部分过热导致的爆裂、爆破,降低事故发生率;③提升生产效率,恢复原有的精密度;④保障生产工艺,保证产品质量;⑤营造健康、干净的生产环境,有效保障工人健康,减少原材料污染。

2. 厨房油污

中国有句老话,民以食为天。烹调是每天都在进行着的行为。在饭店和家庭中,烹调后在厨房中不可避免地存在油污。去除厨房油污具有重要意义:①使厨房干净整洁;②去除细菌滋生,保障身体健康;③提高烹调效率[1]。

10.1.2　激光清洗油污的理论补充

用激光清洗油类污染物,机理是利用激光的热效应使油污蒸发、汽化,从而脱离基底表面。例如,金属类基底表面的金膜对 CO_2 激光反射率极高,基本不吸收,而油类污染物在几百开时开始蒸发、汽化(例如二甲硅油是 573 K),从而达到在不损伤基底的条件下清洗掉油类污染物的目的。因此,从原理来看,CO_2 激光清洗金膜表面的油类污染物不属于狭义上的干式激光清洗法和湿式激光清洗法,而是一种介于两者之间的清洗方法。

可以考虑两种情况,一种是假设只有油类污染物吸收激光,如油类污染物油膜在 CO_2 激光或部分准分子激光照射下被除去;另一种是基底吸收激光辐射的热量,使油膜升温,如纳秒激光脉冲通过基底使液体过热到沸点以上,导致界面爆炸性蒸发[2]。温度分布可通过热传导方程来描述,我们之前已描述过,在笛卡儿坐标系中,热传导方程为[3]

$$\rho c \frac{\partial T(x,y,z;t)}{\partial t} = k\left(\frac{\partial^2 T}{\partial x^2} + \frac{\partial^2 T}{\partial y^2} + \frac{\partial^2 T}{\partial z^2}\right) + W(x,y,z;t) \qquad (10.1.1)$$

式中:ρ、c、k 分别是油污的密度、比热容、热传导率;$W(x,y,z;t)$ 是油污内的热源函数。通过用激光热源方程[3]可以求解热传导方程为

$$W = (1-R)I_0 \exp(-\alpha z)F(t) \qquad (10.1.2)$$

$$F(t) = \begin{bmatrix} -\frac{1}{t_p}|t-t_p|+1, & 0 < t < 2t_p \\ 0, & 2t_p < t \end{bmatrix} \qquad (10.1.3)$$

式中,t 是时间,z 是轴向坐标,c_p 是比热,W 是激光加热的热源项,α 是吸收系数,R 是反射率,I_0 是表面的辐照度,$F(t)$ 是无量纲的时间脉冲形状,t_p 是脉冲宽度。此式假设所有外部边界条件都是绝热的。

叶亚云等[3]使用有限元分析软件计算二甲硅油油膜表面经过强激光辐照后的温度分布,发现辐照中心点的温度随激光功率和辐照时间的增加而上升,随着激光功率增加,硅油开始有清洗效果。

10.1.3　激光清洗油污的研究

冷轧油为激光清洗油污中比较有代表性的污染物。金(D. KIM)等[4]使用波长为 1064 nm、脉冲宽度为 6 ns 的 Q 开关 Nd：YAG 激光脉冲清洗低碳钢表面的油。光束直径为 7 mm。根据 EDX 分析,原始表面上的碳含量为 72%,在激光能量密度为 120 mJ/cm² 的激光清洗后降低至不可检测的程度。低于 120 mJ/cm² 的激光脉冲降低了碳含量但不能完全清洁表面,因为油含有各种具有不同光学特性的成分。例如,在能量密度为 43 mJ/cm² 和 53 mJ/cm² 的激光清洗后,碳含量分别为 20.1% 和 9.1%。10 个脉冲下完全清洗阈值为(117±10) mJ/cm²,损伤阈值为 (140±10) mJ/cm²。

安(D. Ahn)等[2]使用波长为 1064 nm、脉冲宽度为 6 ns 的 Q 开关 Nd：YAG 激光器清洗金属板上的冷轧油。光斑为边长 1 mm 的方形。使用光学显微镜和

SEM 结合 EDS 用于检测去除过程后的碳含量和表面损伤以此标定清洗效果。实验中碳钢的碳含量不会下降到零,因为碳钢基板的碳含量约为 6%。实验结果表明,对于碳钢,EDS 结果显示矿物油的去除开始于 $F=(160\pm10)$ mJ/cm²。随着激光能量密度的增加,碳含量降低,油膜在 210 mJ/cm² 时被完全除去,基底的损伤阈值为 (410 ± 20) mJ/cm²。

油污对不同类型激光吸收率有很大差别。安等[2]还使用了波长为 248 nm、脉冲宽度为 25 ns 的 KrF 准分子激光器进行基底表面油污的清洗。通过对比实验,发现对于 Nd：YAG 激光器,大部分激光能量被固体基质吸收,大大增加了界面处的温度,固体表面上的油通过爆炸性蒸发引起的流体动力学机制被除去,油膜厚度对实验结果影响不大;对于准分子激光器,激光被油膜强烈吸收,产生消融机制,油膜厚度对实验结果影响较大,此种清洗机制与爆炸性汽化机理相比去除率较低。对于油污吸收较多的激光,油污厚度对激光清洗的影响较大。已知 KrF 准分子激光渗透厚度为 11 μm,所以若油污厚度为 10 μm,除烧蚀油污一小部分激光能量沉积在金属上;若油污厚度为 150 μm,准分子激光束直接从表面烧蚀油污。

油污对不同类型激光吸收率的差别较大,对于 Nd：YAG 激光吸收较少,因此不同基底材料对激光反射率不同导致升温不同,对于油污去除有很大影响。安等[2]使用波长为 1064 nm,脉冲宽度为 6 ns 的 Q 开关 Nd：YAG 激光器清洗金属板上的冷轧油时,对比了碳钢、不锈钢、铜的清洗阈值与损伤阈值。实验结果表明,对于碳钢,EDS 结果显示矿物油的去除开始于 (160 ± 10) mJ/cm²。随着激光能量密度的增加,碳含量降低,油膜在 210 mJ/cm² 时被完全除去,基底的损伤阈值为 (410 ± 20) mJ/cm²。对于不锈钢,清洗阈值和损伤阈值分别为 (130 ± 10) mJ/cm² 和 (420 ± 20) mJ/cm²。而对于铜,清洗阈值和损坏阈值都远远高于碳钢和不锈钢的,因为铜表面的反射率 $(R=0.85)$ 远高于碳钢的反射率 $(R=0.47)$ 与不锈钢的反射率 $(R=0.68)$。清洗阈值和损伤阈值分别为 (1500 ± 100) mJ/cm² 和 (3200 ± 200) mJ/cm²。

马提奥(Mateo)等[5-7]建议采用激光清洗作为去除溢油事故产生的污染物的替代方法。他们使用 Q 开关 Nd：YAG 激光清洗岩石与钢上的燃油污染物(含有饱和烃、多环芳烃、树脂和萘),波长为次谐波 355 nm,脉冲持续时间为 6 ns,光束直径为 9 mm,重复频率为 10 Hz。研究表明:研究中的岩石损伤阈值约为 20.0 J/cm²。8.0 J/cm² 的工作能量密度低于岩石破坏阈值且对燃料去除有效。而钢基底的损伤阈值低于燃料清洁阈值。

叶亚云等[3]探究了占空比对激光清洗硅油的影响。使用频率为 100 Hz 的 CO_2 激光器清洗二甲硅油,功率为 9 W 左右,占空比为 16%,辐照时间为 0.5 s 左右时开始有清洗效果。之后实验中使用波长为 10.6 μm 的 CO_2 激光器,光斑直径为 0.7 mm,功率为 10.80 W。在固定频率为 100 Hz 和固定辐照时间为 10 s 的情况下,发现占空比为 6% 时开始达到较好的清洗效果,图 10.1.1 是不同占空比下的清洗效果图,占空比为 4% 时开始观察到硅油蒸发现象,但在辐照区中仍有硅油液滴残留,清洗不彻底;占空比为 6% 时开始有较好的清洗效果,在激光辐照区域没有硅油污染物残留。占空比为 7% 和 9% 时,清洗效果更明显。研究表明,在不损伤基底和金膜的条件下,以相同的时间辐照时,激光器功率越高清洗效果越明显。

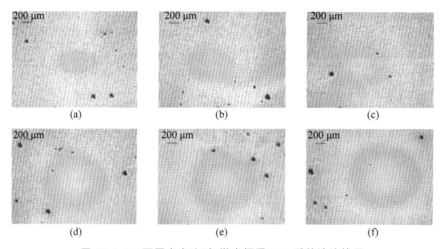

图 10.1.1 不同占空比时,激光辐照 10 s 后的清洗效果
(a) 占空比 2%;(b) 占空比 3%;(c) 占空比 4%;
(d) 占空比 6%;(e) 占空比 7%;(f) 占空比 9%

在固定占空比 16% 的情况下,辐照时间为 0.5 s 时有激光清洗效果,如图 10.1.2 所示,在辐照区有硅油蒸发的现象,但辐照区中仍残留有硅油液滴,辐照时间为 1.0 s 时开始有较好的清洗效果,辐照区域没有硅油液滴残留。因此,在不损伤基底和金膜的前提下,辐照时间越长清洗区域的面积越大。

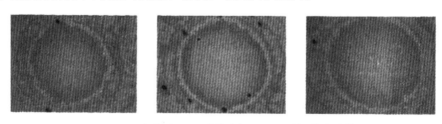

图 10.1.2 占空比 16% 时激光辐照不同时间的清洗效果

工业中常用的钢丝绳(图 10.1.3)表面的油污去除是常用的作业工序。吴树谦等[8]发明了一种针对钢丝绳油污的激光清洗设备及方法。所用的钢丝绳油污激

光清洗设备包括电气柜、速度传感器与激光清洗系统。所用电气柜包括计算机控制系统与激光器。具体方法为：先确定激光清洗工艺参数并校直钢丝绳，接着激光束经整形、聚焦为线状光斑对钢丝绳进行扫描清洗，使所用的激光光斑能覆盖钢丝绳某横截面 360°方向，保证钢丝绳横截面一周的油污被清洗掉。

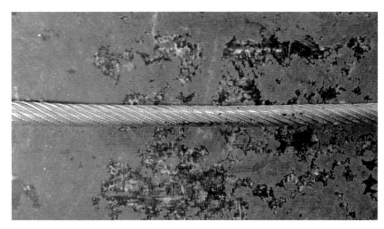

图 10.1.3　带油的钢丝绳

　　输油管道内壁的清洗也是很重要的。黄志强等[9]发明了一种油管内壁激光-温水联合清洗装置。此装置包括激光发生器、透镜、连接板、油管、反射镜、水流通道、激光通道、底座。激光发生器产生的激光光束被透镜准直后变为平行光束，该光束通过该激光-温水联合清洗装置中央的激光通道入射到反射镜上，经过其反射作用，平行激光束通过装置底部激光通道射出，照射到待清洗油管内壁，产生高温对油管内壁污垢进行加热；在激光照射的过程中，油管缓慢沿轴向移动并开始快速旋转，温水从激光通道外侧的水流通道中流出，对激光照射之后的位置进行冲刷，对于油管内壁经由激光照射融化后依旧附着在内表面的污垢依旧进行冲刷，连同因高温脱落的固体污垢一起带走，实现清洗油管内表面污垢的目的。较传统清洗方法效率更高，污染更少。

　　公路和机场路面油和燃料污斑的出现，大大减少了轮胎与道路的摩擦力，特别在转弯处和高速行驶时易引发车祸。用已知喷火烧净的方法，由于迫使火焰从上向下工作，而不够有效。由于表面粗糙，机械清洗法也不十分有效。激光清洗法可以有效而且快速地完成这一工作[10-13]。利用功率 25 W 连续 CO_2 激光器作光源，无聚焦光束直径 1 cm、光流密度 $I \approx 20$ W/cm^2。光束指向路面（沥青、混凝土）上的油污和燃料斑的样品表面，取得了很好的清洗效果。

10.2 光学基片表面的激光清洗

10.2.1 激光清洗光学器件的意义

随着激光技术的发展和应用的需求,很多国家都相继研究开发高能量激光装置,在这些高功率固体激光装置中,光学元件不仅数量和种类较多,而且加工精度要求极高。在使用过程中,环境中的污染物通过沉降、吸附等过程会吸附到光学元件的表面,从各个方面影响光学元件的性能,最终影响激光装置的输出和工作能力。光学基片表面吸附的污染微粒是影响光学器件性能的重要因素之一。随着对光学器件性能要求的提高,表面吸附的污染微粒(金刚石研磨微粒、SiO_2 软质微粒,以及一些灰尘微粒等)对器件成品率和性能的影响显得尤为突出。例如对激光陀螺超光滑反射镜片,要求反射率高达 99.99%。目前制造水平已经能够达到0.2 nm 的表面粗糙度甚至更优,但反射率仅为 99.92%。污染物颗粒在光学元件表面的沉积,一方面会改变光束质量,致使激光能量发生变化,有可能导致后面的装置部件吸收其能量而降低损伤阈值;另一方面,会导致光学元件或者镀在其表面的化学薄膜局部吸收激光能量,从而导致损伤阈值下降,最终导致光学元件不能使用。为了保证激光装置在高激光通量下正常顺利地运行,对激光装置中的光学元件表面的污染物进行有效的清洗是非常必要的。

采用乙醇或丙酮等液体易挥发物擦拭是常用方法,但是效果一般;采用超声波清洗和离子轰击,是新型的清洗方法,但是,清洗后的表面分析和观察发现,其表面仍残留有极微小的污染微粒,这是导致反射率不够高的原因。而激光清洗能清洗超光滑光学基片上的微小微粒,对基底不造成损害,并且不会形成二次污染,近些年已经得到关注和应用。

10.2.2 激光清洗光学器件的实验研究

1. 激光清洗光学器件所采用的方法

超光滑光学基片上的污染微粒和基片本身往往是透明的,对激光的吸收率都很低,而且很难在这样光滑的光学基片上均匀地产生一层薄的液体,所以用干式或湿式激光清洗法对超光滑的光学基片清洗是有难度的。香港城市大学工程制造和工程管理学院的研究人员[13]提出了一种新颖的方法,该方法是在抛光后的光学基片表面覆盖一层几微米的易挥发的漆,如图 10.2.1 所示。再用波长为 1064 nm 红外Nd:YAG 激光器进行清洗,蒸发带走基底上黏附的微粒和剩余物。采用能量密度为 16.4 J/cm² 的激光清洗之后,通过微粒识别系统发现镜片表面残余最大微粒

尺寸由原来的 $2.57\ \mu m$ 变为 $0.17\ \mu m$。

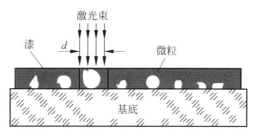

图 10.2.1　激光清洗超光滑的光学基片示意图

对于连续 CO_2 激光器,直接清洗透明的光学基片会存在一定困难。李绪平等[14]先用 CO_2 激光进行部分区域扫描处理,再用真空等离子体清洗的方法进行精细处理,可以有效去除透明石英基片上的油污。

2. 激光清洗光学器件需要控制的参数

不同参数对激光清洗效果的影响,我们在讨论激光清洗电子元件、除漆、除锈中已有较多讨论。激光清洗油污中,有些激光参数对清洗效果的影响是类似的。

干式激光清洗对波长有选择性,当基底和颗粒污染物的成分不同,且吸收系数相差较大时,才能实现清洗;对激光能量控制要求也较高。

电子科技大学徐世珍等[14]利用 355 nm 激光,清洗 K9 玻璃表面较大的颗粒污染物,清洗时激光直接照射在基底表面,损伤基片的几率较高,需要控制好激光的能量大小。作为对比,还利用激光诱导等离子体冲击波清洗 K9 玻璃表面灰尘颗粒污染物,清洗效果如图 10.2.2 所示。图 10.2.2(a)是固定作用次数为 10 次,激光能量约为 71 mJ,不同作用距离下清洗后的光学图像。可以从图片明显地观察到随着作用距离 d 的减小,清洗效果明显加强,颗粒物的数量减少,当作用距离 $d=10$ mm 时,几乎没有清洗效果;$d=4.0$ mm 时,较大尺寸的颗粒物数量明显减少;当 $d=1.0$ mm 时,几乎看不到灰尘颗粒。在最大放大倍率下观察,存在些许极小的颗粒。对激光波长没有选择性且不与基底直接作用,不容易损伤基底。

李绪平等[15]研究了不同清洗阶段石英基片的损伤阈值。实验中使用的 CO_2 激光参数:波长为 $10.6\ \mu m$、重复频率为 5 kHz、功率为 10 W、光束直径为 4 mm、扫描间隔为 2 mm。硅油的污染使得基片的损伤阈值下降,所用激光功率仅为 10 W,实验后基片仅仅微热,用自制的应力仪观察,并没有发现明显的应力存在。激光功率过大时,激光照射下基片表面层融熔后冷却产生的熔覆层的温差过大可能导致应力过大,因此,需要控制好激光功率。实验表明,污染前基片损伤阈值为 $4.73\ J/cm^2$,污染后为 $3.77\ J/cm^2$;经 CO_2 激光清洗后为 $4.75\ J/cm^2$。也就是说,因为镜片上附着了污染物,损伤阈值下降了很多,由原本的 $4.73\ J/cm^2$ 下降为

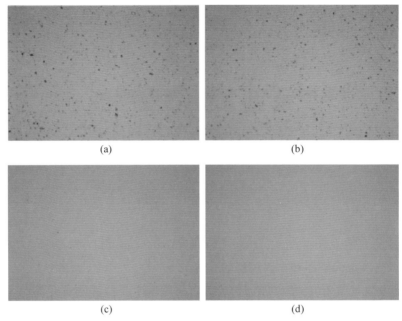

图 10.2.2 不同作用距离下激光诱导等离子体冲击波清洗灰尘前后状况

(a) 清洗前；(b) $d=8.0$ mm；(c) $d=4.0$ mm；(d) $d=1.0$ mm

3.77 J/cm^2；经过 CO_2 激光清洗后，损伤阈值基本恢复。进一步地，与真空等离子体清洗结合会有很好的清洗效果，损伤阈值达到 5.09 J/cm^2，超过了污染前的。

叶(Ye Yayun)等[16]使用 1.06 μm 的 CO_2 激光清洗镀金 K9 玻璃表面的硅油。激光频率为 100 Hz，照射时间为 10 s，用光学显微镜、FT-IR 光谱仪观察和分析清洁效果与光谱，结果如图 10.2.3 所示。

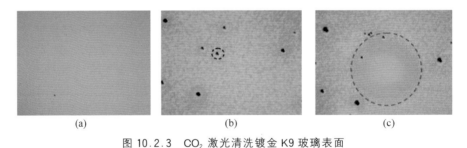

图 10.2.3 CO_2 激光清洗镀金 K9 玻璃表面

(a) 硅油污染前镀金 K9 玻璃的表面形态；(b) 硅油污染后的镀金 K9 玻璃；
(c) 以 10.8 W 的激光功率进行激光清洗后的镀金 K9 玻璃

结果表明，当激光功率为 10.8 W 且照射时间为 10 s 时，清洁效果明显。且由清洗区域与激光功率关系(图 10.2.4)，激光功率控制在金涂层 K9 玻璃的损伤阈值以下时,清洗区域随着激光功率的增加而增加。

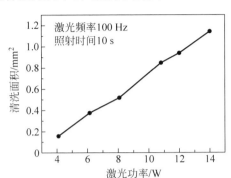

图 10.2.4　激光功率清洗区域曲线

李鸿鹏等[17]结合实际某大型激光装置运行过程中出现的光学表面污染问题,使用 Nd∶YAG 三倍频激光清洗镀膜 K9 玻璃表面。采用单点多脉冲方式和多脉冲扫描方式。首先对污染后的基片表面进行阈值测量,具体方式是激光每次都作用于基片上同一点,逐渐增加脉冲能量,直到该点发生损伤。然后在该损伤点上方取 7 个点,分别采用不用的能量和脉冲个数进行清洗实验,阈值测量的结果显示,能量密度从低到高,基片表面开始未出现损伤,当入射激光能量密度增大到阈值之后,基片表面产生了损伤,因此,清洗所用的激光能量密度不能大于这一损伤阈值。激光清洗前后,使用紫外-可见分光光度计、光学显微镜、FT-IR 拉曼附件以及表面张力测量仪分别对它们进行了测量表征。在清洗前,由于污染,镀膜 K9 基片透过率比未污染时降低了 40%。清洗后,透过率恢复到干净时的状态。

苗心向[18]针对高功率激光装置内部最易产生受激布里渊散射(SBS)效应的大口径取样光栅(BSG)元件,测试了经过化学刻蚀、紫外激光清洗作用处理后,大口径光学元件 BSG 侧面在 355 nm 激光辐照下的损伤阈值、损伤形态,进行了所产生的石英颗粒气溶胶对环境污染程度的分析。结果表明:紫外激光处理可以提高光学元件侧面产生污染物的阈值,且对光学元件性能没有影响。通过对微观形貌和对通光口径影响的分析表明,紫外激光清洗处理比化学刻蚀具有更好的安全性和适用性。

3. 激光清洗光学元件的洁净度的检测

对于光学元件,在清洗前后的测量和表征,有很多方法,常见的有紫外-可见分光光度计、光学显微镜、FT-IR 拉曼仪以及表面张力测量仪、图像分析软件,可以测量其透过率、表面形貌、应力等。这里介绍一种利用固液表面润湿特性进行检测的方法。

由于光学元件主要是玻璃和石英制成,属于亲水基底材料。表面如有油污,则亲水性能会下降。在光学元件表面滴一滴小水滴，测量水滴的接触角，洁净的基底表面水的接触角很小，而如果表面有油污，则接触角就会增大。因此，接触角的大小就反应了基底表面的洁净程度。

李绪平等[15]对采用了单独 CO_2 激光清洗，与采用激光加真空等离子体清洗后的光学显微镜表面进行了观测，如图 10.2.5 所示。

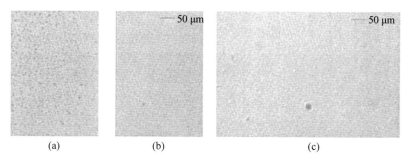

图 10.2.5　CO_2 激光清洗前后的光学显微图，以及单独用真空等离子体清洗的光学显微图

用接触角进行表征时发现，在油污染前，基片接触角是 $41°$，经过油污染后，接触角变为 $63°$，说明污染程度增加。CO_2 激光清洗后，接触角为 $78°$，经过 CO_2 激光清洗后，接触角并没有减小，浸润情况变差，如图 10.2.6 所示。这说明大部分油珠被熔融后又再次凝固在基片表面了，实际上并没有清除干净。经过 CO_2 激光和真空等离子体的联合清洗，接触角变为 $4°$，此时水珠与玻璃基片的表面几乎完全浸润。之后测量了石英基片的透过率。可以看出，在油污污染后基片的透过率会下降。在 400 nm 处污染前透过率为 93% 左右，污染后为 92.3% 左右。CO_2 激光处理后透过率恢复至 92% 左右，恢复不明显。再经等离子体清洗后，油脂分子被清洗干净，400 nm 处透过率升至 93.3%。这说明，经过真空等离子清洗后，基片的洁净度进一步提高。

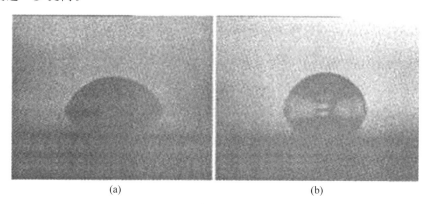

图 10.2.6　CO_2 激光清洗前后的基片浸润情况对比

10.3　建筑物的激光清洗

　　建筑物由于受到环境的影响,必然会沾染各种各样的污染物,再加上涂鸦等破坏,墙面会变得难看。随着经济的飞速发展,世界各地越来越多的摩天大楼建起来,大楼外墙的清洁问题更是日益凸显。目前主要的清洗方法是通过所谓的"蜘蛛人"用化学法和机械法进行清洗,如图 10.3.1 所示。但是这些方法带有安全隐患,而且会对墙面组成和结构造成破坏。激光清洗提供了一种很好的能够不污染环境、不破坏墙面、能精确清洗墙面上的漆和其他污染物的方法[19-23]。

图 10.3.1　"蜘蛛人"用化学法和机械法清洗建筑物

　　环氧瓷砖填缝料是一种常用在建筑物的墙、地板的瓷砖上的建筑材料,如图 10.3.2 所示。由于各种有害物质通过多孔渗水的表面进入填缝料中,所以环氧瓷砖填缝料的使用寿命通常比瓷砖本身短。当要重新整修时,需要清除原来被污染的环氧瓷砖填缝料。清洗这些污染物可以

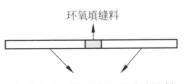

图 10.3.2　激光清洗瓷砖填缝料示意图

保持瓷砖原貌,同时也能延长它的使用寿命。现在常使用一些机械工具去除这些污染的填缝料,比如机械刮擦、研磨等。然而这些方法会引起瓷砖的损坏、产生噪声和有毒的灰尘等。激光清洗本身具有可控制性、体积小、相对低的设备耗能、通过光纤传输可以降低有害物质对操作人员的健康威胁等优点,用激光对瓷砖填缝料进行清洗不需要接触建筑材料,可以克服传统方法的不足。

　　曼彻斯特理工大学迈那米(K. Minami)等[24]用波长为 810 nm、最大输出功率为 120 W 的高功率二极管激光器对大约 5 mm 厚的环氧填缝料(包括丙烯酸乳剂、石灰石、白云石等)进行了清洗。实验表明能清洗干净的最小功率密度为 3 W/mm^2。同时也发现照射到环氧填缝料上的激光能量与激光作用时间成正比。简而言之,

能清洗干净的激光最小作用时间为 0.5 s。

砂岩在古欧洲常用来作为建筑材料,经过长时间风吹、日晒、雨淋,质地往往会变脆。海纳·席德尔(Heiner Siedel)等[19]用 Nd:YAG 激光对萨克森州国家古迹保护办公室的一个不明花瓶或雕塑的破碎砂岩片进行了激光清洗实验。所选择的能量密度为 0.47 J/cm²。各种测试区域的能量密度为 0.33 J/cm² 和 0.51 J/cm²。宏观尺度上表面的可见材料损失仅发生在砂岩已经严重受损并且在任何情况下都不能固结的地方,通过激光清洗从风化表面上除去油漆层,不会对砂岩产生机械影响。在微观尺度上观察表面,即使在清洗两次或更多次的区域也不会检测到对石英颗粒的严重损坏。使用相同能量密度,增加清洗次数,涂料层可以完全去除。另外,在石雕方面,凯·必德曼(Kay Beadman)等[20]证明激光清洗可有效清洗林肯大教堂中的一个因经过长时间而变色的多色罗马式带状雕刻品。

对于大理石类建筑,皮罗·马金海(Piero Mazzinghi)等[21]证明对于自由运行(FR)状态下的 Nd:YAG 激光器,脉冲持续时间短(20 μs)的激光比传统(>200 μs)激光更利于清洗大理石类建筑物。并有效地清洗了佛罗伦萨圣母百花大教堂移除的部件、锡耶纳 Cappella di Piazza del Campo 外墙的大理石、佛罗伦萨 Palazzo Rucellai 外墙的一层、维泰博 Zoccoli 的 S. Giovanni 教堂和皮斯托亚洗礼堂。里瓦斯(Rivas)[25]对花岗岩上的结皮地衣(苔藓)进行了激光清洗,采用光学显微镜、电子显微镜、红外光谱和分光光度法对清洗效果进行了检测,评估了清洗的有效性和对花岗岩的危害性。研究表明,激光清洗的效果取决于苔藓的覆盖范围和颜色,最浅的苔藓比最深的苔藓更难用激光清洗干净,但是将激光清洗地衣与传统的机械清洗结合,可以取得很好的效果。

朱玉峰[26]使用 TEA CO₂ 激光,以青砖作基底为例研究城市墙壁涂鸦的激光清洗。激光参数:波长为 10.6 μm、光斑直径为 26 mm、脉冲能量为 2.0 J。实验通过透镜会聚光束以减小光斑面积,通过改变样品与透镜之间的距离进而改变激光的功率密度,与除漆和除锈不同,这里实验要清除的主要是纸胶类污染物。在选定的功率密度下,多个激光脉冲打在样品某一位置,可以去除污染物,功率密度较小时,完全清洗单位面积需要的激光能量随功率密度的减小而增大,因为功率密度太低会导致污染物无法除净,需要累积大量能量,且基底与污染物对光吸收系数差异会引发热效应;而功率密度过大会导致清洗面积过小,而且样品表面处的大气可能会被击穿从而消耗大量的激光能量,单位面积需要的激光能量也不低。实验得到清洗单位面积需要的最小激光能量密度约为 7 J/cm²。激光对污染物的清洗以冲击效应为主。采用合适的激光参数时,TEA CO₂ 激光应用于激光清除涂鸦可以取得良好的效果。菲奥如茨(Fiorucci)[27]采用高重复频率的纳秒 Nd:YVO₄ 激光器三次谐波去除墙壁上的涂鸦,在花岗岩表面共有四种用 SO₂ 人工老化的涂鸦喷漆,确定了四种喷漆颜色的烧蚀阈值,分析了脉冲重复频率、光束直径和线扫描速度对清洗过程的影响。实验还与不同微磨料机械清洗的效果做了对比。

10.4　核电站的激光清洗

激光清洗系统还可应用于核电站反应堆内管道的清洗。采用光导纤维,将高功率激光束引入反应堆内部,直接清除放射性粉尘,清洗下来的物质清理方便,而且由于是远距离操作,可以确保工作人员的安全。

《原子能视野》报道日本动燃事业团采用激光清洗技术去除被放射性物质污染过的结构材料或机械等表面的污染物,将该技术与光纤技术及机器人技术相结合,开发出远距离无人激光除污法。随着早年间建设的反应堆的寿命将至,放射性废物将会大量产生,所以研究安全高效率的处理方法便显得格外重要,激光清洗技术将会成为一项颇具希望的技术。

伊万诺娃(D. Ivanova)[28]和格拉夫(Graf)[29]采用激光对托卡马克装置中沉积的钴进行了清洗,并采用气相分析、表面分析、光谱法、离子束分析、表面轮廓术和显微镜等方法对清洗效果做了分析。结果表明:清洗具有效果,不过激光烧蚀导致产生了 50 nm 以上的粉尘颗粒,且可能在周围表面再次凝结。

在公开的文献报道中只有少数激光清洗装置用于核净化,其中部分项目已在美国和法国进行。在 20 世纪 80 年代初,美国能源部(DOE)提议使用高功率激光来净化核设施。1992—1996 年由姆斯激光去污项目框架中就有这项内容[30]。他们使用 100 W KrF 准分子激光器(248 nm,27 ns)和 Q 开关 Nd:YAG 激光器(1064 nm,100 ns)研究从金属表面(铝、钢、铜、铅)去除放射性氧化物。发现消融过程的效率在环境气体的较大电离电势下更高。使用柱面透镜聚焦光束,具有良好的表面清洗覆盖并减少了颗粒再沉积。在实验中,使用的多为高功率红外激光器,例如 CO_2 或 Nd:YAG 激光器。阿贡国家实验室[31]也开发了 Nd:YAG 激光清洗机,并且可能已经对退役的核反应堆进行了测试。自 1990 年以来,法国采用了类似的研究和开发方式,用 Nd:YAG 和准分子激光器进行了实验。Framatome 公司提出了一种用于核设施蒸汽发生器净化的激光设备[32],科基马(Cogema)使用 Nd:YAG 激光器为核燃料进行清洗并申请了专利[33]。雷克斯丁(Lexdin)使用 XeCl 激光器并通过镜子进行光束传输,用于有机玻璃室的净化[34]。激光清洗核污染中,通过 Nd:YAG 和 KrF 准分子激光器的对比,发现在空气气氛下,激光波长的影响很小。与干洗相比,水膜去污因子高出 30 倍,硝酸 0.5 mol/L 高出 85 倍,硝酸 5 mol/L 高出 650 倍[35]。在英国利物浦大学进行的一项研究中,采用 Nd:YAG 激光(6 ns)和氙气闪光灯(200 ms)从托卡马克去除灰尘[27]。英国[36]与日本[37]已有一些与激光去污相关的专利。例如,德拉珀特(P. Delaporte)等[38-39]与 ONECTRA 公司合作,对 CEA (Commissariatàl' Energie Atomique) 的核设施进行了激光清洗试验,使用了两个 XeCl 激光系统:一个是 Lambda Physics EMG 203 MSC,脉冲宽度 25 ns,平均功率 80 W (400 mJ,200 Hz);另一个是 CILAS UV 635,脉冲宽度 70 ns,平均功率 1.2 kW(3 J,400 Hz)。这些待清洗样品的初始活性约为 30000 Bq/cm²,激光能量密度在 0.5~2.5 J/cm²。在 0.5 J/cm² 时,激光能量低于在钢表面形成的氧化物的烧蚀阈值;对于高于 1 J/cm² 的激光能量密度,前 100 次照射,去污非常有效,此后清洁率降低;在 2.5 J/cm² 时,500 次射击之后,剩余污染物的去除效率有所降低,在 1000 次脉冲之后,获得了 80%~97% 的清洗效率。

科斯特斯(Costes J.)等[40]发明了一项技术,用紫外激光照射表面以净化被核污染物污染的金属或聚合物表面。使用紫外激光束,辅之以反射镜和控制器,控制器和镜子允许光束扫过待清洗物体的内表面。此技术可用于在核电厂退役时去除核污染。该方法不会导致金属或聚合物表面的熔化,通过使用惰性气体气氛可以避免再氧化,并且不形成微裂纹。该设备是自动的,避免了操作员受到核污染,同时还可以监测和过滤环境气体。

10.5 其他领域的激光清洗应用

1. 宇宙空间的小尺寸垃圾的激光清洗

在开发近地宇宙空间时,轨道物体与宇宙垃圾直接碰撞是一个必须正视的问题。近地空间垃圾的数量在不断增长,最近十来年内碰撞的概率增大了两倍。这些小颗粒(尺寸小于 10 cm)太空垃圾数量庞大,而且观察不到,对宇宙飞行和卫星来说极为危险。甚至尺寸为十分之几毫米的小颗粒都会导致舷窗和科学仪器物镜的光学性质受到破坏,而更大的颗粒与宇航员的密封宇航服或宇宙飞船的碰撞会导致悲剧性结局[41]。

通过激光的远距离作用,主动消除小尺寸垃圾,是一种较为实际的科学方案。这种物体完全去除要消耗很大能量,为了蒸发厚度为 1 cm 的物体,激光辐射在靶面的能量密度约为 70 kJ/cm²,材料蒸发会形成剥蚀喷流,会在照射表面产生较大的反作用和反冲量。这种照射在小尺寸宇宙物体上形成的激光反作用会改变该物体的速度。用此法制动小尺寸宇宙物体能使其过渡到较低轨道上,并最终在上层大气中烧掉,从而使得宇宙空间的小尺寸垃圾被清除。

2. 激光清洗光盘

光盘存放时间较久后,灰尘等微粒会黏附在光盘表面,影响数据读取。通过激光可以实现清洗的目的。里奥内(C. Leone)[42]使用 30 W Q 开关脉冲光纤激光器,烧蚀位于聚碳酸酯层之间的金属基板的污染物,通过一系列的实验测试,确定了工艺条件,以确保 100％的表面清洗率,并对聚合物的降解进行了相应的工艺时间评价。实验还观察和描述了沉积层与聚合物衬底之间的分离机理。

3. 激光清洗压气机叶片

压气机叶轮叶片表面以硫化物为主要成分的污垢会大大降低叶轮的性能和缩短使用寿命,为了准备后续的再制造,如等离子喷涂,污垢需要完全清除掉。在 FV(520)B 不锈钢的腐蚀过程中,由于铬、镍和铁的向外扩散速率不同,硫化物污垢被分为两层。唐(Q. H. Tang)[43]利用脉冲光纤激光器对叶片上的硫化物污垢进行清洗,研究了基片表面、内层的清洗阈值和基片的损伤阈值。采用扫描电子显微镜、能量色散 X 射线光谱和三维表面轮廓仪对激光清洗前、清洗中、清洗后试样上的两种硫化物层进行了研究。

除了以上介绍的,激光清洗还可应用在很多方面,比如清洗漂浮在海洋上的石油和路面的油斑、胶黏剂、大型镜面(如天文望远镜)、武器装备中控制电缆多芯插头上的霉菌、网纹辊(可以清洗 472.44 线/英寸以上的网纹辊,且不会损伤网穴壁)等[44-45]。与传统清洗技术相比,激光清洗有其独特的优点,虽然在工业清洗中的应用最近才开始,但是其安全性和可靠性在工业应用中已得到了证明。激光清洗是很有发展前景的技术,随着进一步的科学研究和工业实践,相信这项技术会越来越广泛地应用到各个领域。

参考文献

[1] 王明娣,刘金聪,潘煜,等.厨房油污激光清洗方法和设备:CN108577786A[P].2018-09-28.

[2] AHN D, JANG D, PARK T, et al. Laser removal of lubricating oils from metal surfaces [J]. Surface and Coatings Technology,2012,206(18): 3751-3757.

[3] 叶亚云,袁晓东,向霞,等.用激光清洗金膜表面硅油污染物[J].强激光与粒子束,2010, 22(5): 668-672.

[4] KIM D, LIM H. Laser decontamination of carbon steel surfaces[J]. ISIJ International, 2003,43(8): 1289-1291.

[5] MATEO M P, NICOLAS G, PINON V, et al. Laser cleaning: an alternative method for removing oil-spill fuel residues[J]. Applied Surface Science,2005,247(1-4): 333-339.

[6] MATEO M P, NICOLAS G, PINON V, et al. Laser cleaning of prestige tanker oil spill on coastal rocks controlled by spectrochemical analysis[J]. Analytica Chimica Acta,2004, 524(12): 27-32.

[7] NICOLAS G,MATEO M P,CTVRTNICKOVA T, et al. Laser cleaning of varnishes and contaminants on brass[J]. Applied Surface Science,2009,255(10): 5579-5583.

［8］ 吴树谦，符永宏，吴国庆，等.钢丝绳油污的激光清洗设备及方法：CN106862177A［P］.
2017-06-20.

［9］ 黄志强，王若豪，张文琳，等.一种油管内壁激光-温水联合清洗装置：CN108816972A［P］.
2018-11-16.

［10］ 孟绍贤.用激光清洗路面上的油污［J］.激光与光电子学进展：1983,10：35-36.

［11］ 陈继民.激光清洗技术［J］.洗净技术：2003(9)：24-27.

［12］ 张银江.激光清洗技术及应用［J］.清洗世界：1999,4：20-22.

［13］ 宋峰，邹万芳，刘淑静，等.激光清洗的其他应用［J］.清洗世界：2006,22(3)：38-41.

［14］ 徐世珍，窦红强，韩丰明，等.K9玻璃表面颗粒污染物的激光清洗［J］.实验室研究与探索，
2017,36(6)：5-8.

［15］ 李绪平，祖小涛，袁晓东，等.CO_2激光和等离子体清洗提高石英基片损伤阈值［J］.强激光
与粒子束,2007,19(10)：1739-1743.

［16］ YE Y Y，YUAN X D，XIANG X，et al. Laser cleaning of particle and grease
contaminations on the surface of optics［J］. Optik,2012,123(12)：1056-1060.

［17］ 李鸿鹏，郭宝录.Nd∶YAG脉冲激光清洗技术研究［J］.光电技术应用,2018,159(2)：67-71.

［18］ 苗心向，程晓锋，王洪彬，等.高功率激光装置大口径光学元件侧面清洗实验［J］.强激光与
粒子束,2013,25(4)：890-894.

［19］ SIEDEL H，NEUMEISTER K，SOBOTT R J G. Laser cleaning as a part of the restoration
process：removal of aged oil paints from a renaissance sandstone portal in Dresden，
Germany［J］. Journal of Cultural Heritage,2003,4：11-16.

［20］ BEADMAN K，SCARROW J. Laser cleaning lincoln cathedral's romanesque Frieze［J］.
Journal of Architectural Conservation,1998,4(2)：39-53.

［21］ MAZZINGHI P，MARGHERI F. A short pulse,free running,Nd∶YAG laser for the cleaning
of stone cultural heritage［J］. Optics and Lasers in Engineering,2003,39(2)：191-202.

［22］ PINI R，SIANO S,SALIMBENI R,et al. Application of a new laser cleaning procedure to
the mausoleum of theodoric［J］. Journal of Cultural Heritage,2000,1：S93-S97.

［23］ CHLOROS J，SALMON H,TALLAND V. Laser cleaning at the Isabella Stewart Gardner
Museum,Boston,USA：sixteen Roman sculptures,fourteen months,and three conservators
［J］. Studies in Conservation,2015,6(1)：S41-S48.

［24］ MINAMI K，LI L,SCHMIDT M,et al. Materials behaviour and process characteristics in
the removal of industrial cement tile grout using a 1. 5 kW diode laser［J］. Thin Solid
Films,2004,453-454(1)：52-58.

［25］ RIVAS T，POZO-ANTONIO J S, LOPEZ D E, et al. Laser versus scalpel cleaning of
crustose lichens on granite［J］. Applied Surface Science,2018,440：467-476.

［26］ 朱玉峰，谭荣清.激光清洗应用于清除城市涂鸦［J］.激光与红外,2011,41(8)：840-844.

［27］ FIORUCCI M P，LOPEZ A J,RAMIL A,et al. Optimization of graffiti removal on natural
stone by means of high repetition rate UV laser［J］. Applied Surface Science, 2013, 278：
268-272.

[28] IVANOVA D, RUBEL M,PHILIPPS V,et al. Laser-based and thermal methods for fuel removal and cleaning of plasma-facing components[J]. Journal of Nuclear Materials,2011, 415(1): S801-S804.

[29] GRAF J, LUK′YANCHUK B S,MOSBACHER M,et al. Matrix laser cleaning: a new technique for the removal of nanometer sized particles from semiconductors[J]. Applied Physics A,2007,88(2): 227-230.

[30] PANG H, LIPERT R, HAMRICK Y, et al. Laser decontamination: a new strategy for facility decommissioning[C]. Proceedings of the Spectrum′92 Conference of American Nuclear Society,Boise,ID,1992: 1335-1341.

[31] PELLIN M J, LEONG K, SAVINA M R. Waste volume reduction using surface characterization and decontamination by laser ablation[R]. 1998 Annual Progress Report. United States: EMPS Project Summaries,1998: 4-5.

[32] CLAR G, MARTIN A,CARTRY J P. Apparatus for working by lasser,especially for the decontamination of a pipe of a nuclear reactor: US5256848[P]. 1993-10-26.

[33] PICCO B, MARCHAND M. Nuclear fuel rod cladding decontamination using pulsed laser beam: FR277480(A1)[P],1999.

[34] COSTESJ R, BRIAND A,REMY B,et al. Decontamination by ultraviolet laser: the lexdin prototype[C]. Proceedings of the Spectrum′96 Conference of American Nuclear Society, Seattle,1996: 1760-1764.

[35] DUPONT A. Aix-Marseille Ⅱ University,1994.

[36] MODERN P, STEEN W,LIN L. Laser decontamination method: W09513618[P]. 1995-05-18.

[37] SHIMIZU K, FUKUI Y, NEMOTO M S I. Laser decontamination method: US6056827 [P]. 2000-05-02.

[38] DELAPORTE P, GASTAUD M,MARINE W,et al. Dry excimer laser cleaning applied to nuclear decontamination[J]. Applied Surface Science,2003,208: 298-305.

[39] LACOUR B, BRUNET H,BESAUCELE H,et al. 500 watts industrial excimer laser at high repetition rate [J]. Proceedings of Spie the International Society for Optical Engineering,1994,2206: 41-45.

[40] COSTES J, REMY B, BRIAND A. Decontamination by ultraviolet laser: the LEXDIN Prototype[C]. Spectrum′96: international conference on nuclear and hazardous waste management,seattle,WA,1996.

[41] 周道其. 激光清除宇宙垃圾和小行星[J]. 现代科技译丛,2006,2: 25.

[42] LEONE C, GENNA S,CAGGIANO A. Compact disc laser cleaning for polycarbonate recovering[J]. Procedia CIRP,2013,9: 73-78.

[43] TANG Q H, ZHOU D,WANG Y L,et al. Laser cleaning of sulfide scale on compressor impeller blade[J]. Applied Surface Science,2015,355: 334-340.

[44] 宋桂飞,李良春,夏福君,等.激光清洗技术在弹药修理中的应用探索试验研究[J]. 激光与红外,2017,47(1): 29-31.

[45] 林伟成.激光清洗技术在雷达 T/R 组件制造中的运用[J].电子工艺技术,2013,34(6): 352-355.

后　记

自 2003 年开始关注激光清洗,迄今已将近二十年了。最初应《清洗世界》杂志邀约,连载了几篇激光清洗的小论文,介绍了激光清洗的概念、原理以及在脱漆除锈等方面的应用。这些小论文,在国内激光清洗领域中算是比较早的,也得到了从事清洗和激光应用的同行们的关注。此后,承担了几个激光清洗方面的横向课题和纵向课题,和研究生们一起进行了长达十余年的激光清洗方面的研究,培养了一些硕士和博士研究生,发表了一些论文,申请和获批了一些专利,在激光清洗领域有一些小小的成果。积微成著,跬步千里。为了更好地总结研究成果,抛砖引玉,与国内同行交流,在研究过程中萌生了撰写一本激光清洗方面的小册子的想法,断断续续地于 2017 年完成了部分初稿,并藉此先后获得了天津市自然科学出版基金和国家科学技术学术著作出版基金的经费资助。但是在系统完善书稿时,却发现难度很大,包括内容取舍、逻辑递进、次序安排等方面,均难以定夺。

2018 年,清华大学出版社鲁永芳编辑得知我正在撰写激光清洗方面的专著,多次鼓励和邀请我将专著申报国家出版基金项目"变革性光科学与技术丛书"。但是因为已经申请了天津自然科学出版基金和国家科学技术学术著作出版基金,所以一直没敢答应。

不断追求,止于至善。纵晓愚能力有限,结果或定是尽吾力而未能至,但亦必竭尽全力。在专著撰写中,为了完整和严谨,广泛收集资料,发现所写内容越来越多,难度越来越大,以个人能力似乎难以驾驭了。于是为解惑纾困,通过电话和当面咨询等多种方式求教于方家,与自己的同事和研究生们多方讨论,得到了很多帮助。尤其是于 2019 年春夏之交南开园蔷薇绽放之际,专门召开了一次研讨会,诚邀天津市科协、科学出版社、南开大学、天津大学、西北工业大学等单位的专家,虔诚讨教。通过研讨,在姚建铨院士、黄维院士等专家的指导下,最终决定将专著拆成两本,一本注重于激光清洗技术和应用,一本注重于激光清洗原理。前者作为"变革性光科学与技术丛书"之一,申请国家出版基金;后者作为天津自然科学出版基金和国家科学技术学术著作出版基金资助,在科学出版社出版。

厘清思路后,重新确定了提纲和目录,并邀请林学春研究员一起合作,加快了书写进度。林学春研究员为中国科学院半导体研究所全固态光源实验室主任,多年来深耕在固态激光器领域,收获颇丰,近十来年也专注于固体激光器在清洗领域的应用。他的加盟,使得本书内容更加丰满。

即将付梓之际,我国固体激光领域的著名专家、中国科学院院士、天津大学教授姚建铨欣然为本书作序,感谢恩师一直以来的指导和帮助。研究生刘淑静、施曙东、李伟、杜鹏、邹万芳、田彬、宛文顺、王欢、蔄诗洁、张志研等人（排名不分先后），为激光清洗的研究和应用作出了贡献，本书吸纳了他们的部分论文工作。李贞耀、赵泽家、于溪、杨贺、高日翔、刘汉雄等为本书的资料核查、文稿校对花费了大量时间和精力。冯鸣、刘丽飒、李卫华等给予了很多帮助。清华大学出版社鲁永芳编辑的细致耐心给我们留下了深刻的印象。感谢科技部（项目号 2017YFB0405100）、威海丰泰新材料科技股份有限公司、国家和天津自然科学基金委员会给予的经费支持。感谢在将近二十年的激光清洗研究道路上给予帮助的所有人。

> 恩师前有序，
> 弟子后成跋。
> 廿载磨研路，
> 五年捧血花。
> 才疏抛陋璞，
> 学厚指疵瑕。
> 清洗如朝日，
> 激光照万家。

激光清洗，犹如包在石中的璞玉。作者纵才疏学浅，亦斗胆奋力斧砍，冀美玉石出；更盼学识深厚之方家不吝赐教，或指引一二，领愚等激光清洗之路更开茅塞，或精雕细琢，让激光清洗之光照耀华夏。

经过一段时间的发展，激光清洗已经越来越多的关注。相信激光清洗一定会像激光焊接、激光切割、激光打标等诸多应用一样，有一个光辉灿烂的未来，能为国家智能制造，为民族工业发展作出更大的贡献。

由于作者水平有限，书中错漏之处在所难免，敬请读者批评指正。

谨以此书献给父母和家人，谢谢你们一直以来的支持。

索　引